Oberhummer · Puntigam · Gruber

DAS UNIVERSUM IST EINE SCHEISSGEGEND

Gewidmet Harry Rowohlt

DAS
UNIVERSUM
IST EINE SCHEISSGEGEND

Von Heinz Oberhummer, Martin Puntigam und Werner Gruber.
Unter maßgeblicher Mitarbeit von Dr. Florian Freistetter.

HANSER

Bibliografische Information der Deutschen Nationalbibliothek
Die Deutsche Nationalbibliothek verzeichnet diese Publikation in der Deutschen
Nationalbibliografie; detaillierte bibliografische Daten sind im Internet über
http://dnb.d-nb.de abrufbar.

1   2   3   4   5   19 18 17 16 15

© 2015 Carl Hanser Verlag München
www.hanser-literaturverlage.de
Herstellung: Thomas Gerhardy
Covergestaltung, Illustrationen und Layout: Büro Alba
Druck und Bindung: CPI - Ebner & Spiegel, Ulm
Printed in Germany

ISBN 978-3-446-44477-5
E-Book ISBN 978-3-446-44478-2

Seit 2007 gibt es die „Science Busters" als Bühnenshow und Radio-
kolumne (FM4), seit 2011 auch als Fernsehsendung (ORFeins, 3sat,
mit Top-Quoten) und in Buchform. Ihr erstes Buch *Wer nichts weiß,
muss alles glauben* war „Buchliebling 2011", ihr zweites *Gedankenlesen
durch Schneckenstreicheln* (2012) wurde zum Wissensbuch des Jahres
2013 gekrönt. Beide waren Bestseller. Gemeinsam haben sie bislang
sechs Preise zuerkannt bekommen, u.a. den Volksbildungs-Preis
der Stadt Wien, den Sonderpreis des Österreichischen Kabarett-
preises und den Radiopreis der Erwachsenenbildung.

Martin Puntigam ist ehemaliger Medizinstudent und Studienab-
brecher der Uni Graz. Er wurde als (Solo)Kabarettist mehrfach für
seine Satire ausgezeichnet (Salzburger Stier, Prix Pantheon, Öster-
reichischer Kleinkunstpreis, Österreichischer Kabarettpreis). Er
arbeitet in Wien unter anderem für die ORF-Radiosender Ö1 und
FM4. Puntigam ist der purpurne Master of Ceremony der schärfsten
Science Boygroup der Milchstraße, mit der er die Science-Busters-
Bestseller *Wer nichts weiß, muss alles glauben* und *Gedankenlesen durch
Schneckenstreicheln* geschrieben hat und als Hauptautor für das
ORF-Fernsehen seit Dezember 2011 eine nicht minder erfolgreiche
TV-Show hergestellt.

Heinz Oberhummer ist emeritierter Professor für Kern- und Astrophysik, Kosmologie und Theoretische Physik an der TU Wien, zudem – als ehem. Vorsitzender der Konfessionslosen Österreichs und Beirat der Giordano-Bruno-Stiftung-Chef – Atheist und Skeptiker. Seine Arbeiten über die Feinabstimmung des Universums sorgten für internationales Aufsehen. Er ist Gründer der Science Busters und hat neben den beiden Prachtbändern der Physik-Wonneproppen auch als Autor mit *Kann das alles Zufall sein?*, das Wissenschaftsbuch des Jahres 2009 verfasst. Heinz Oberhummer lebt umgeben von Alpakas (die eines der widerstandsfähigsten Lebewesen, das Conan-Bakterium, in sich tragen) im Dunkelsteinerwald in der Nähe von Wien.

Werner Gruber ist Experimental- und Neurophysiker an der Uni Wien und gilt als Fachmann für kulinarische Physik. Er schrieb die beiden populärwissenschaftlichen Erfolgsbücher *Unglaublich einfach. Einfach unglaublich* und *Die Genussformel* und als Co-Autor (zusammen mit den zwei erstgenannten Herrschaften) die beiden Science-Busters-Blockbuster *Wer nichts weiß, muss alles glauben* und *Gedankenlesen durch Schneckenstreicheln*. Heute ist er hauptsächlich Direktor des Planetariums und der Sternwarten Wiens.

Inhalt

Vorwort

Wenn ich eine Zahl lese wie – zum Beispiel – eine Trillion, oder wenn Sie mir so Zahlen aufzeigen wie 1 000 000 000 000, und wenn ich dann noch höre, wie leer der Weltenraum ist, dann kann ich mir diese Leere auch nur mit zwölf e vorstellen, also Leeeeeeeeeeeeere, oder so. Das Wort „Raum", wenn man es sich schön langsam vorspricht, klingt nicht unschön, weil das au mit dem m am Schluss einem das Gefühl gibt, es wäre noch Platz da. M am Schluss überhaupt macht die Sache sonor, so wie – dumm. Da hört man einen Klang, es klingt nach Hohlraum, wo nichts ist, besser gesagt, wo gar nichts ist. Wenn ich höre und staunend lese, wie viele Sandkörner alle Gestade dieser Erde bevölkern, und ich schau dann in den Himmel und zähle ein paar Sternlein, dann ist es Schnuppe, wie viele ich zusammenbring. Mein Spezi Rudi hat einmal sehr viele Sterne gesehen, weil ihm irgendein Gegenüber ein Trumm über den Schädel gezogen hat, und als er wieder ins Diesseits zurückgekehrt war, hat er gesagt, er hätte nicht geglaubt, dass so eine Sternenpracht überhaupt existiert, und er freut sich heute noch darüber. Eigentlich war er ja bereits drüben, oder außerhalb, aber die Beschreibung seines kurzen Ausflugs ins Jenseitige war doch eher karg. Jetzt weiß ich nicht – war er mit Lichtgeschwindigkeit drüben? Dann ist er tatsächlich nicht sehr weit gekommen, weil ja, wenn das Licht einen Schritt macht, der Raum zwei macht. Das ist wie beim Hasen und dem Igel. Wenn einen also der Heilige Geist erleuchten will, dann ist der Raum auch für ihn eine Mordsherausforderung – und im All besonders, weil man ja weiß, wo nichts ist, hat der Kaiser sein Recht verloren. Trotzdem begeistert mich, dass gerade da, wo nichts ist, so Erscheinungen auftreten, wie sie die Seher und Seherinnen und die Astrologen und Astrologinnen gegen Entgelt sehr deutlich vor Augen haben. Diese Berufe erfreuen sich galaktischer Chancen, vielleicht weil wir selber nichts sehen, oder auch weil Ungläubige eben mit der Unendlichkeit große Probleme haben. Gerade wurde wieder eine Erde entdeckt und in der Presse banalisiert, weil ja angeblich noch ein paar Milliarden davon herumschwirren in der großen Leeeeeeere. Diese Erdenbewohner, egal ob Bakterien oder Oktopusse, sind dann ja doch keine Außerirdischen, sondern Innerirdische und das beruhigt mich.

Liebe Science Busters, Eure Abhandlung über das unbegreiflich Begreifliche taugt mir sehr, weil Ihr großartige Erzähler seid, und Eure Ironie mir bei meiner Ratlosigkeit diesem Universum gegenüber eine wirkliche Hilfe ist. Mein alter Freund Otto Grünmandl hat mir tröstend gesagt, als er kurz davor stand, diese Erde zu verlassen: „Woasch Gerhard, i stirb jetz amal derweil, und dann schauma weiter!"

Mit Zuversicht, dass Euer Buch eine große Leserschaft findet!
Euer Gerhard Polt

UNSER UNIVERSUM

*Völlig unerwartet, aber genau vorausberechnet ist
unser geliebtes Universum nach einer langen
und erfüllten Expansion plötzlich, unversehen und
mit Lichtgeschwindigkeit in ein echtes Vakuum
übergegangen.*

**Es trauert niemand, weil niemand mehr da ist.
Es war sowieso eine Scheißgegend.**

Vorspiel im Himmel

Das war es also. Das Universum wurde tiefergelegt. Wer hätte damals vor 13,8 Milliarden Jahren gedacht, dass es einmal so zu Ende gehen wird. Wohl niemand, und das nicht nur deshalb, weil es damals weit und breit noch niemanden gegeben hat, der sich auch nur irgendwas hätte denken können.

Dass man einmal seine Brille nicht findet, okay. Ein Flugzeug kann spurlos verschwinden,[1] manchmal versinkt eine Straßenkreuzung in einem Sinkloch,[2] und dass die Welt untergehen könnte, damit beschäftigt sich die Menschheit seit Jahrtausenden leidenschaftlich. Viele Menschen sehnen sich sogar richtiggehend danach, und die meisten Religionen haben einen farbenprächtigen Weltuntergang im Schaufenster stehen. Aber dass ein ganzes Universum von einer Sekunde auf die andere nicht mehr ist, damit rechnet im Alltag niemand. Jede Wette, können Sie gerne einmal bei Ihren Bekannten in die Runde fragen. Dabei ist das viel wahrscheinlicher als etwa ein Weltuntergang. Weiß man heute. Weltuntergänge sind wirklich sehr selten. Prophezeit werden sie zwar alle paar Monate, der letzte große Popstar war der Weltuntergang 2012 anlässlich des vermeintlichen Endes des Mayakalenders, aber in der Regel muss jedes Mal suppliert werden. Fix rechnen können wir eigentlich erst in etwa 8 Milliarden Jahren damit, wenn sich die Sonne zu einem Roten Riesen aufgebläht haben wird. Bis dahin sollten wir allerspätestens die Erde verlassen haben, vielleicht schon ein wenig eher, zirka in etwa einer Milliarde

Jahren sollten wir den Planeten gewechselt haben, die Erde wird dann längst nicht mehr die alte sein.

Worauf können Sie sich einstellen, wenn Sie ab dann aus dem Fenster schauen? Wie wird das Wetter, was wird uns die Sonne als Show bieten? Da muss ich ganz kurz ein wenig ausholen: So wie man vor einem halben Jahrhundert noch vielen Kindern geraten hat, viele Knödel zu essen, damit sie groß und stark würden, so muss auch ein junger Stern massiv zulegen, um als solcher Karriere zu machen. Am Beginn ihres Berufslebens als Sterne fusionieren die noch kleinen Sonnen in ihrem Inneren Deuterium und Lithium. Währenddessen fressen sie ununterbrochen Materie aus ihrer Umgebung, alles, was sie erwischen können, um ihr Kampfgewicht zu erreichen. Denn wenn nicht genug Masse zusammenkommt, dann war es das, dann wird aus der kleinen Sonne kein richtiger Stern, sondern nur ein Brauner Zwerg. Braune Zwerge sind die Loser in der stellaren Hierarchie. Wie sie genau entstehen, ist allerdings noch umstritten, kann sein, dass sie aus der Gas- und Staubwolke, in der Sterne normalerweise geboren werden, hinauskatapultiert werden. Quasi vom Tisch verwiesen, und müssen ohne Nachspeise ins Bett. Deshalb können sie nicht mehr Masse aufnehmen. Es könnte auch sein, dass sie sich am Rand eines entstehenden Sterns ähnlich einer Zyste bilden, und wenn ein größerer Himmelskörper vorbeikommt, dann macht er ihn weg, wenn er schon da ist. Wie ein Chirurg, der bei einer Blinddarmoperation auch gleich die Wärzchen unter der Achsel wegschneidet. Um nur zwei von mindestens sechs Möglichkeiten zu nennen, die momentan diskutiert werden.* Wenn der Stern es aber schafft, genug Masse einzusammeln und die Kernfusion in Gang zu bringen, dann hat er eine strahlende Zu-

---

* Wenn Sie so was interessiert, dann halten Sie einfach Augen und Ohren offen. Um u.a. solche Sachen zu klären, werden aktuell riesige Teleskope gebaut, die sind sehr teuer, deshalb wird sicher jede kleine Entdeckung mit Trompetenschall publiziert.

kunft vor sich. Je nachdem, wie viel Masse er in die Waagschale wirft, wird dann aus ihm ein Hyperriese mit bis zu 300 Sonnenmassen* oder, wie vor rund 4,6 Milliarden Jahren, nur ein Gelber Zwerg wie unsere Sonne mit, Sie haben es erraten, nur einer Sonnenmasse.

Kernfusion bedeutet vereinfacht gesagt, dass aufgrund der enormen Hitze und Masse im Sonneninneren zunächst Wasserstoffkerne, also Protonen, miteinander verschmelzen. Das tun sie nicht freiwillig, denn Protonen sind positiv geladen, und gleiche Ladungen stoßen sich ab. Hitze und Masse der Sonne zwingen sie aber ab und zu doch, sich näherzukommen, als es ihnen angenehm ist. Wenn Sie wollen, stellen Sie sich das so vor wie einen vollgestopften U-Bahnwaggon. Dicht an dicht stehen die Menschen und versuchen den Blicken der anderen auszuweichen und Körperkontakt möglichst zu vermeiden. Aber ab und zu überkommt es ein paar von ihnen, die Erregung geht mit ihnen durch, sie beginnen zu schmusen und können nicht mehr voneinander lassen. Das gesamte Hormonsystem des Körpers kommt in Wallung, was über rote Backen als Wärmestrahlung abgeführt wird.

Nicht anders ist es bei Wasserstoffkernen im Inneren der Sonne. Wenn die Protonen sich zu nahekommen, dann verschmelzen sie in mehreren Schritten zu einem Heliumkern. Dessen Masse ist geringer als die der an der Fusion beteiligten Wasserstoffkerne. Weil aber Masse nicht einfach verschwinden kann, wendet sie sich an die beliebteste Formel der Welt: $E = mc^2$ und wird Energie, im vorliegenden Fall Strahlung. Das klingt nach gröberen Reibungsverlusten im Work-Flow, man nennt das auch Massendefekt, der aber sehr gut ist in dem Fall. Denn die Sonne ist so schwer, dass sie eigentlich lieber heute als morgen unter dem Druck ihrer Schwerkraft in sich

---

* Grobe Schätzung, bei so gewaltigen Objekten stoßen Theorie und Messverfahren an Grenzen: http://en.wikipedia.org/wiki/List_of_most_massive_known_stars#Uncertainties_and_caveats, Zugriff 29.5.2015. Alle Links der Fußnoten sind online unter sciencebusters.at abrufbar.

zusammenstürzen würde. Die Strahlung drückt aber von innen dagegen, und so bleibt so ein Gelber Zwerg wie die Sonne Jahrmilliarden stabil. Insgesamt werden rund 600 Millionen Tonnen Wasserstoff in rund 596 Millionen Tonnen Helium umgewandelt, und zwar pro Sekunde. Also jetzt, und jetzt, und jetzt und jetzt wieder, und auch jetzt.

Ein Masseverlust von 4 Millionen Tonnen pro Sekunde klingt nach viel, ist aber angesichts der Gesamtmasse der Sonne von knapp 2×10^{30} kg lange Zeit nicht sehr dramatisch. Wenn Sie eine Orange schälen und in Spalten teilen, dann bleibt dabei auch immer wieder ein wenig Fruchtfleisch an der Schale hängen, ein bisschen Saft geht verloren, aber insgesamt werden Sie trotzdem den Eindruck haben, in eine ganze, saftige Orange zu beißen, und merken den Verlust gar nicht. So verhält es sich auch bei der Sonne, und wenn alles passt, dann kann sich zumindest auf einem Planeten dieses neuen Sonnensystems im Verlauf von gut vier Milliarden Jahren Leben entwickeln, und zwar so weit, dass Menschen wie Sie und ich in der Lage sind, sich Gedanken darüber zu machen, was in einer weiteren Milliarde Jahren passieren wird.

Was hat die Sonne mit ihrem Leben sonst noch vor? Die Sechs-Milliarden-Jahre-Prognose lautet: Etwa an ihrem 5,5-milliardsten Geburtstag, in etwa einer Milliarde Jahren, hat die Leuchtkraft der Sonne so sehr zugenommen, dass es auf der Erde deutlich wärmer wird mit einer mittleren Temperatur von 30 °C. Klingt nach Sommer ohne Ende, im Mittel bedeutet es aber, dass es an viel mehr Tagen und in viel mehr Gegenden als heute viel öfter sehr heiß sein wird. Das mögen Pflanzen nur bis zu einem gewissen Grad, dann stellen viele von ihnen den Stoffwechsel ein und sterben ab, danach sind höhere Lebewesen inklusive uns dran, weil wir ohne Nahrung leider nur sehr schlecht über die Runden kommen. Eine weitere Milliarde Jahre später beträgt die Durchschnittstemperatur dann bereits

100 °C. Davon kriegen wir aber nichts mehr mit, keine Angst.* Äußerlich merkt man auch der Sonne relativ lange nichts an, aber an der Schwelle zum Teenageralter, also mit gut zwölf Milliarden Jahren, wird sie viel heller und größer, gleichzeitig nimmt die Oberflächentemperatur ab. Gäbe es dann noch Menschen auf der Erde, wäre der Himmel nie mehr blau, sondern rot, weil die Sonne als Roter Riese praktisch den ganzen Himmel einnehmen würde.

Zu dieser Zeit haben es Venus und Merkur bereits hinter sich, aber was passiert mit der Erde, wenn der Mutterstern übergriffig wird? Die Sonne wird deshalb viel größer, weil der Wasserstoff im Inneren irgendwann doch zur Neige geht bzw. die meisten Atome zu Heliumkernen verschmolzen sind. Die liegen aber nicht einfach herum wie Minions und lachen über ihre hohen Stimmen, sondern fusionieren auch. Nicht gleich, erst kommt die Kernfusion zum Erliegen, und die Schwerkraft nimmt die Wärmestrahlung in den Schwitzkasten. Das heißt, die Masse der Sonne macht von außen auf das Sonneninnere Druck. So lange, bis das sagt: „Gut, wenn die Gravitation sich derartig schwer macht, soll sie sehen, was sie davon hat, dann fange ich mit der Kernfusion wieder an. Aber diesmal mit Heliumkernen, höhö."

Dabei wird es aber noch heißer, und die Wärmestrahlung bläht die Sonne auf. Sie gewinnt dramatisch an Größe, erreicht den bis zu 250-fachen Sonnenradius im Vergleich zu heute, und obwohl drinnen geheizt wird wie wild, auf über 15 Millionen °C,** kühlt die Sonne außen ab. Warum? Ganz einfach, es muss viel mehr Oberfläche geheizt werden als früher, die ihrerseits durch den Flächenzuwachs

---

* Vielleicht wird es auch schon viel früher sehr unwohnlich auf der Erde. Bereits heute beträgt die Durchschnittstemperatur in manchen Gegenden 30 °C. Wenn durch den Klimawandel die mittlere Temperatur weiter steigt, könnte es bereits in wenigen Tausend Jahren vorbei sein mit höherem Leben.

** Oder auch Kelvin, wenn Sie wollen, aber bei derartigen Temperaturen fallen 272,15 °C nicht ins Gewicht, die gehen aufs Haus.

auch viel mehr Wärme in derselben Zeit abgibt. Kartoffelpüree kühlt auch schneller ab als ein heißer Erdapfel. Haube, Handschuh und lange Unterhose bräuchten Sie aber trotzdem auch auf der kälteren Oberfläche nicht, die Temperatur beträgt noch immer an die 3000 °C. Die Erdoberfläche ist zu diesem Zeitpunkt bereits wieder glutflüssig, ganz so wie am Beginn ihrer Laufbahn vor rund 4,6 Milliarden Jahren, als das Sonnensystem entstanden ist. Das Aufblähen der Sonne wäre dann sozusagen ein sehr wirkungsvolles Anti-Aging-Programm für unseren Heimatplaneten.

→ **FACT BOX** | *Sternenentstehung* ←

Ein Stern entsteht aus einer großen Wolke, aber nicht einer, die bei uns am Himmel zieht, sondern einer, die sich weiter draußen im Weltall findet, bestehend aus Gas und etwas Staub. Beim Gas handelt es sich hauptsächlich um Wasserstoff und Helium, die beiden simpelsten chemischen Elemente und die einzigen, die schon direkt nach dem Urknall entstanden sind. Wenn so eine Wolke in sich zusammenstürzt und immer dichter und heißer wird, wird irgendwann ein Stern daraus! Das zumindest ist die kurze Version. Die lange Version ist ein bisschen komplizierter.

Normalerweise hat die Wolke keine Lust, sich zu verändern. Sie bleibt eine Wolke hauptsächlich aus dünnem Gas, und das so lange, bis sie durch irgendetwas gestört wird. Zum Beispiel einen Stern, der in der Nähe der Wolke vorüberzieht, eine Supernova-Explosion oder irgendetwas anderes, das das Gleichgewicht in der Wolke durcheinanderbringt. Nun entstehen Regionen, in denen sich mehr Gasmoleküle befinden als anderswo. Diese klumpigen Bereiche

üben auf die weniger dichten Bereiche eine stärkere Anziehungskraft aus. Sie ziehen das Material aus ihrer Umgebung an und werden noch dichter. Das geht immer so weiter, und die Wolke kollabiert. Dabei wird sie auch wärmer, denn die ganze Bewegungsenergie kann nicht einfach verschwinden. Noch ist die kollabierende Wolke aber nicht dicht genug, als dass die von ihr erzeugte Wärmestrahlung nicht wieder einfach ins All abgegeben werden könnte. Erst wenn sie weit genug zusammengeklumpt ist, staut sich die Strahlung. Von innen kommend drückt sie gegen die von außen einfallenden Gasteilchen und stoppt dadurch vorerst den Kollaps. Dieser Prozess hat bis jetzt ungefähr 100.000 Jahre gedauert, und am Ende ist ein sogenannter „prästellarer Kern" entstanden.

Mit einem Stern hat das noch nicht viel zu tun. Es handelt sich immer noch um eine sehr große Wolke aus Gas, die jetzt nur ein bisschen dichter und wärmer ist als zuvor. Von außen strömt weiter Material in ihr Zentrum, und diese ganze Materie drückt auf den dichten Klumpen und macht ihn noch dichter und heißer. Bald ist es so heiß, dass die Moleküle in einzelne Atome auseinanderbrechen. Das kostet nun aber Wärmeenergie, und die restliche Strahlung kann den Kollaps jetzt nicht mehr aufhalten. Die Wolke fällt weiter in sich zusammen und wird kleiner. Und wird dabei noch dichter und noch heißer – bis ein neues Gleichgewicht erreicht ist. Das, was hier entstanden ist, nennt man „Protostern". In seinem Inneren herrschen Temperaturen von 1000 bis 2000 °C – aber ein echter Stern ist es immer noch nicht. Dazu muss erst noch mehr Material von außen auf den Proto-

stern fallen, damit es in seinem Inneren noch dichter und noch heißer wird. So heiß, bis sich die Wasserstoffatome im Zentrum irgendwann so schnell bewegen, dass sie nicht mehr voneinander abprallen, sondern miteinander fusionieren können. Dabei wird der Wasserstoff in Helium umgewandelt, und diese Kernfusion setzt Energie frei. Und jetzt endlich, nach ein paar Millionen Jahren, ist aus der Wolke ein richtiger Stern geworden, der aus eigenem Antrieb Energie produziert, leuchtet und dank des Drucks seiner Strahlung nicht mehr weiter kollabiert.

Stellt sich die Frage: Wird die Sonne eigentlich auch schwerer, wenn sie größer wird? Stellt sich die Gegenfrage: Warum sollte sie? Was größer wird bei unveränderter Masse, also mehr Volumen einnimmt, wird einfach weniger dicht. Dieser Tatsache verdankte auch der berühmte Wissenschaftler Richard Reeds einmal sein Leben, den Sie vielleicht als superelastisches Mastermind der Fantastic Four kennen. Noch bevor er als Mr. Fantastic endgültig seinen Durchbruch schaffte, bekam er es in einem frühen Abenteuer mit einem haushohen, echsenartigen, grünen Monster in roter Unterhose vom Planeten Kraloo zu tun. Sein Name: Gormuu. Es führte nichts Gutes im Schilde, sondern wollte vielmehr die Weltherrschaft an sich reißen. Angriffe der Luftwaffe konnten ihm nichts anhaben, das Schicksal der Erde und ihrer Bewohnerinnen schien besiegelt, da machte Mister Reeds eine Entdeckung. Wenn man das Monster mit einem Energiestrahl beschoss, dann wurde es noch größer. Das allein wäre noch kein Trost gewesen, aber eine Vermessung der gleichermaßen immer größer werdenden Fußabdrücke zeigte, dass Gormuu durch die Strahlenbehandlung offenbar nur größer, aber nicht massereicher wurde. Der Rest war für den schlauen Richard ein Kinderspiel. Gormuu wurde einfach so lange mit Energiestrahlung beschossen, bis seine Dichte aufgrund des Größenwachstums – er erreichte immerhin die Größe der Erde! – so gering wurde wie die des Vakuums im Weltall, sodass die einzelnen Atome sich nicht mehr aneinander festhalten konnten und sich allmählich im gesamten Universum verteilten.[3]

Ganz so schlimm kommt es für unsere Sonne nicht, oder noch nicht, das ist noch nicht geklärt, fest steht aber, sie wird nicht schwerer, nur weil das Volumen zunimmt. Ähnlich wie Popcorn, für das man ja auch nicht plötzlich zwei Hände zum Aufheben braucht, nur weil es aufgeplatzt ist.

→ **FACT BOX** | *Popcorn* ←

Popcorn ist der Autobahnraser unter dem Knabbergebäck. Es platzt nicht nur sehr schnell, sondern springt dabei auch kunstvoll und macht Lärm. Aber warum wird Popcorn so schnell so groß? Aus einem relativ kleinen, dunklen Kern wird ein größeres, weißes Gebilde, und das kommt so: Ein Maiskorn besteht aus einer festen Hülle und einem weichen Inneren aus Stärke. Darin befinden sich 20 mg Wasser, die sich bei Hitze entsprechend ausdehnen. Wasser braucht in verschiedenen Aggregatzuständen verschieden viel Volumen. Das heißt, aus einem Liter Wasser werden unter Normalbedingungen durch Erhitzen 1673 Liter Dampf. Im Popcorn passiert Folgendes: Das Wasser erhitzt sich auf 180 °C. Zwar würde das Wasser gerne verdampfen, aber die Hülle ist so fest, dass es keinen Platz dafür hat, es wird im Inneren des Korns sozusagen gefangen gehalten, sodass die Tem-
peratur auf bis zu 180 °C ansteigen kann. Und dann macht das Corn Pop. Durch den Druck des Wassers platzt die Hülle, das weiche Innere kann sich ausdehnen, bildet eine schaumartige Struktur, die nach der Ausdehnung fast augenblicklich erstarrt. Dabei verdoppelt sich in der Regel der Durchmesser, gleichzeitig nimmt die Dichte um das 8-Fache ab. Das Pop-Geräusch entsteht aber nicht, wie man lange fälschlich angenommen hat, wenn die Hülle reißt, sondern in Wirklichkeit macht das Wasser so einen Lärm.

„Lautes Wasser" klingt nach Esoterik, es handelt sich dabei aber um Physik. Wenn es zum Hüllenbruch kommt, entsteht noch kein Geräusch, die Schale platzt mehr oder weniger geräuschlos. Nach etwa 100 ms kommt es zu einem zweiten Hüllenbruch, und dann kommt es 6 ms später zum Pop. Das Wasser, das sich im Korn befindet,

kann erst eine Zeit lang nicht heraus, weil die Schale sehr fest ist. Wenn dann die Schale bricht, entweicht das Wasser so schnell, dass es schlagartig verdampft. Und das macht schon das Pop. Das wäre aber noch nicht laut genug, sondern wir können das Geräusch vor allem deshalb so gut hören, weil gleichzeitig die schaumartige,

weiße Stärkemasse aus dem Korn austritt. Diese Masse erkaltet, wie gesagt, sehr schnell, und in den offenen Hohlräumen dieser weißen Masse kann der Laut, den das Wasser beim Verdampfen erzeugt hat, hin- und herschwingen.
Das heißt, das Pop ist quasi ein Echo im geplatzten Korn.

Je größer unsere Sonne wird, desto leichter wird sie sogar irgendwann werden. Warum?

Sterne können, wenn sie sich ausdehnen, unter bestimmten Umständen, wenn ein anderer großer Himmelskörper in der Nähe ist, ihr Material durch die Schwerkraft nur bis zu einer bestimmten Grenze an sich halten. Wird diese Grenze überschritten, man nennt sie die Roche-Grenze – merken Sie sich den Namen, Sie werden ihn noch brauchen, wenn wir später Vampire im Weltall treffen –, dann macht sich die Materie in den Randbezirken selbstständig. Menschen, die mit vielen kleinen Kindern zu Fuß unterwegs sind, kennen das nur zu gut. Zwei Kinder kann man an der Hand nehmen, aber je größer die Gruppe wird, desto schwieriger wird es, alle beisammenzuhalten, und sobald man die Grenze zum Spielplatz überschritten hat, auf dem noch dazu der Eiskiosk geöffnet ist, gibt es kein Halten mehr, auch wenn man noch schnell etwas hätte sagen wollen. Bei der Sonne ist zwar der Merkur in der Nähe, aber der ist gravitativ kein Gegner. Die Sonne wird in diesem Aufblähungsstadium nicht deshalb leichter, weil der Merkur ihr was wegnimmt, sondern weil die neu angefachte Kernfusion im Zentrum des Sterns derart hohe Temperaturen erzeugt, dass auch der restliche Wasserstoff in der Schale, der sich dort noch befindet, ins muntere Fusionstreiben mit einstimmt. Im Inneren der Sonne heizen also Heliumkerne und außen Wasserstoffkerne. Man nennt das wenig originell, aber zweckmäßig Wasserstoff-Schalenbrennen. Dadurch entstehen enorme Sonnenwinde, die dann das Material der Sonnenoberfläche ins All schleudern. Hätte die Erde da noch ihre Atmosphäre, gäbe es dauernd überall fantastische Polarlichter, nicht nur an den Polen. Die Sonne feat. Roter Riese verliert in dieser Phase bis zu 28 Prozent ihrer Masse durch Sonnenwind. Bis zu 0,13-milllionstel Sonnenmassen pro Jahr verabschieden sich einfach ins Weltall. Das steckt auch die Sonne nicht so ungerührt weg, und auf die Planeten hat das natürlich auch Auswirkungen. Die bleiben ja nur deshalb so brav auf ihren Umlaufbahnen um die Sonne, weil die vergleichsweise so irrsinnig viel schwerer ist. Die Sonne kontrolliert 99,9 Prozent der gesamten Masse in unserem Sonnensystem. Die daraus resultierenden Gravitationskräfte geben Merkur, Venus, Erde, Mars usw. die Route vor. Wenn die Sonne aber massiv schwächelt, könnte das auch Auswirkungen auf die Bahnradien der Planeten haben. Merkur und Venus hätten trotzdem keine Chance, aber der Bahnradius von Erde und Mars könnte um 38 Prozent zunehmen. Damit wäre die Erdbahn um die Sonne auf Höhe der Bahn des Mars, und der wiederum würde noch weiter weg von der Sonne seine Kreise ziehen. Wenn schon alles Leben vergangen ist, könnte wenigstens der Planet einen Neustart unternehmen. Nach Abkühlen könnte theoretisch alles wieder von vorne beginnen mit Präkambrium, Phanerozoikum bis Pleistozän und Holozän zzgl. Menschen; wenn alles gut geht. Könnte man meinen. Aber erstens wird die Sonne nach ihrer Zwischenkarriere als Roter Riese irgendwann ein paar Hundert Millionen Jahre später ein Weißer Zwerg. Das heißt durch Kernfusion und Schalenbrennen wird die Hülle der Sonne abgestoßen, ein bisschen so, wie bei einer Zwiebel eine Schale nach der anderen abgeschält werden kann. Übrig bleibt ein heißer Kern, nicht viel größer als die Erde, dessen Kernfusion schließlich völlig erloschen ist. Eine strukturschwache Zone, wenn Sie so wollen. Der Stern leuchtet zwar noch ein wenig und eventuell noch sehr lange, aber die Wärmestrahlung ist gering. Für die Erde würde das bedeuten, dass die Zeit von Roter Riese zu Weißer Zwerg viel zu kurz ist, als dass sich noch einmal Leben entwickeln könnte, und zweitens, dass sie sich mit der Zeit in eine eiskalte Steinwüste verwandelt, denn ohne Atmosphäre ist es sehr schwer für einen Planeten, Wärme festzuhalten. Ohne Wintermantel wird es auch uns bei Minusgraden deutlich schneller kalt. Wenn uns dann niemand wärmt und wir das bisschen Wärme, das wir produzieren, nicht festhalten können, dann erstarren wir irgendwo und frieren ab. An Leben ist nicht mehr zu denken. Die schlechte Nachricht: Das wäre das Best Case Scenario für die Erde, sie überlebt, aber ihre Gefühle sind erkaltet. Die noch schlechtere: Jüngere Untersuchungen zeichnen ein deutlich ungünstigeres Bild.[4]

Durch die Aufblähung zum Roten Riesen kommt die Rotation der Sonne praktisch zum Stillstand. Warum? Es handelt sich dabei quasi um einen umgekehrten Pirouetteneffekt. Gern würde ich jetzt schreiben, dass das sicher jeder schon erlebt hat beim Eistanzen, federleicht übers Gefrorene gleiten und einen doppelten Rittberger unter dem Applaus der Umstehenden in eine Piroutte ausklingen lassen, aber die meisten von uns würden am Eis keine Pirouette zusammenbringen, sondern beim Versuch höchstens einen sehenswerten Stern reißen, wie man in Wien sagt. Denn auch wenn wir im Alltag die Reibung kaum bemerken und nur selten loben, wenn man aufs Eis geht, dann weiß man, was man normalerweise an ihr hat. Wenn man sich auf einen Drehstuhl setzt, kann man den Pirouetteneffekt aber auch erleben, ohne für Holiday on Ice trainieren zu müssen. Ist das schlecht für die Erde, wenn die Sonne sich nicht mehr dreht? Ja, sehr sogar. Und zwar weil dann die Gezeitenkräfte zeigen, was sie können, und die Erde irgendwann in die Sonne stürzen würde.

→ **FACT BOX** | *Sonnenwunder* ←

Würde die Sonne plötzlich schneller zu rotieren beginnen, als sie es momentan tut, oder gar zu tanzen, wäre das aber auch nicht sehr spitze für uns. Obwohl manche Menschen behaupten, genau das schon beobachtet zu haben, nämlich im Rahmen eines sog. Sonnenwunders.

So etwas gab es schon einmal, vor knapp hundert Jahren in Portugal, und schon damals war es ein Riesenerfolg für die Veranstalter. Im Jahr 1917 ist auf einem Feld bei Fatima die Gottesmutter drei Hirtenkindern sechsmal hintereinander erschienen, jeweils am 13. des Monats. Als am 13. September die Fangemeinde bereits nennenswert war, kündigte die Mutter Jesu für 13. Oktober eine Flug-Show an, mit pyrotechnischen Special FX, mithin ein Sonnenwunder mit Ansage. Fernsehen war damals noch nicht weit verbreitet, schon gar nicht in Portugal am Land, also fand sich eine gewaltige Menschenmenge ein, dem Vernehmen nach etwa 30.000 Menschen, und die sahen genau das, was angekündigt war, nämlich ein Sonnenwunder. Nicht schlecht.

Wunder sind Ereignisse, die im Widerspruch zu den Naturgesetzen stehen oder nicht durch diese erklärt werden können. Und wenn die Sonne am Himmel zu rotieren, herumzuhüpfen und zu tanzen beginnt, und ein paar Tausend Menschen sehen das, und zwar genau deshalb, weil die Mutter Gottes ihnen dieses Save the date einen Monat davor verraten und sie auf die Gästeliste gesetzt hat, dann kann und muss man mit Fug und Recht von einem Wunder sprechen. Denn Rotieren, am Himmel Herumhüpfen und Tanzen sind physikalisch für

die Sonne nicht vorgesehen. Wenn sich die Sonne so benähme, hätte das für die Erde erhebliche Konsequenzen. Begänne die Sonne zu rotieren, würde sie aktiver, d.h. die Sonnenwinde stärker. Das hieße zwar mehr Nordlichter, vielleicht sogar in Äquatornähe, aber und im Weiteren auch deutlich mehr Strahlenbelastung auf der Erde. Das ist für Mensch und Tier nicht gesund. Bei einem Sonnentänzchen würde die Erdbahn sich verändern, was sehr interessante Auswirkungen auf die Jahreszeiten hätte, je nachdem, in welchem Rhythmus getanzt würde. Falls sich die Sonne für Hin- und Herspringen entschiede, wäre die Erde aufgrund der Gravitation gezwungen mitzuspringen. Das allein wäre schon aufregend, darüber hinaus ginge das aber vermutlich für die Atmosphäre, die nicht weiß, dass jetzt gleich gesprungen wird, zu schnell und sie würde sich nicht von der Stelle rühren. Sie merken, ein Sonnenwunder wäre sein Geld wert. Allein, in Fatima haben die Menschen zwar eine rotierende, tanzende und springende Sonne erlebt, aber nicht die Nebenwirkungen. Was war passiert?

Gläubige Menschen werden möglicherweise sagen: Genau darin besteht das Wunder, weniger gläubige eher nach einer plausibleren Erklärung suchen. Die gibt es natürlich auch, und sie bringt die erste Enttäuschung: Es hat auf der Welt schon sehr viele Sonnenwunder gegeben – aber es gab noch nie ein Sonnenwunder in der Nacht. Was deutlich beeindruckender wäre. Das Tolle an Sonnenwundern: Sie sind gratis, weltweit erhältlich, und jeder kann ganz sie ganz leicht selber erleben.

25

Was braucht man dafür? Mindestens eine Sonne und einen Himmel, sonst funktioniert es nicht, und der Himmel muss mit Dunst oder Wolkenschleier überzogen sein. Die Sonne ist zwar wirklich weit von der Erde weg – Fachleute sprechen von einer mittleren Entfernung von knapp 150 Millionen Kilometern –, aber direkt in den Stern hineinschauen, wenn er unverschleiert am Himmel steht, sollen Menschen nur dann, wenn sie gerne ihr Augenlicht verwirken möchten.

Aber das bringt man ohnedies nicht leicht zusammen, weil man wegen der Helligkeit automatisch die Augen schließt. Bei diesigem Wetter hingegen, etwa im Herbst, beispielsweise am 13. Oktober, sind die Voraussetzungen für ein Sonnenwunder ideal. Das direkte Hineinschauen in die Sonne ist dann zwar möglich, allerdings trotzdem nicht sehr angenehm, weil die Strahlungsmenge noch immer beträchtlich ist. Aus neurophysikalischer Sicht passiert Folgendes: Durch die Verschleierung ist das Sonnenlicht abgeschwächt, unsere Augen versuchen aber bei direktem Blickkontakt trotzdem noch auszuweichen. Sie bewegen sich hin und her, man spricht von einer autokinetischen Bewegung, und dadurch scheint sich die Sonne zu drehen oder zu hüpfen. Tatsächlich handelt es sich aber nur um eine optische Illusion, eine subjektive Wahrnehmung, die sich auf unserer Netzhaut und in unserem Gehirn abspielt. Nicht die Sonne tanzt, sondern unsere Augen. Und weil jeder seine Augen anders abwendet, schaut ein Sonnenwunder auch für jeden oder jede anders aus. Das war auch damals in Fatima so. Dort haben ein paar Tausend Menschen bei passendem Wetter und in Erwartung eines Wunders, was sein Eintreten noch einmal erheblich wahrscheinlicher macht, in die Sonne geschaut und einen autokinetischen Effekt erlebt. Denn die Sonne scheint nicht nur über Fatima, sondern auch über anderen Weltgegenden, und dort hat an besagtem 13. Oktober niemand eine tanzende Sonne registriert.

Um zu verstehen, was dabei passiert, wenn die Sonne die Rotation bestreikt, wenden wir uns kurz dem Verhältnis Erde/Mond zu. Wir sehen dabei das gleiche Phänomen, wie es zwischen Sonne und Erde zum Tragen käme, schon heute zwischen Erde und Mond, nur dass der Mond sich der Erde nicht nähert, sondern sich pro Jahr knapp 4 Zentimeter von uns entfernt. Das hat mit der Drehimpulserhaltung zu tun und ist in nächster Zeit nicht besonders schlimm. Wenn sich in einer Menschenbeziehung auf der Erde die Partner voneinander entfernen, und sei es nur um 4 Zentimeter im Jahr, dann fällt das auf und hat Konsequenzen. Unser Mond macht sich damit aber nur lächerlich. Seine Verhaltensauffälligkeit führt dazu, dass die Tage auf der Erde mit der Zeit etwas länger werden, aber nicht sehr. Eine Sekunde in 10.000 Jahren, das ist eine sehr lange Gleitzeit, und in 500 Millionen Jahren ist deshalb keine totale Sonnenfinsternis mehr möglich. Tod, wo ist Dein Stachel. Der Mond plustert sich auf, und die Erde entgegnet: „Komm her und spring mir auf die Brust, du Kasperl, ich brauch eh was zum Einschmieren." Zurück zu den Gezeiten.

Beschleunigung und Entfernen
Mond von Erde

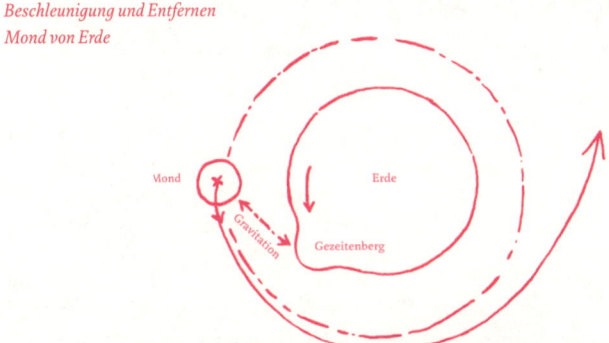

Durch seine Schwerkraft bewirkt der Mond einen Gezeitenberg auf der Erde,* durch die Rotation der Erde wandert der Gezeitenberg unter dem Mond weg, und da sich der Mond in derselben Richtung um die Erde bewegt, in die sich auch die Erde selber dreht, läuft der Mond seinem Gezeitenberg immer etwas nach. Da der Gezeitenberg auch Schwerkraft ausübt, ergibt sich daraus eine kleine resultierende Kraft auf den Mond in Richtung seiner Flugbahn um die Erde. Und deshalb macht er sich sehr, sehr langsam vom Acker. Bei Mars und einem seiner Monde ist übrigens genau das umgekehrte Phänomen zu beobachten. Eigentlich eine Frechheit. Der Mars ist

---

* Tatsächlich entsteht an der dem Mond abgewandten Seite ein zweiter Gezeitenberg, der sich nicht durch die Schwerkraft des Mondes, sondern die Fliehkraft des rotierenden Erde-Mond-Systems erklären lässt, aber der ist für die vorliegende Erklärung von untergeordneter Bedeutung.

viel kleiner als die Erde und hat trotzdem zwei Monde. Klassische Großmannssucht, wenn Sie mich fragen: rostig, zugig, schlecht geheizt, aber zwei Monde braucht der Herr. Achtspännig ins Armenhaus, hätte man früher gesagt. Wie auch immer.

Bremsung und Annähern
Phobos an Mars

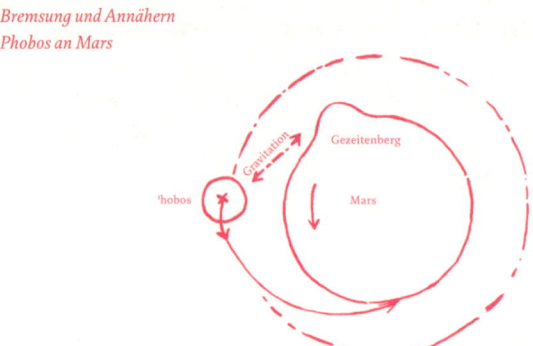

Der Marsmond Phobos umkreist seinen Planeten Mars schneller, als dieser rotiert. Daher hinkt der Gezeitenberg, den Phobos auf dem Mars erzeugt, hinter Phobos her und erzeugt eine Kraft gegen die Flugrichtung. Ein Berg kann natürlich nicht hinken, das stimmt, aber es gibt eine Verzögerung. Aus diesem Grund wird Phobos auf seiner Bahn um den Mars langsamer, bewegt sich langsam auf einer Spiralbahn nach innen, und in 10 Millionen Jahren wird er die Roche-Grenze erreichen. Nein, wir sind noch nicht bei den Vampiren, da haben Sie zwar gut aufgepasst, aber Roche-Grenze darf ja auch so trotzdem noch einmal vorkommen. Ist ja nicht verboten, oder? Wenn es passt. Wenn Phobos die Roche-Grenze erreicht hat, dann wirkt die Gezeitenkraft, die der Mars auf ihn ausübt, stärker als seine eigene Schwerkraft, die an sich schon nicht sehr eindrucksvoll ist. Die Fluchtgeschwindigkeit, um von Phobos ins All wegzukommen, beträgt gerade einmal 40 km/h. Da reicht ein Moped.[5] Das bedeutet, Steine auf der Oberfläche von Phobos

28

fallen ab dann in Richtung Mars, und der kleine Mond löst sich mit der Zeit zu einem Ring aus Gesteinsbrocken auf, die um den Mars kreisen. Das kommt davon, wenn man unbedingt einen zweiten Mond haben will, sich aber eigentlich keinen leisten kann. Immerhin bekommt unser Nachbar dann einen Ring, so was haben wir auf der Erde auch nicht.

Bremsung und Annähern
Erde an Roter Riese

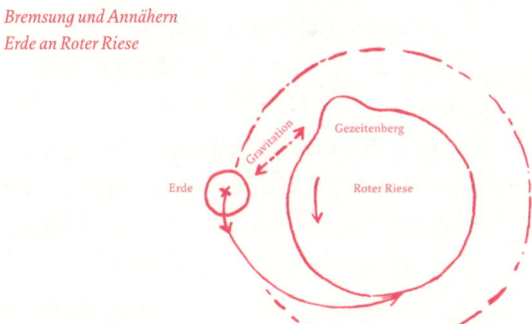

Das Gleiche, was Mars und Phobos vormachen, passiert auch bei der Erde, wenn die Sonne als Roter Riese, oder kurz davor, einer zu sein, die Rotation einstellt. Dann schleppt die Erde sozusagen einen Gezeitenberg auf der Oberfläche der Sonne hinter sich her und wird durch diesen gebremst. Die Sonne hilft ja nicht mehr mit, die faule Sau. Wenn die Erde durch den Masseverlust der Sonne erst ein wenig weiter weggekommen sein sollte, also auf eine größere Umlaufbahn, so war der Weg umsonst. Der Effekt kehrt sich wieder um, und unser Heimatplanet bewegt sich langsam auf einer Spiralbahn wieder zur Sonne hin. Bis zur, da ist sie schon wieder, Roche-Grenze. Seien Sie nicht so ungeduldig, wir kommen schon noch zu den Vampiren. Und Zombies gibt es im Weltall übrigens auch, und wir kommen bald zu beiden, versprochen, aber das Auftauchen des Begriffes *Roche-Grenze* ist kein verlässlicher Indikator dafür. Der kann noch zehnmal vorkommen, ohne dass Blutsauger in Sichtweite sind. Etwa jetzt: *Roche-Grenze*. Und schon wieder: *Roche-Grenze*. Und wer hätte das gedacht, noch einmal: *Roche-Grenze*. Also, können wir weitermachen?

Die Erde bewegt sich also, wir schreiben zirka das Jahr 7 Milliarden n. Chr., weil die Gezeitenkräfte ihr das mittlerweile nahelegen, auf einer Spiralbahn auf die Sonne zu, bis sie die Roche-Grenze erreicht. Blöderweise ist das Größenverhältnis zwischen Sonne und Erde aber deutlich ungünstiger für den kleineren Himmelskörper als bei Mars und Phobos, sodass diese Grenze weit innerhalb des Roten Riesen zu finden ist. Deshalb wird die Erde als Ganzes in die rote Riesen-Sonne eintauchen und dort langsam verdampfen. Die Sonne schnupft die Erde und muss sich dabei nicht einmal bewegen. Das ist das wahrscheinlichste Szenario aus heutiger Sicht.

Weniger wahrscheinlich, aber auch möglich und nicht weniger spektakulär: Der Radius einer Umlaufbahn vergrößert sich ja umgekehrt proportional zur kleiner werdenden Masse der Sonne. Es ist jetzt nicht weiter wichtig, ob Sie das sofort verstanden haben oder nicht, etliche dieser Physiksätze klingen so, dass man sich in die Mittelschulphysikstunde zurückversetzt fühlt und denkt: „Oh Gott, wann läutet endlich die Pausenglocke." Und bei umgekehrt proportional verdreht es vielen sofort das Gehirn und sie wollen umgehend unter der Bank vom Pausenbrot abbeißen. Ich verstehe das, und es ist nicht weiter schlimm, glauben Sie einfach, dass der Satz mit den vergrößerten Umlaufbahnradien stimmt, wenn er hier steht. Wichtiger ist, was sich daraus ergibt, und das können Sie nachvollziehen, auch ohne diesen vermaledeiten Satz eben verstanden zu haben.* **

---

* Wenn Sie durchaus wollen, dann lesen Sie den Satz eben so lange, bis Sie ihn doch verstanden haben, so schwer ist er nun auch wieder nicht.
** Ich weiß, dass ein Satz nicht schwer sein kann, aber können wir jetzt bitte oben weitermachen?

Was ich damit sagen will, ist, dass es im Zuge dessen zu Umlauf-bahn-Resonanzen kommen kann (siehe Fact-Box), die, und jetzt kommt's, zu Kollisionen zwischen Planeten führen können oder Planeten ganz aus dem Sonnensystem herausschleudern. Die würden dann zu Steppenwölfen. Auch zu denen kommen wir später ausführlicher, allerdings ganz ohne dass davor in irgendeiner Form der Begriff …*(hier könnte Ihre Roche-Grenze (Name v. d. Red. geändert) stehen)* vorkommt.

→ **FACT BOX** | *Umlaufbahn-Resonanzen* ←

Himmelskörper können sich nicht einfach so um einen Stern herum bewegen, wie sie gerade Lust haben. Ihre Bewegung wird durch die Gravitationskraft bestimmt, die auf sie wirkt. Die Sonne als massereichster Körper in unserem System übt dabei den größten Einfluss aus, und darum kreisen die Planeten und Asteroiden auch alle um sie herum. Wenn sie in einer stabilen Umlaufbahn bleiben wollen, müssen sie das aber in der richtigen Geschwindigkeit tun. Sind sie zu schnell oder zu langsam, dann fliegen sie aus dem System hinaus oder stürzen auf die Sonne. Unsere Erde befindet sich im Durchschnitt 150 Millionen Kilometer von der Sonne entfernt, und damit sie in diesem Abstand eine stabile Umlaufbahn einnehmen kann, muss sie sich in 365 Tagen einmal rundherum bewegen. Näher an der Sonne erhöht sich diese Geschwindigkeit; der Merkur zum Beispiel braucht nur 88 Tage. Weiter weg kann sich ein Himmelskörper mehr Zeit lassen: Der Jupiter muss seine Runde um die Sonne in zwölf Erdenjahren absolvieren. Besonders interessant wird die Angelegenheit, wenn die Umlaufzeiten zweier Himmelskörper in

einem ganzzahligen Verhältnis stehen. Ein Asteroid, der sich beispielsweise 374 Millionen Kilometer von der Sonne entfernt befindet (und damit ziemlich genau in der Mitte des Asteroidengürtels zwischen den Bahnen von Mars und Jupiter), würde für einen Umlauf um die Sonne vier Erdenjahre brauchen. Damit ist er exakt dreimal langsamer als Jupiter mit seinen zwölf Erdenjahren. Ein Jupiterjahr ist also genauso lang wie drei Asteroidenjahre. Und das kann für den Asteroid gravierende Folgen haben. Da die Umlaufzeiten in einem ganzzahligen Verhältnis von 3:1 stehen, stehen auch die beiden Himmelskörper alle drei Asteroidenjahre (oder jedes Jupiterjahr) wieder in genau dem gleichen Verhältnis zueinander entlang ihrer Bahnen.

Mit dem Asteroid kann nun das passieren, was mit einem Kind auf einer Schaukel passiert. Wenn man die Schaukel immer genau zum richtigen Zeitpunkt anschubst, dann wird sie höher und höher nach oben schwingen, auch wenn man selbst dafür immer nur die gleiche Kraft aufwendet. Genau so können sich die gravitativen Störungen des Jupiters „aufschaukeln". Jedes

Mal, wenn der große Planet wieder einen kompletten Umlauf um die Sonne hinter sich gebracht hat, befindet sich der Asteroid in genau der gleichen Position wie beim letzten Mal. Die Gravitationskraft „trifft" den Asteroid daher auch immer auf die gleiche Art und Weise, anstatt dass die Störungen sich im Laufe der Zeit zufällig verteilen. Früher oder später wird seine Bahn durch diese sogenannte Resonanz so stark verändert, dass er seinen Platz verlässt und aus dem Sonnensystem geworfen wird (bzw. auf einer Kollisionsbahn mit einem der anderen Planeten landet). Deswegen findet man im Asteroidengürtel auch eine entsprechende Lücke, in der sich kaum Felsbrocken befinden. Neben der 3:1-Resonanz gibt es noch mehr solche gefährlichen Orte – zum Beispiel die sogenannte „Hecuba-Lücke" der 2:1-Resonanz, die die äußere Grenze des Asteroidengür-

tels darstellt. Resonanzen können unter den richtigen Umständen aber auch positiv auf die Stabilität von Umlaufbahnen wirken. Wenn sich zwei resonante Himmelskörper einmal nahe sind, dann sorgt die Resonanz dafür, dass sie sich in regelmäßigen Abständen immer wieder nahekommen und die gravitativen Störungen immer stärker werden. Ist der Abstand zwischen zwei Himmelskörpern mit resonanter Bewegung aber groß, weil sie sich zum Beispiel auf unterschiedlichen Seiten der Sonne befinden, dann wiederholt sich auch diese Konfiguration regelmäßig, und die Störungen können nie sehr stark werden. Darum gibt es im Asteroidengürtel nicht nur Lücken, sondern auch Anhäufungen wie die „Hilda-Gruppe" an der Position der 3:2-Resonanz oder die „Thule-Gruppe" bei der 4:3-Resonanz.

D.O.A. – Death on arrival

Alles bisher über das Weltenende Gesagte tritt natürlich nur dann, und auch nur sehr wahrscheinlich, in Kraft, wenn davor das Universum, wie anfangs angedeutet, nicht spontan untergeht. Wiewohl angedeutet ein bisschen untertrieben ist, eine Todesanzeige ist schon eher ein Wink mit dem Zaunpfahl. Wie hat es so weit kommen können? Sie werden staunen, es ist vielmehr überraschend, dass es überhaupt so weit gekommen ist. Wenn Sie also noch unbedingt einen Sinnspruch auf der Todesanzeige des verblichenen Universums oberhalb einfügen wollen, so wäre „Weine nicht, weil es zerfallen ist, sondern sei dankbar, dass es expandiert ist" eine adäquate Wahl.

Wenigstens hat es nicht lange leiden müssen, könnte man auch noch sagen. Wobei, bis ein ganzes expandierendes Universum zerstört ist, das dauert seine Zeit, selbst mit Lichtgeschwindigkeit hat man da als *Todesblase*, und nichts weniger als das würde für diese Arbeit angeheuert, wie wir sehen werden, kein freies Wochenende.

Das ist natürlich alles nur hypothetisch, denn wenn Sie diese Zeilen lesen können, dann erfreut sich das Universum noch bester Gesundheit und schmiedet Pläne, wie es sich noch weiter ausdehnen kann. Aber das, was dem Universum möglicherweise am Ende bevorsteht, kann jederzeit eintreten. Die Wahrscheinlichkeit ist extrem gering, da haben Sie recht, im Mittel passiert so etwas wie ein Universumsuntergang auf Basis der momentanen Gegebenheiten bei uns nur alle 10^{100} Jahre, also wirklich sehr selten. Aber im Mittel heißt in dem Fall nur, dass es zwar nicht oft vorkommt, sagt aber überhaupt nichts über den Zeitpunkt. Es kann tatsächlich erst in 10^{100} Jahren passieren, oder $\ldots$ früher oder aber schon in der nächsten Sek $\ldots$ Mittel. Wenn etwas alle 10 Jahr $\ldots$ knapp hintereinand $\ldots$ hätte sich trotzd $\ldots$ übrigens Goog $\ldots$ rmen der V $\ldots$ tens

BRUZZEL

Bitte entschuldigen
Sie die Störung.
Es geht gleich weiter.

Das ist natürlich wissenschaftlich nicht ganz korrekt. Wenn es wirklich dazu kommen sollte, dann bleibt vom Universum, wie wir es kennen, praktisch nichts übrig. Kein weißes Rauschen, keine Moleküle, nichts außer Elementarteilchen. Vermutlich. Es kann auch ganz anders aussehen danach. Und es handelt sich auch nicht um eine Störung, die man entschuldigen möge, wie das Insert oben nahelegt, der Untergang gehört einfach dazu zu einem Universum wie dem unseren, es wurde werkseitig so geliefert, quasi geplante Obsoleszenz. Wiewohl es aber gleich weitergeht, das stimmt wieder. Aber ohne uns und alles, was unser Leben bislang angenehm gestaltet hat.

Und wer ist schuld? Wir wollen nicht in ein laufendes Verfahren eingreifen, aber vermutlich niemand. Zumindest, wenn Sie dazu neigen, naturwissenschaftliche Erklärungen für die Existenz eines Universums zu akzeptieren. Das ist zwar grundsätzlich sinnvoll, aber natürlich eine schlechte Grundlage, wenn man das Universum von der Haushaltsversicherung ersetzt haben möchte. Denn wenn in der Schadensmeldung steht: „Plötzlich war das bislang bekannte Universum weg, einfach so, obwohl niemand was gemacht hat", dann wird sich der Versicherungsträger eher für unzuständig erklären. Denn das klingt wie in dem berühmten Kinderwitz von den Herren Niemand, Keiner und Blöd.

Da haben es gottgläubige Menschen ausnahmsweise einmal besser. Menschen gibt es ja schon ein paar Millionen Jahre lang, Religionen haben sie aber erst relativ spät erfunden, und seit ein paar Hundert Jahren kann man diese auch überhaupt nicht mehr brauchen, wenn man den Kosmos verstehen will. In der Naturwissenschaft ist Gott nämlich keine sinnvolle Hypothese. Einen allmächtigen Schöpfer anzunehmen, um auch nur irgendwas im Universum zu erklären, ist viel zu kompliziert. Außer vielleicht, warum Menschen Weihnachten und Ostern feiern.

Aber wenn das Universum kaputt ist und man einen Schuldigen braucht, dann ist ein Allmächtiger ein erstklassiger Sündenbock. Dann schreibt man in den Unfallbericht: „Wie in den Statuten geschrieben steht, hat der Allmächtige alles erschaffen und kann es auch wieder vergehen lassen. Das hat er am *(Datum einfügen)* auch gemacht, ich ersuche daher, das gesamte Universum zu ersetzen. Oder zumindest den Anschaffungspreis, wiewohl es durch die Expansion mittlerweile viel mehr wert war."

Wie groß wäre der Sachschaden eigentlich? Was ist alles kaputt, wenn ein Universum Totalschaden erleidet? Kann man irgendwas weiterverwenden? Oder ist alles, so wie wir es kennen, tatsächlich weg und man muss mit dem großen Wagen zum Möbelhaus? Schwer zu sagen, und das liegt nicht nur daran, dass das Universum seit seinem ersten großen Auftritt als Big Bang als unendlich gilt. Das klingt zwar beeindruckend, aber kaum jemand kann sich darunter etwas vorstellen, und es verrät auch wenig übers tatsächliche Inventar. Seit dem Verschwinden der Dinosaurier haben wir Menschen uns bis heute durchgehend und erfolgreich auf der Erde wichtig gemacht, aber wie vermutlich schon die Dinosaurier, so haben auch wir bis heute keine genauen Zahlen, wie groß das Universum tatsächlich ist und was alles in ihm herumsteht. Das ist einerseits sehr demokratisch, denn es macht alle Menschen sofort gleichermaßen zu kosmologischen Fachkräften. Auf die Frage nach der Größe des Universums brauchen Sie einfach nur mit „Weiß niemand so genau" zu antworten, und kein Nobelpreisträger, keine Nobelpreisträgerin könnte es besser formulieren. Andererseits ist das keine besonders coole Antwort. Da waren schon die Orakel der Antike raffinierter. Die dort diensthabenden Sachbearbeiter haben gewusst, wenn man schon keine exakte Antwort parat hat, dann zumindest in Rätseln sprechen, das gilt auch als schlau. Eine bessere Antwort wäre also etwa: „Das Universum war von Anfang an unendlich und ist es noch immer und wird es auch immer sein." Damit kann zwar auch kaum wer was anfangen, aber alle, die vorher nur gesagt haben: „Weiß niemand so genau", wären damit aus dem Feld geschlagen.

Bevor wir uns der Frage zuwenden, warum sich das Universum denn in akuter Todesgefahr befindet und welche dunklen Mächte es vernichten wollen, versuchen wir, Inventur zu machen. Wie viele Galaxien hätte es erwischt bei einem Universumsuntergang? Wie viele Sterne? Wie viele Planeten? Auch hier gibt es nur Schätzwerte. Allein was unsere Heimatgalaxie betrifft, ändert sich das Phantombild alle paar Jahre radikal.

Das deutsch-österreichische Komikerduo Stermann/Grissemann erzählt fast seit seinem Bestehen immer wieder gern denselben Witz, sie hätten sich im Rundfunk die Karriereleiter hinuntergebumst. Das gilt in unserem Sonnensystem natürlich für den Zwergplaneten Pluto, der einmal eine Zeit lang Planet war, aber vor allem für die Milchstraße. Die war noch bis 1925, vor nicht einmal hundert Jahren, das gesamte Universum, mit allem Drum und Dran, ohne Konkurrenz. Das muss man sich einmal vorstellen. Selbst Albert Einstein hatte damals alle Hände voll zu tun, dieses Universum als statisch zu beschreiben, damit alles so bleibt, wie es ist. Die Allgemeine und Spezielle Relativitätstheorie waren bereits auf dem Markt, da hat ihn der belgische Priester und Physiker Georges Lemaître darauf hingewiesen, dass er es bitte auch einmal mit einem Urknall versuchen möge, seine neuen Theorien würden das hergeben. Genauer sprach der Gottesmann von einem „kosmischen Ei, das im Moment der Entstehung des Universums explodierte", und wusste auch das genaue Datum, an dem das geschehen sein sollte, nämlich dem „Tag ohne Gestern".[6] Und da kann es, ähnlich wie beim Highlander, nur einen geben. Wie hat Einstein darauf reagiert? Wäre er damals Hutschenschleuderer im Wiener Wurschtlprater gewesen, hätte er dem umtriebigen Belgier vielleicht geantwortet: „Geh krachen, du Weh", so aber lautete seine Antwort: „Ihre Berechnungen sind zwar mathematisch richtig, aber Ihre Physik ist schrecklich." Die Freude der Milchstraße über ihren berühmten Verteidiger währte aber nur kurz, denn schon kam der US-amerikanische Astronom Edwin Hubble des Weges, zeigte mithilfe der Berechnungen von Henrietta Swan Leavitt unter anderem, dass die Milchstraße kein Einzelkind ist, und so sitzt sie heute als weitgehend unbedeutende Galaxie am Katzentisch des Kosmos, und alle, die mögen, dürfen an ihren Personalien herumdoktern. Und tun das auch. Und wie.

Es ist noch nicht so lange her, etwa sechzig Jahre, da konnte mit Radioteleskopen nachgewiesen werden, dass es sich bei der Milchstraße um eine Spiralgalaxie handle, und zwar mit vier Armen. Da waren sich alle einig, da biss die Maus keinen Faden ab. Zeitweise waren es sogar fünf. Dann im Jahre 2008 plötzlich die Degradierung, zwei Arme kamen weg. Warum? Weil anhand von Beobachtungen mit dem Weltraumteleskop Spitzer, seine Spezialität ist der Infrarotbereich, die Amputation von zwei Extremitäten dringend nahegelegt wurde.[7] Fünf Jahre später, wieder zurück in der Radioteleskopie, waren beide Arme wieder nachgewachsen[8] wie bei einem galaktischen Axolotl. Dafür wurde kein Jahr später die Masse nach unten korrigiert. Egal wie viele Arme, die Milchstraße sei ab sofort nur noch halb so schwer wie ihre Nachbargalaxie namens Andromeda, nämlich 400 Milliarden Sonnenmassen.[9] (Aber keine Sorge, in etwa drei Milliarden Jahren verschmelzen die beiden zu einer Galaxie, und dann gehört wieder allen alles.) Dafür ist sie plötzlich länger, statt der gewohnten rund 100.000 Lichtjahre misst sie von einem Ende zum anderen möglicherweise um die Hälfte mehr.[10] Weil sie nämlich sozusagen Falten hat, was nach 13,2 Milliarden Jahren allerdings auch kein Wunder wäre. Und wenn man die ausbügeln würde, dann wäre die Galaxie eben ausgedehnter. Wenn das stimmt, dann befindet sich erstens unser Sonnensystem auf einmal deutlich weiter weg vom galaktischen Zentrum, und zweitens hat die Milchstraße dann vielleicht gar keine Arme per se, sondern sie entstehen als Struktur immer wieder, weil extrem lichtschwache Zwerggalaxien die Galaxie umkreisen und dabei teilweise durchdringen. So kann es gehen, gestern noch Universum vom Dienst, heute Mobbingopfer von Zwerggalaxien. Darüber hinaus können sich die zuständigen Fachkräfte weltweit aber eigentlich nur darauf einigen, dass man bis heute nicht genau weiß, wie die Milchstraße wirklich aussieht, und dass das eventuell auch immer so bleiben wird. Nicht zuletzt deshalb, weil wir uns in ihr drin befinden und deshalb keinen Blick von außen auf sie werfen können. Das Einzige, was über die Jahre konstant geblieben ist, ist die Mengenangabe für Sterne in unserer Heimatgalaxie. Da kann man aber auch nicht viel falsch machen bei der Präzision der Angabe, wenn Sie mich fragen. Zwischen 100 und 300 Milliarden gibt es angeblich, genauere Informationen jedoch momentan nicht. Das immerhin könnte sich aber bald ändern.

Unter Gaia

Unter Geiern lautet der Titel eines 1964 gedrehten Winnetou-Films mit Pierre Brice und Stewart Granger in den Hauptrollen, wilden Schießereien und einem Hinterhalt nach dem anderen. Die berüchtigte Geier-Bande unterliegt nach früher Führung, für Spannung ist ausreichend gesorgt, und letztlich geht es natürlich gut aus für alle Bleichgesichter und Rothäute, die guten Willens und reinen Herzens sind. Momentan wird im Weltall der Streifen „Unter Gaia" gedreht, da geht es nicht so wild zu, die Kulisse ist aber deutlich spektakulärer, und das Happy End ist noch nicht ausgemacht. Wer spielt die Hauptrolle? Das Weltraumobservatorium Gaia. In weiteren Rollen zu sehen sind die Sonne als sie selbst und als Komparsen zirka eine Milliarde weitere Sterne.

Am 19. Dezember 2013 ist der Start der europäischen Weltraummission Gaia erfolgt. Warum Gaia? Benannt nach der Erdmuttergöttin in der griechischen Mythologie? Könnte man meinen. Doch das ist nur eine Ausrede. Weltraummissionen vorzubereiten ist nicht nur sehr langwierig und teuer, sondern auch sehr kompliziert, und nur weil ein paar Hundert Menschen an einer Raumsonde bauen, heißt das noch lange nicht, dass der Rest der Welt in die Luft schaut und Däumchen dreht. GAIA ist natürlich ein Akronym, ohne die im Raumfahrtmarketing offenbar gar nichts mehr geht, wie wir später noch deutlich sehen werden. Und Gaia heißt, was schätzen Sie? Vielleicht Große Astrale Interstellare Angelegenheit? Kein schlechter Tipp, aber der Name verrät ein wenig mehr über seinen Träger und bedeutet Globales Astrometrisches Interferometer für die Astrophysik. Das war damals gut gemeint am Beginn der Planungsphase, Anfang der 90er-Jahre des letzten Jahrhunderts. Damals dachten sie bei der ESA möglicherweise noch: „Cool, wir werden ein Globales Astrometrisches Interferometer für die Astrophysik an Bord haben. Da werden sie schauen im All." Dann hat es aber doch ein wenig gedauert bis zum Start im Dezember 2013, und es waren auf einmal noch coolere Messinstrumente auf dem Markt. Beispielsweise ein Spiegelteleskop.

Deshalb hätte Gaia mittlerweile eigentlich Gasa heißen müssen, das wollte dann bei der ESA offenbar niemand. Vielleicht war das Briefpapier schon gedruckt oder für eine Umbenennung hätte die ganze Mission wieder neu aufgerollt werden müssen, oder aber es war einfach nicht so wichtig, Hauptsache das Ding kommt gut und bald ins Weltall. Und zwar mit Spiegelteleskop. Was soll es dort machen? Vermessen. Bis zu einer Milliarde Sterne in Bezug auf Position und Eigengeschwindigkeit, weiters Helligkeit, Temperatur, ihre Zusammensetzung und Bewegung im All.[11] Herauskommen soll dabei eine dreidimensionale Karte des Milchstraßensystems, die genaueste, die bislang erstellt worden ist, Erscheinungsdatum 2022. Eine Milliarde Sterne klingt viel; wenn man sie alle einzeln zählen muss, ist es das auch, aber wären das schon alle, oder hat man damit wenigstens die allermeisten erfasst? Leider nein. Nicht einmal annähernd.

Vor knapp 200 Jahren hat der deutsche Pfarrer Johann Wilhelm Hey dichtend gefragt: „Weißt Du, wie viel Sternlein stehen, an dem blauen Himmelszelt?" und sich und der gesamten Christenheit gleich selber die Antwort gegeben: „Gott der Herr hat sie gezählet, dass ihm auch nicht eines fehlet, an der ganzen großen Zahl."

Könnte man eigentlich zufrieden sein, wenn sich ein Herrgott die Mühe macht, die Sterne zu zählen, braucht man das nicht selber zu tun. Leider hat die Zählung einen Haken, es wurde nämlich nirgends das Endergebnis publiziert. Weder Peer-reviewed noch populärwissenschaftlich. Schade um die Zeit, jetzt weiß man erst recht nicht, wie viele Sternlein stehen. Da könnte man einen Herrgott einmal ausnahmsweise brauchen, und dann das. Muss man doch alles wieder selber machen. Wie viele könnte man eigentlich sehen, in einer Stadt, in einer klaren Nacht, wenn man von einer Erhebung wie dem Wiener Kahlenberg aus in den Himmel schaut?

Leider nicht sehr viele, höchstens ein paar Dutzend. Großstädte des 21. Jahrhunderts sind in der Regel zu stark beleuchtet, da können die meisten Sterne nicht mithalten. In einem kleinen Bergdorf ohne viel Fremdenverkehr erhöht sich die Anzahl deutlich, da käme man auf ein paar Hundert. Noch besser stehen die Chancen in der Wüste, das sieht man locker ein paar Tausend Sonnen am Nachthimmel glänzen. Deshalb baut man große Teleskope am liebsten in Gegenden wie der Atacamawüste in Chile, an Orten, die man erst nach langen, einsamen Autofahrten erreicht. Dort gibt es kaum Häuser, und deren Fenster müssen nachts verdunkelt werden, damit die Teleskope nicht durch irgendwelche Streulichter gestört werden. Weihnachtsbeleuchtung an der Fassade ist dort generell verboten. Was übrigens auch in unseren Breiten keine schlechte Idee wäre. Von dort aus hat man schon einen sehr guten Blick auf die Sterne und Planeten im Kosmos.

Am besten sieht man aber im Weltall. Vielleicht hatte Pfarrer Hey deshalb Gott, dem Herrn zugetraut, er hätte alle Sterne gezählet. Wegen der guten Sicht. Das klingt zwar fromm und untertänig, und das muss ein Geistlicher gegenüber seinem allmächtigen Chef ja in erster Linie auch sein, aber glauben Sie mir, nicht einmal gestandene Atheisten wie die Science Busters würden welchem Gott auch immer eine derartige Fron wünschen.

Allein eine Galaxie wie die Milchstraße, Sie erinnern sich, sie war zu Lebzeiten Heys noch ein komplettes Universum, beherbergt eine Ansammlung von 100 bis zu 300 Milliarden Sternen. Seien wir gnädig und sagen wir, es sind nur 100 Milliarden. Da bräuchte ein Herrgott, der pro Sekunde einen Stern zählte, rund 3.000 Jahre, um alle Sterne einer durchschnittlichen Galaxie zu zählen. Und zwar ohne Pause. Da hätte etwa der abendländische Gott noch als Jude zu zählen begonnen und wäre erst als Christ fertig geworden. Allerdings nur mit einer Galaxie. Es gibt aber noch einmal mindestens 10 Milliarden Galaxien, die wir in unserem Universum theoretisch beobachten können.

Damit können wir die Anzahl der Sterne in dem von uns beobachtbaren Universum der Größenordnung nach abschätzen. Gegeben sind zehn Milliarden Galaxien, die im Mittel wieder bis zu hundert Milliarden Sterne beinhalten. Ergibt was? Das ergibt insgesamt für das beobachtbare Universum die unvorstellbar große, aber auch sehr schöne Zahl von 10^{21} Sternen. Das ist eine schwarze Eins mit 21

Nullen.* Eine wirklich riesige Zahl. Da würde auch ein Herrgott lange zählen, selbst wenn ihm alle Cherubim und Seraphim mit dem Taschenrechner zur Seite stünden.

Vergleichen wir die Anzahl der Sterne mit der Anzahl der Sandkörner an allen Stränden der Erde. Eine rechnerische Abschätzung ergibt, dass die Anzahl der Sterne im Universum etwa der Anzahl der Sandkörner auf allen Stränden der Erde entspricht. Sie können an einer beliebigen Stelle im Sand hinunterbuddeln, die Breite eines Strands abgehen oder Hunderttausende Kilometer entlang aller Strände der Erde spazieren. Jedes Sandkorn, das sich auf all diesen Plätzen befindet, entspricht einem Stern im Universum.

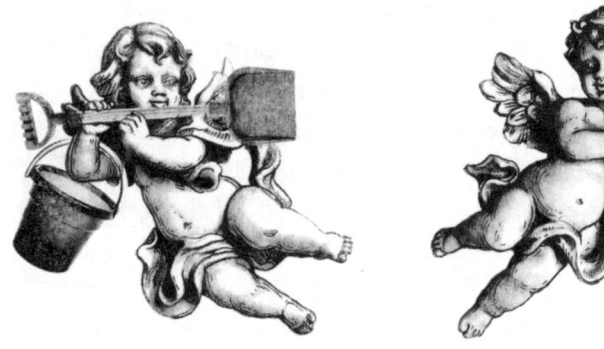

---

* Es gibt aber auch Schätzungen nach denen die Anzahl der Galaxien etwa 100 Milliarden im sichtbaren Universum beträgt. Oder sogar über 200 Milliarden, genau weiß man es eigentlich nicht. Dann wäre die Anzahl der Sterne sogar zehn- bis zwanzigmal größer als die aller Sandkörner auf den Stränden der Welt.

Wie groß ist die Anzahl der Sterne im beobachtbaren Universum verglichen mit der Anzahl von Sandkörnern? Dazu können wir eine Abschätzung in Größenordnungen, d.h. der Zahl von Zehnerpotenzen, *d.h. 10, 100 = 10^2, 1000 = 10^3 etc. durchführen. Beginnen wir mit einer Abschätzung der Anzahl der Sterne im beobachtbaren Universum:*

Zahl der Sterne in einer Galaxie:	$N_S = 10^{11}$ *(100 Milliarden Sterne)*
Zahl der Galaxien im einsehbaren Universum:	$N_G = 10^{10}$ *(10 Milliarden Sterne)*
Gesamtzahl der Sterne im einsehbaren Universum:	$N_U = N_S \cdot N_G = 10^{21}$ *(1 Trilliarde Sterne)*
Mittlere Größe eines Sandkorns:	$V_{SK} = 1\,mm^3 = 10^{-9}\,m^3$
Mittlere Tiefe der Sandstrände:	$t = 1\,m$
Mittlere Breite der Sandstrände:	$b = 10\,m$
Länge der Sandstrände aller Küsten der Erde:	$L = 10^{11}\,m$
Sandvolumen aller Küsten der Erde:	$V_{SE} = t\,b\,L = 10^{12}\,m^3$
Gesamtzahl der Sandkörner auf allen Stränden der Welt:	$N_K = V_{SE}/V_{SK} = 10^{21}$ *(1 Trilliarde Sandkörner)*
Hiermit ergibt sich, dass es im beobachtbaren Universum in etwa so viele Sterne gibt wie Sandkörner auf allen Sandstränden der Welt.	
Anzahl der mit freiem Auge sichtbaren Sterne am Nachthimmel:	*etwa 3.000*
Entsprechendes Volumen dieser dreitausend Sandkörner:	*3.000 mm³ = 3 cm³ (Sandkörner in einem Teelöffel)*
Anzahl der vom Weltraumobservatorium Gaia beobachteten Sterne:	10^9 *(1 Milliarde Sterne)*
Entsprechendes Volumen dieser Milliarde Sandkörner:	*10^9 mm³ = 1 m³ (Sandkörner in einem Drei-Mann-Zelt)*

All diese Sterne wären unwiederbringlich verloren bei einem Universumsuntergang. Und das sind, wie gesagt, nur die, die wir sehen können. Im für uns nicht beobachtbaren Bereich des Universums gibt es wahrscheinlich noch einmal so viele. Mindestens.

Und ist es schade darum? Würden Sie einen davon näher kennenlernen wollen? Wohl eher nicht. Sterne sind als Zentrum eines Sonnensystems gern gesehene Gäste, weil sie durch ihre Wärme Leben wie unseres ermöglichen, persönlich bei ihnen vorbeischauen und danke sagen, sollte man aber nicht. Sterne sind heiß, massereich und laut. Und am Ende ihres Lebens machen sie alles kaputt, was nicht bei drei weg ist. Und das sind noch die netteren. So wie unsere Sonne. Aber was selbst die mit dem inneren Sonnensystem vorhat, dürfte Ihnen ja noch geläufig sein.

Die Hölle, das sind die anderen

Im Universum es gibt zwar wirklich genug Platz für alle, aber für uns Menschen ist es praktisch nirgends auf Dauer auch nur einigermaßen gemütlich. Wenn man einen Platz finden müsste, wo man sein Handtuch hinlegt, damit sich niemand anderer dort niederlassen kann, man wüsste nicht wo.

Schon unsere Erde ist zu 71 Prozent mit Wasser bedeckt, das bisschen Land dazwischen besteht zu einem Fünftel aus Wüsten, 30 Prozent sind Wald mit wilden Tieren und Insekten, und im Rest trifft man dauernd Menschen und Mikroben, die es auch nicht immer nur gut mit einem meinen.

Und woanders ist es beileibe nicht besser: Die Venus eine Schwefelhölle, der Mars rostig und der Saturn saukalt. Außerhalb unseres Sonnensystems ist es noch schlimmer. Wer sich das ausgedacht hat, kann kein guter Mensch sein. Das beobachtbare Universum ist aber mit einem Durchmesser von 93 Milliarden Lichtjahren gigantisch groß. Vielleicht passt es doch irgendwo. Was, 93 Milliarden? Wie das auf einmal? Angeblich kann sich nichts schneller bewegen als mit Lichtgeschwindigkeit, der Urknall hat vor knapp 13,8 Milliarden Jahren stattgefunden, wo kommen da auf einmal 93 Milliarden her? Wundersame Lichtjahrevermehrung? Kann sich Hanser kein ordentliches Lektorat mehr leisten? Keine Sorge, beide Zahlen sind nach heutigem Ermessen richtig, und das kommt so. Ein Lichtjahr ist bekanntlich die Längeneinheit, die den Weg beschreibt, den das Licht im Vakuum in einem Jahr zurücklegt, und mit der Astronominnen und Astronomen hantieren, um die unvorstellbaren Entfernungen im Universum auszudrücken.* Lichtjahr klingt zwar nach Zeiteinheit, ist aber ein Längenmaß. Wie eine Autostunde oder seinerzeit der Tagesritt.

Ein Lichtteilchen legt in nur einer einzigen Sekunde bereits etwa 300.000 Kilometer zurück. Die Strecke Wien – New York wäre somit in zwei Hundertstelsekunden erledigt, zum Mond, der sich in rund 384.400 km Entfernung um uns mitdreht, dauert es gut fünfzigmal so lange, und die Reise von der Sonne zur Erde ist bereits nach acht Minuten zu Ende. Da werden natürlich nicht einmal Getränke serviert. Der nächstgelegene Stern von der Erde aus namens Proxima Centauri ist schon etwa vier Lichtjahre entfernt. Da sollte sich selbst das Licht etwas Proviant mitnehmen. Falls es nicht esoterisch ist und von sich selber nascht.

Galaxien haben Ausdehnungen bis zu mehreren 100.000 Lichtjahren, Galaxienhaufen von 10 bis 20 Millionen Lichtjahren und Superhaufen, die sind noch größer, sogar von 100 bis 500 Millionen Lichtjahren. Dort finden sich bis zu 100.000 Billionen Sterne, wie etwa im Superhaufen Laniakea, zu dem auch die Milchstraße gehört und den man erst im Herbst 2014 entdeckt hat. In unserer Umgebung im Radius von bis zu 1,5 Milliarden Lichtjahren, das ist ein riesiges Gebiet, befinden sich gerade einmal 130 Superhaufen. Der Raum dazwischen ist so gut wie leer.

Dort kann das Licht mit Lichtgeschwindigkeit reisen und hat deshalb, nach allem, was wir wissen, seit dem Urknall 13,8 Milliarden Lichtjahre durchmessen. Aber nur weil Licht sich nicht schneller als mit Lichtgeschwindigkeit bewegen kann, gilt das nicht für den Raum im Universum. Das sagt auch Albert Einstein. Wenn er da wäre, könnten Sie ihn fragen. Kurz nach dem Urknall hat sich das

---

* Für noch größere Distanzen nehmen sie dann auch noch Parsec. Das steht für Parallaxensekunde oder $3,08567758 \times 10^{16}$ Meter.

Universum höchstwahrscheinlich einmal sogar extrem schnell ausgebreitet. Wie kurz? Nach dem Urknall wurden im winzigen Bruchteil einer Sekunde alle Entfernungen um den unvorstellbar riesigen
Faktor von mindestens 10^{50} ausgedehnt. Dagegen hatte das Licht
auch in Hochform nie eine Chance. Und ein Ende der Ausdehnung
ist nicht abzusehen. Während das Licht sich mit durchgetretenem
Gaspedal, also maximal mit Lichtgeschwindigkeit, zu uns bewegt
hat, hat der Raum sich nicht lumpen lassen und sich selber in alle
Richtungen wie ein geölter Blitz ausgebreitet. Erst explosionsartig
und mit der Zeit gemächlicher. Deshalb beträgt der Durchmesser
des für uns beobachtbaren Universums heute 93 Milliarden Lichtjahre. Aus demselben Grund gibt es auch ein für uns nicht beobacht-
bares Universum. Weil der Raum sich ausdehnt, schafft es das Licht
aus manchen Winkeln des Universums gar nie zu uns. Während das
Licht einen Schritt macht, macht der Raum zwei. Sozusagen. Wie
viel davon ist bewohnbar? Die Antwort ist relativ einfach. Praktisch das gesamte Universum ist lebensfeindlich und für uns absolut unbewohnbar. Wer etwas anderes behauptet, ist entweder ein
Außerirdischer und wir merken es nicht, oder er hat keine Ahnung,
wovon er spricht.

Glauben Sie nicht? Dann nennen Sie bitte eine Gegend, in die Sie
fahren würden, wenn Sie müssten. Irgendeine, freie Wahl. Sie darf
aber nicht auf der Erde liegen, und wenn Sie sich entschieden haben,
sage ich Ihnen, wie es dort aussieht, was dort so los ist und wie Sie
hinkommen. Lassen Sie sich ruhig Zeit, das Universum ist sehr groß,
man verlässt die Erde nur einmal, und während Sie überlegen und
im Katalog blättern, stelle ich Ihnen einfach die Urlaubsressorts in
unserer näheren Umgebung ein bisschen vor.

INNEN

Reisewarnungen

Um die Erde zu verlassen, müssen Sie der Schwerkraft des Planeten entkommen. Das gilt ganz grundsätzlich für Reisen weg von Himmelskörpern, wie viel Geschwindigkeit Sie aufwenden müssen, hängt von der Masse desselben ab. Um von einem Kometen wieder zu starten, brauchen Sie nicht sehr viel (was dem Lander Philae beim Landeversuch fast zum Verhängnis geworden wäre, wie wir später sehen werden.) Ein größerer Himmelskörper verlangt Ihnen etwas mehr ab. Um vom Mond wieder wegzukommen, benötigen Sie 2.300 m/s, bei Pluto reichen 1.100 m/s, während Neptun Sie erst wieder loslässt, wenn der Tacho 23.300 m/s anzeigt. Wenn Sie die Sonne einen guten Mann sein lassen möchten, sollten Sie wissen, wie man auf 617.300 m/s beschleunigt. Um der Gravitation der Erde tschüss sagen zu können, müssen Sie eine Mindestgeschwindigkeit von 11.200 m/s erreichen. Das ist zwar viel weniger, als die Sonne verlangt, aber trotzdem nicht wenig. Usain Bolt als schnellster Mensch erreicht laufend eine Höchstgeschwindigkeit von knapp 44 km/h, das entspricht 12,22 m/s. Selbst wenn man die Gravitation der Erde vorübergehend ausschalten könnte, würde Usain Bolt, falls er in der Lage wäre, durchgehend mit Höchstgeschwindigkeit zu rennen, bis zum Mond wie lange brauchen? Wer weiß es? Bitte nicht rausrufen, sondern aufzeigen! Der Mond, das wissen wir von Seite 47, befindet sich 384.400 Kilometer von der Erde entfernt, also bräuchte der düsende Jamaikaner wie lange? Genau. Er würde es gar nicht schaffen, denn ohne Gravitation findet der Mond die Erde fast umgehend überhaupt nicht mehr anziehend und sucht das Weite.

Geschwindigkeiten von 44 km/h bzw. 12,22 m/s sind also in jedem Fall viel zu wenig. Geparden als schnellste Landsäugetiere erreichen zwar sogar bis zu 33 m/s, aber beide, Bolt und Gepard, werden, wenn sie sich nicht von einer Rakete helfen lassen, immer auf der Erde bleiben müssen. Die Fluchtgeschwindigkeiten sind im physikalischen Sinn Anfangsgeschwindigkeiten. Man kann natürlich das Schwerefeld eines Körpers auch mit einer geringeren als der Fluchtgeschwindigkeit verlassen, wenn man sie nur kontinuierlich beibehält (und also ständig beschleunigt). Als einmalige Anfangsgeschwindigkeit aber ist mindestens die jeweilige Fluchtgeschwindigkeit nötig.

11.200 m/s nennt man übrigens auch die zweite Kosmische Geschwindigkeit. Mit der ersten Kosmischen Geschwindigkeit, also mit 7.400 m/s, schaffen Sie es in eine Kreisbahn um die Erde, aber nicht weiter. Das heißt, Sie sind dann schnell genug, dass Sie quasi dauernd um die Erde herumfallen. Die Schwerkraft der Erde zieht Sie an, aber Ihre Fluchtgeschwindigkeit ist hoch genug, sodass Sie um die Erde kreisen. Die internationale Raumstation ISS macht das beispielsweise, oder geostationäre Satelliten. Wenn Sie zwar sehr hoch hinauffliegen, aber nicht lange genug schnell genug, dann fliegen Sie zwar eine Zeit lang sehr hoch hinauf, aber irgendwann auch genau so weit wieder herunter.

So etwas ist etwa bei den Flügen für Weltraumtouristinnen und -touristen geplant, mit einer Phase von etwa zweieinhalb Minuten Schwerelosigkeit dazwischen. Dafür müssen die für diesen Zweck vorgesehenen Flugzeuge allerdings erst einmal so gut funktionieren, dass die Testpiloten eine Chance haben, ein gesegnetes Alter zu erreichen. Und das kann noch dauern.[12] Bei sogenannten Stratosphärensprüngen fliegt man auch zuerst, allerdings sehr langsam mit einem Ballon, weit hinauf, um dann wieder genauso weit herunterzufallen. Sprung ist in dem Fall eher übertrieben. So etwas ist trotzdem relativ spektakulär und teuer und kommt nicht oft vor, zumindest bei Menschen. Tiere machen das, wenn man einschlägigen Erzählungen glauben darf, deutlich öfter.

→ **FACT BOX** | *Heiliger Geist well done* ←

Für viele Menschen gilt noch heute die Taube nicht als Ratte der Lüfte, sondern als Symbol des Heiligen Geistes, weil laut dem Bestsellerautor Matthäus nach der Taufe von Jesus, als der tropfnasse Messias aus dem Jordan stieg, sich der Himmel öffnete und der Heilige Geist in Form einer Taube herabgekommen sein soll. Das macht er angeblich nach wie vor jedes Jahr zu Pfingsten und sorgt mit Feuerzungen u.a. dafür, dass die Menschen plötzlich extrem gute Fremdsprachenkenntnisse besitzen. Steht geschrieben.

Wenn der Heilige Geist aus der Höhe vom Himmel auf die Erde kommt, dann muss er irgendwann in die Atmosphäre eintauchen. Dabei kommt er in Kontakt mit den Luftmolekülen, was erfahrungsgemäß zu Reibereien führt. Aus Sicht der kulinarischen Physik stellt sich dabei folgende Frage: Aus welcher Höhe müsste er springen, damit er unten als gut durchgebratene Taube ankommt?

Nehmen wir einmal an, die Absprunghöhe des Heiligen Geistes als Taube lautet 41 Ki- *lometer. Dort steht der momentane Rekord für Sprünge von Menschen aus dem All. Eine Taube würde bei einem Fall aus dieser Höhe nicht sehr warm werden, sie würde durch die Luftreibung zwar gerupft, käme aber roh auf der Erde an.*

Bei einem Start des Sturzfluges in rund 400 Kilometer Höhe würde sie bei ihrem Wiedereintritt in die Lufthülle in etwa 100 km Höhe eine Geschwindigkeit von zirka 13.000 km/h erreichen und eine Temperatur von gut 3.600 °C. Die Taube würde dabei schlichtweg verglühen. Man könnte in diesem Fall den Heiligen Geist von der Erde aus nur noch als Sternschnuppe betrachten. Es würde nicht viel mehr bleiben als ein paar Atome und Moleküle.

Die richtige Höhe, aus kulinarischer Sicht, wären 72 Kilometer oberhalb der Erdoberfläche. Dabei kommt die Taube auf ungefähr 2.000 Kilometer pro Stunde, hätte außen 272 °C, innen 79 °C, und wäre somit beim Aufprall auf der Erde außen knusprig und innen well done.

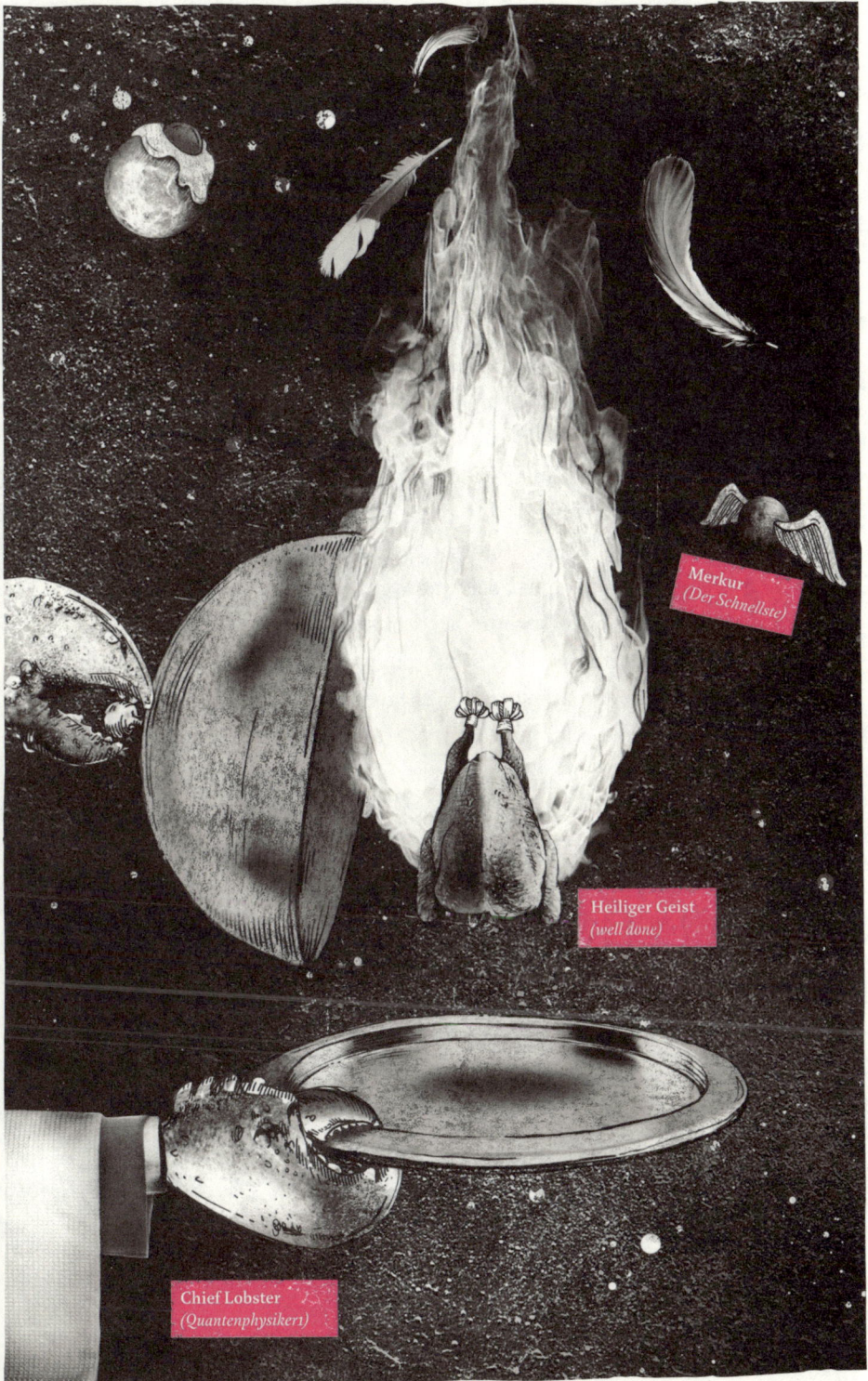

Merkur
(Der Schnellste)

Heiliger Geist
(well done)

Chief Lobster
(Quantenphysiker1)

I am coming home

Für die meisten Menschen in unseren Breiten war der 16. August 1960 ein normaler Sommertag. Nicht so für den US-Amerikaner Joseph Kittinger, denn er sprang aus 33,31 Kilometer Höhe in Richtung Erde, und die 13 Minuten 45 Sekunden, die er dafür benötigte, sollten sein Leben für immer verändern. In den 60er-Jahren des vergangenen Jahrhunderts war absehbar, dass die Menschheit immer weiter ins Weltall vordringen würde, Raumfahrt war damals noch viel gefährlicher als heute und musste daher gut geplant werden. Die Aufgabe von Kittinger war es nicht in erster Linie zu springen, um Aufsehen zu erregen oder einen persönlichen Kick zu erleben, sondern mitzuhelfen, Fallschirme zu testen, die für Evakuierungen in großen Höhen geeignet sein mussten. Zum Beispiel, wenn eine Rakete nach ein paar Tausend Metern nicht mehr weiterwollte. So etwas ist zur damaligen Zeit oft genug vorgekommen, allein beim Versuch, Pioneer-Sonden in den Weltraum zu bringen, sind die ersten vier Raketen entweder gleich am Start explodiert oder haben sich unterwegs geweigert weiterzufliegen. Joe Kittinger gelang an diesem Tag aber viel mehr, als einfach nur einen Fallschirm zu testen. Er stellte eine Vielzahl von Rekorden auf, von denen manche, was damals niemand ahnen konnte, jahrzehntelang Bestand haben sollten: für die höchste Ballonfahrt mit offener Gondel und den längsten Fallschirmsprung. Erst im Jahr 2012 konnte der Österreicher Felix Baumgartner diese Rekordmarken überbieten, sich aber nur zwei Jahre lang freuen, dann wurden sie vom US-Amerikaner Alan Eustace getoppt.

Was Joe Kittinger bei seinem Sprung allerdings nicht geschafft hat, war, die Schallmauer zu durchbrechen. Er war knapp dran, als erster Mensch im freien Fall Überschallgeschwindigkeit zu erreichen, aber eben nur knapp. Wie knapp? Sehr.

Nachdem er mit der Kapsel seines Ballons die Höhe von 33,31 Kilometern erreicht hatte, war es Zeit abzuspringen, denn der Sauerstoff ging langsam zur Neige. Im freien Fall hat er danach auf 998 km/h beschleunigt. Das geht erstens, weil es dort weder Gegenverkehr noch Geschwindigkeitskontrollen gibt, und zweitens, weil in dieser Höhe die Luft sehr dünn ist. Der Luftdruck ist über 30 Mal geringer als auf der Erde. Das hält natürlich kein Mensch ohne Schutz aus, deshalb trug er einen Druckanzug. Schon ab etwa zehn Kilometern Höhe über dem Meeresspiegel wird nämlich die Luft so dünn, dass Sauerstoff nicht mehr einfach eingeatmet werden kann, er muss in die Lungen gepresst werden. Ab etwa 19 Kilometern Höhe würde ohne Schutzanzug das Blut langsam zu kochen beginnen, weil der Luftdruck so gering ist, dass bereits 37 °C Körpertemperatur reichen, um den Siedepunkt von Wasser zu erreichen. Man nennt diese Höhengrenze auch Armstrong-Limit. Allerdings nicht nach Neil Armstrong, dem ersten Mann auf dem Mond, sondern nach Harry George Armstrong, einem US-amerikanischen Arzt und Luftwaffengeneral. Wenn das Armstrong-Limit erreicht ist, beginnen alle Körperflüssigkeiten zu kochen, Speichel, Tränen, der Feuchtigkeitsfilm auf Schleimhäuten, aber nicht das Blut selber. Zumindest nicht sofort. Denn Blutdruck ist eine relative Größe und immer von Umgebungsdruck abhängig. Das heißt, in 19 Kilometern Höhe ist zwar der Außendruck sehr gering, aber der Druck in den Blutgefäßen noch immer hoch genug, um ein Kochen des Blutes zu verhindern. Angenehm ist es vermutlich aber trotzdem nicht, nur würde man es nicht mehr merken, wenn man in dieser Höhe ohne Schutzanzug unterwegs ist, weil man längst erstickt wäre.

Würde man versuchen, die Luft anzuhalten, weil es ja im Vakuum keine gibt, die man einatmen könnte, würde man es nicht schaffen. Die Luft würde einfach herausgepresst aus dem Körper. Könnte man es doch schaffen, die Luft anzuhalten, würde der Brustkorb aufgebläht und irgendwann undicht. Explodieren würde man wahrscheinlich nicht, die Haut ist zwar sehr elastisch, aber nicht überall gleichmäßig elastisch.

Sehr wahrscheinlich würde man ohne Schutzanzug im Weltraum oder bei plötzlichem Druckabfall in einer Ballonkapsel irgendwann ein letztes Mal ausatmen, und dann fiele die Lunge zusammen. Und die Augen kämen nicht aus den Höhlen, sondern blieben, wo sie sind, denn es befände sich dahinter keine Luft, die entweichen möchte und deshalb Druck machen würde. Dann würden Endorphine ausgeschüttet und man stürbe binnen ein bis zwei Minuten. Und erfriert man oder erstickt man? Erst erstickt man, denn nach etwa 15 Sekunden verliert man bereits das Bewusstsein. Erfrieren dauert um einiges länger. Nach und nach würde dem Körper die Flüssigkeit entzogen, weil sie im Vakuum verdampft, und nach ein paar Stunden wäre man gefriergetrocknet. Und weil es im All keine Ozonschicht gibt, würde man gleichzeitig durch die UV-Strahlung nach kurzer Zeit auch einen gewaltigen Sonnenbrand bekommen. Mithin entlüftet, gefroren und angebrannt, das Leben nach dem Tod kann man sich in dem Fall so vorstellen, dass man als kosmisches Röstgemüse in den Himmel kommt.

Ich düse im Sauseschritt

Normale Passagierflugzeuge erreichen das Armstrong-Limit nie, aber der Luftdruck macht sich für die Insassen trotzdem bemerkbar. Wir brauchen im Flieger zwar keinen Druckanzug, aber nach dem Start und beim Landeanflug verschlägt es einem die Ohren, wie gesagt wird, und der Tomatensaft schmeckt auf einmal viel besser. Beides dürfte kaum jemand einmal auf seiner Weihnachtswunschliste stehen haben, aber dafür lässt sich beides erklären. Auf der Erde ist Tomatensaft in der Regel nur in Tateinheit mit Wodka und

Gewürzen gern gesehener Gast namens Bloody Mary, ab einer Reiseflughöhe von mehreren Kilometern geht es allerdings plötzlich auch ohne Wodka, und Tomatensaft feiert Erfolge als Publikumsliebling. Was können Paradeiser in der Luft, was sie auf der Erde nicht können? Während Tomatensaft auf der Erde oft so riecht und schmeckt wie eine länger nicht gelüftete Sporttasche, finden ihn im Flieger viele Menschen auf einmal köstlich. Der Grund liegt aber nicht darin, dass viele Leute sich auf dem Weg in die Ferien davor fürchten, dass der Urlaub in Streit und Scheidung endet, und deshalb im Flugzeug Tomatensaft trinken, damit es nach der Landung nur besser werden kann. Dieselben Ergebnisse findet man auch bei Geschäftsreisenden. Es hat unter anderem mit dem Kabineninnendruck zu tun.

Größere Passagierflugzeuge fliegen normalerweise in einer Höhe zwischen 7 und 11 km, weil dort der Luftdruck geringer ist und es über den Wolken deutlich weniger Unwetter gibt. Der Außendruck in diesen Höhen wäre für Menschen lebensbedrohlich niedrig, auch mit einem Flugzeug drumherum. Deshalb muss man im Inneren des Fliegers für Druckausgleich sorgen. Man könnte technisch problemlos im Kabineninnenraum denselben Druck wie auf der Erde herstellen, aber dann müsste man die Flugzeuge viel stabiler und damit schwerer bauen, damit sie luftdicht bleiben. Und das wäre auch viel teurer im Spritverbrauch. Also sorgt man für einen Kabinendruck, der für alle einigermaßen okay ist. Das heißt, man stellt im Flugzeuginnenraum Druckverhältnisse her, die denen auf etwa 2.500 Meter Seehöhe entsprechen. In der Kabine eines Passagierflugzeugs ist man praktisch durchgehend auf dem Machu Picchu, auch wenn man sich nicht auf dem Weg nach Peru befindet.

Aber warum verschlägt es einem dabei die Ohren? Warum muss man manchmal den Mund zumachen und die Nase zuhalten und die Luft in die Ohren drücken? Wenn man auf den Watzmann geht, passiert das auch nicht, und der ist auch über 2.500 Meter hoch? Es würde passieren, aber man merkt es nicht, weil man sich bewegt und nicht einfach herumsitzt. Nase und Ohren sind beim Menschen bekanntlich verbunden. Und Mund und Nase auch. Das kennen alle, die schon einmal in geselliger Runde von einem Lachanfall überrascht worden sind, während sie den Mund voller Nudelsuppe hatten. Weil es als unschicklich gilt, die noch nicht geschluckte Brühe prustend über den Tisch zu verteilen, bemühen sich viele Menschen in einer derartigen Situation die Lippen aufeinandergepresst zu halten. Eine leichte Übung, bei der auch nur wenige scheitern. Aber der Druck, den das Zwerchfell durch die Luftröhre in den Rachenraum geschickt hat, muss trotzdem irgendwohin. Er entscheidet sich für eine weniger befahrene Strecke und nimmt die Nase. Dabei kommt dann ab und zu eine Nudel mit, die offenbar auch noch einen Blick auf die Welt werfen will. In der Regel ist die Heiterkeit in der Runde dann noch größer, und wenn man Pech hat, ist jemand schnell mit dem Handy zur Stelle, und man kann sich seinen Nudelstunt auf YouTube ansehen. Wenn das genug andere Menschen auch vergnüglich finden, steigt die Anzahl der Zugriffe rasant an, der Filmer verdient einen Haufen Geld mit dem hochgeladenen Video und kann damit in den Urlaub fliegen. Doch kaum gestartet, verschlägt es einem die Ohren. Warum?

Nudel und Suppe haben ihren Weg aus der Nase gefunden, weil Mund und Nase beim Menschen eben verbunden sind. Deshalb muss man, wenn man Luft von innen in die Ohren presst, auch beide geschlossen halten. Sonst hilft es nicht. Die Nase ist aber auch mit den Ohren verbunden, und in den Verbindungen befindet sich Luft. Genau die dehnt sich aus, wenn der Außendruck geringer ist. Das drückt von innen aufs Trommelfell, und das spüren wir. Nicht etwa ein gemeiner Druck von außen beeinträchtigt dabei unser Wohlbefinden, sondern das machen die Ohren, raffiniert wie sie

sind, selber. Vielleicht nennen wir sie in Österreich deshalb ver-
schlagen. Stark sind sie aber nicht bzw. ist das Trommelfell ein
Schwächling und hat schon gegen Nase zuhalten und den Kehlkopf
schließen und aufwärts bewegen keine Chance. Gähnen ist in dem
Fall also das Mittel der Wahl, oder Schlucken, und zwar nicht nur
als Mitglied des Mile High Clubs.

Warum aber kommt die Tomate unter diesen Bedingungen gut
weg? Dafür gibt es mehrere Gründe. Der geringere Druck führt zu
einer geringeren Sättigung des Blutes mit Sauerstoff. Wenn wir
weniger Sauerstoff bekommen, können wir vieles nicht mehr so gut,
unter anderem schmecken und riechen. Außerdem sind viele Menschen nervös im Flugzeug, wodurch ihre Reizschwelle ansteigt.
Dadurch ist zum Auslösen eines Reizes stärkerer Tobak nötig.[13]

Für den unterschiedlichen Geschmack auf der Erde und in der
Luft ist aber auch das Abdampfverhalten entscheidend. Tomatensaft besteht aus Wasser, Säuren, Salz, Zucker und so weiter. Das
bedeutet, dass unterschiedliche Substanzen bei unterschiedlichen Druckverhältnissen unterschiedlich verdampfen. Wasser verdampft bei 100 °C verlässlich, aber auch schon bei geringeren
Temperaturen. Säuren verdampfen erstens nicht so gut wie Wasser, und zweitens liegt beim Menschen die sogenannte Geruchs-
und Geschmacksschwelle bei niedrigen Drucken höher. Beispielsweise wird der Geschmack von Salz, Zucker oder Kräutern in der
Luft schwächer als am Boden wahrgenommen.

Bei fruchtigen Aromen und Säuren ist die Veränderung nicht so
dramatisch, deshalb können die sich, anders als bei Normaldruck,
im Flugzeug in den Vordergrund spielen. Und entsprechend nach-
gesalzen und nachgepfeffert ist deshalb Tomatensaft, der sonst auf
der Erde gern schmeckt wie ein ausgekochter Schischuhinnen-
schuh, im Flieger ein gern genommener Drink. Außerdem hat eine
Studie im Frühjahr 2015 ergeben, dass sich die Geschmackswahr-

nehmung von Menschen bei ungewöhnlichen Lautstärken verändert. In der Kabine werden während eines Fluges bis zu 85 dB erreicht. Das ist etwa so laut wie ein elektrischer Rasenmäher. Salzig, sauer und bitter verändern sich in der Wahrnehmung nicht, aber süß wird merklich schwächer empfunden und umami deutlich stärker. Umami steht für „herzhaft" und wird durch Glutaminsäure bzw. das Salz der Glutaminsäure, das Glutamat, verursacht. Glutamat kommt in hoher Konzentration in Paradeisern vor (Siehe Fact Box Seite 238). Warum sich die Geschmackswahrnehmung bei Lärm verändert, weiß man allerdings nicht.[14]

In welcher Luft? Wenn Sie im Flugzeug oder auch am Berg, also ab einer Höhe von etwa zweieinhalb Kilometern nach einem Gipfelsieg verschwitzt, aber zufrieden vor der Berghütte einen Tomatensaft trinken, dann schmeckt der wahrscheinlich besser, als wenn Sie ihn im Burgtheater im Pausenfoyer konsumieren. Es gibt aber noch eine andere, wesentlich banalere Erklärung für die Beliebtheit von Tomatensaft in Reiseflughöhe. Es könnte nämlich auch sein, dass Tomatensaft im Flugzeug einfach deshalb so beliebt ist, weil es ihn dort gibt. Noch dazu gratis zum Flug dazu. Die wenigsten von uns haben dieses Getränk zu Hause, und wenn es der Nachbar beim Bordpersonal bestellt, dann bringt das viele auf die Idee, es nachzumachen. Zeit genug für Experimente hat man ja, man befindet sich, zumal auf dem Flug in den Urlaub, in aufgeräumter Stimmung, und bis zum Applaudieren nach der Landung dauert es noch. Warum nicht das Verrückte wagen und auch Tomatensaft bestellen? Man nennt das den Domino-Effekt. Und wenn der Nachbar schon für die restliche Flugzeit jedes Mal beim Aufstoßen aus dem Schlund nach anverdautem Paradeiserbrei riecht, dann möchte man zumindest Waffengleichheit haben.

Supersonic

Joe Kittinger hat übrigens verbindlich keinen Tomatensaft in seiner Ballonkapsel getrunken, er ist mit leerem Magen gesprungen. Denn falls ihm schlecht geworden wäre, hätte er nichts in den Helm erbrechen können und wäre somit auch nicht daran erstickt. Ist aber ohnedies nicht passiert, Überschall hat er aber auch nicht erreicht. Warum nicht? Ab wann fliegt man mit Überschallgeschwindigkeit, und ab wann gibt es einen Knall? Joe Kittinger hatte damals Pech. Er verfehlte die Schallgeschwindigkeit nur um läppische 32 km/h. Die Schallgeschwindigkeit beträgt nämlich bei –70 °C in dieser Höhe nur mehr 1.030 km/h verglichen mit der wesentlich größeren Schallgeschwindigkeit von etwa 1.230 km/h in Bodennähe. Etwa fünf Kilometer mehr an Höhe hätten gereicht zur Schallgeschwindigkeit. Die ist zwar höhenabhängig, aber vor allem deshalb, weil es dort kälter, nicht weil die Luft dünner ist. Das ist ein wichtiger Unterschied. Schallgeschwindigkeit ist so definiert, dass man umso schneller ist, je kälter es ist. Wenn man es eilig hat, die Feuerwehr zu rufen, weil die Küche brennt, hilft es aber nicht, mit einem Eiswürfel im Mund zu sprechen.

──────────────→**FACT BOX** | *Überschallknall*←──────────────

Bewegt sich ein Körper durch die Luft, so versucht er diese Luft vor sich zu verdrängen. Schwimmen wir im Wasser, so versuchen wir das Wasser vor uns nach hinten zu bewegen – in der Luft ist es genauso. Bewegen wir uns schneller, etwa im Flugzeug, so wird es schwieriger, die Luft zu verdrängen. Im Prinzip wird das Flugzeug die Luft vor sich zusammendrücken. Je schneller, umso stärker wird die Luft zusammengedrückt, aber eine Zeit lang hat die Luft noch die

Möglichkeit auszuweichen. Ab einer bestimmten Geschwindigkeit – der Schallgeschwindigkeit – kann die Luft dann nicht mehr ausweichen. Das ist vergleichbar mit einem Fall auf eine Wasseroberfläche aus großer Höhe. Ist die Geschwindigkeit zu hoch, so können die Wassermoleküle sich nicht mehr voneinander trennen und halten sich fest eingehakt wie beim Kinderpausenhofspiel „Der Kaiser schickt Soldaten aus".[15] Dadurch wirkt die Oberfläche hart wie Beton, ein menschlicher Körper würde beim Aufprall zerplatzen. Bei Aquaplaning handelt es sich um dasselbe Phänomen. Erreichen wir diese Geschwindigkeit in der Luft, spricht man von der Schallmauer. Die Luft wird sehr stark verdichtet, und erst wenn das Flugzeug wieder weg ist, kann sich die Luft „entspannen". Genau dies passiert beim Überschallknall: Das Flugzeug drückt die Luft so schnell zusammen, dass die einzelnen Luftmoleküle nicht rechtzeitig ausweichen können. Wenn sich diese Luftverdichtung dann als Schallfront ausbreitet, nimmt das Gehör eines Menschen diese Schallfront als Knall wahr. Der Pilot hört aber nichts vom Überschallknall, weil die Knallfront ja hinter dem Flugzeug zurückbleibt.

Und der Knall? Entsteht, wenn die Schallmauer zerbricht? Nein. Erstens entstehen bei Flugzeugen in der Regel zwei Überschallknalle. Einer an der Spitze des Fliegers und einer beim Höhen- und Seitenruder am hinteren Ende des Fliegers. In beiden Bereichen wird die Luft zusammengedrückt. Das kann man sogar sehen. Die allgemeine Annahme, dass es nur genau dann knallt, wenn Flugzeuge die Schallmauer durchbrechen, stimmt aber nicht. Und zweitens: Solange Flugzeuge Überschall fliegen, erzeugen Sie diesen Knall. Er wird den Flugzeugen in Kegelform „nachgezogen". Der Knall wird umso lauter, je schneller die Flugzeuge sind. Trifft diese „Knallfront" auf einen Menschen, hört er diese deutlich. Ein Mensch, der 330 Meter weiter in der Flugrichtung steht, wird erst eine Sekunde später von der Knallfront getroffen und hört dann einen Knall. Würde er mit derselben Geschwindigkeit, wie das Flugzeug fliegt, auf der Erde nebenherlaufen, würde er permanent einen Knall hören.

Sie wissen nun, wie schnell Sie sein müssen, um Schallgeschwindigkeit zu erreichen, was aber bei Weitem nicht reicht, um der Erde zu entkommen, dafür müssen Sie deutlich zulegen. Sie kennen den Dresscode, um die Reise zumindest ungekocht zu überleben, wo soll es hingehen, haben Sie sich schon entschieden? Das nächste Ziel von der Erde aus wäre der Mond. Wäre der was für Sie? Das ist zwar in Sichtweite, aber ein furchtbarer Landstrich, durch die Blume gesagt.

Häschen in der Grube

„Wir beginnen das zu begehren, was wir jeden Tag sehen." Sagt wer? Dr. Hannibal Lecter im Film *Das Schweigen der Lämmer*. Der muss es wissen, der war ein Akademiker! Er war auch Menschenfresser, das ja, aber wo er recht hat, hat er recht. Und der Mond ist hauptsächlich nur deshalb so beliebt bei uns Erdlingen, weil wir ihn dauernd sehen. Andere Monde sind wesentlich cooler, etwa der Saturnmond Titan. Er ist der zweitgrößte Mond des Sonnensystems überhaupt und mit einem Durchmesser von 5.150 Kilometern um einiges größer als unser Mond. Und schöner sowieso. Man findet dort Flüsse und riesige Seen mit bis zu 70 Kilometer Durchmesser, lang gezogene Bergketten mit Vulkanen, der Wind streicht über sanft geschwungene Dünen. Es gibt hochstehende Wolken, die durch schnelle Winde weitergetragen werden, und es gibt Regen. Sogar eine Ozonschicht ist vorhanden, die Titan von der schädlichen Kosmischen Strahlung aus dem Weltraum abschirmt. Fast ein Urlaubsparadies. Einziger Nachteil: eisige Temperaturen von −160 bis −180 °C, weil die Sonne so weit entfernt ist. Und statt Wasser gibt es Methan, das friert erst bei −182 °C, deshalb ist Titan keine Eiswüste, sondern auf seine Art eine paradiesische Landschaft. Aber wir sehen ihn nicht mit freiem Auge, und deshalb ist unser Mond für uns Eye-Candy vom Dienst. Er ist uns in jeder Hinsicht näher. Zu Titan fliegt man über sieben Jahre, ohne Zwischenlandung, auf dem Mond ist man in ein paar Tagen. Dort waren wir Menschen schon, da kann man sich im Internet anschauen, wo man hinfliegt. Wobei „wir" maßlos übertrieben ist, gerade einmal zwölf Menschen haben den Erdtrabanten betreten, davon keine einzige Frau, und seit dem 14. Dezember 1972 hat er überhaupt keinen Besuch mehr von uns Menschen bekommen. Wie es dort zugeht, ist aber noch einigermaßen bekannt. Heiß auf der einen Seite, kalt auf der anderen, Dauerbombardement durch Kosmische Strahlung und Mikrometeoriten, keine Atmosphäre und somit kein Sauerstoff zum Atmen. Kein Wunder, dass dort niemand mehr hinfliegen will. Der Mond ist wirklich eine öde Gegend. Es gibt auch keine einzige Sehenswürdigkeit. Würden die Schlächter vom IS den Mond erobern, was sie zwar aufgrund ihrer mangelnden naturwissenschaftlichen Kenntnisse und technischen Fertigkeiten nie schaffen würden, aber gesetzt den Fall, dann fänden sie weit und breit kein Weltkulturerbe, das sie zerstören könnten. Und Menschen zum Köpfen auch nicht. Dafür aber einen Hasen. Der wirkt besonders zutraulich, weil er nicht davonläuft, wenn man sich nähert. In Wirklichkeit kann er sich aber einfach nicht bewegen, deshalb steht er nur herum. Wie aber kommt ein Hase auf den Mond, wenn wir Menschen das schon so lange nicht mehr schaffen? Ganz einfach. Es handelt sich nicht um einen echten Hasen. Aber auch nicht um einen falschen, das wäre auch nicht richtig. Auf dem Mond befindet sich ein Jadehase. Und das kommt so.

Es war, als hätt' der Himmel
Die Erde still geküsst,
Dass sie im Blütenschimmer
Von ihm nun träumen müsst'.

Millionen von Kindern haben Joseph v. Eichendorffs Gedicht von der Mondnacht in der Schule auswendig lernen müssen, in der Regel sind aber nur die ersten vier Zeilen die einzigen Überlebenden. Auch der Jadehase dürfte die Mondnächte nicht in bester Erinnerung haben, die er frierend in der Hoffnung auf die nächsten Sonnenstrahlen durchwacht. Doch der Reihe nach.

Am 21. Juli 1969 betrat mit Neil Armstrong der erste Mensch den Mond und machte den Satz: „That's one small step for man … one … giant leap for mankind" über Nacht weltberühmt.

Am 14. Dezember 1972 verließ mit Eugene Cernan zum bislang letzten Mal ein Lebewesen den Erdtrabanten, und seine Abschiedsworte sind längst nicht so berühmt wie die Begrüßungsformel knapp dreieinhalb Jahre davor. Sicherlich ebenfalls in der Hoffnung, in den Zitatenschatz der Menschheit einzugehen, sprach er: „We leave as we came, and God willing, as we shall return, with peace and hope for all mankind." Muss man sagen, allein vom Satzbau her nicht dieselbe Eleganz wie der Giant-Leap-Tophit, und die Sache mit Gott war schon damals nur für einen begrenzten Teil der Weltbevölkerung von Bedeutung.

Am 22. August 1976 war dann nach der Rückkehr der sowjetischen Sonde Lunar 24 auch für Gegenstände Schicht im (Mond) Schacht, und seitdem hatte sich keine Raumfahrtnation mehr die Mühe gemacht, etwas Selbergebautes sicher am Mond zu landen. Und alle anderen sowieso nicht.

Bis knapp vor Weihnachten 2013. Da kam wieder Leben in die alte Liebe, und am 14. Dezember um etwa 14.11 Uhr MEZ landete erstmals seit fast 40 Jahren wieder ein Raumfahrzeug auf dem beliebten Himmelskörper in unserer unmittelbaren Nachbarschaft. Absender des Besuchers war diesmal China, das sich damit in die Liste der Nationen, die erfolgreiche Mondlandungen im CV stehen haben, auf Platz drei einreihte.

Wer ist gelandet? Eine Mondgöttin und ihr Haustier. Ihre Ride war übrigens eine Rakete des Typs „Langer Marsch 3B". 3B steht nicht für die Volksschulklasse, Langer Marsch hingegen hält einiges Unterhaltungspotenzial für Besucherinnen dieser Ausbildungseinrichtung parat, man muss es nur zirka fünfmal hintereinander schnell wiederholen.

(kurze Pause)

Gern geschehen.

Landeplatz war das Mare Imbrium, das Regenmeer. Warum Meer, wo es doch am Mond vor Wasser gar nicht so wimmelt? Zu Zeiten der Namensgebung der Mondoberflächenstrukturelemente ist man davon ausgegangen, dass es sich bei manchen dunklen Stellen, den Tiefebenen, um Meere handeln müsse. Das hat sich zwar als Irrtum herausgestellt, der Name ist aber geblieben. So etwas kommt ja öfter vor, die SPÖ nennt sich auch noch immer sozialdemokratisch, und katholisch hieß ursprünglich „das Ganze betreffend".

Zurück zum Mond. Wer ist gelandet? Die Mondgöttin selber. In Saudi-Arabien auf der Erde dürfen Frauen nicht Auto fahren, für China dürfen sie es sogar auf dem Mond. *Chang'e*, wie die Mondgöttin in China genannt wird, war aber nicht alleine, sie hat *Yutu* mitgebracht, den Jadehasen. Die Landung war spektakulär erfolgreich, und wie geplant ist der Rover Yutu, denn um einen solchen handelt es sich beim Jadehasen, voll bepackt mit Messgeräten umgehend auf der Mondoberfläche herumgekurvt. Wobei gekurvt ein bisschen übertrieben ist, die Reisegeschwindigkeit lag bei 200 Metern pro Stunde. Da hätte jede noch so ehrgeizige Radarfalle alle Hände voll zu tun, ein einigermaßen scharfes Bild von einer Geschwindigkeitsüberschreitung im Ortsgebiet zu machen, und das nicht nur unter der Voraussetzung, dass es am Mond überhaupt so etwas wie Ortsgebiet gäbe. Jeder rüstige Pensionist mit verbundenen Augen, der auf einem Bein springt, würde diesen chinesischen Mond-Tom-Turbo mit Leichtigkeit besiegen. Wie weit ist der Jadehase bislang gekommen bei dem Affenzahn? Gut festhalten: 110 Meter. Der mittlere Abstand von der Erde zum Mond beträgt schlappe 384.400 Kilometer, für diesen relativ langen Anfahrtsweg sind 110 Meter Fahrvergnügen nicht extrem viel. Warum nur so wenig, wenn er doch so viele Stunden am Mond war und jede davon 200 Meter schaffen hätte können? Weil Yutu nicht durchgehend gefahren ist. Für Untersuchungen musste er stehen bleiben und Daten verarbeiten und senden und dann wieder ein bisschen fahren usw., sodass insgesamt nicht mehr als 110 Meter zusammengekommen sind. Wird das noch mehr? Eher nein. Denn die Arbeitstage und Nächte schauen am Mond anders aus als auf der Erde. Ein Tag auf dem Mond dauert etwa 14 Tage, die Nacht steht ihm um nichts nach. Nach der geglückten Landung bei Tage ist der Jadehase also erst einmal losgedüst. Woher bekommt er den Treibstoff? Von der Sonne, über Solarpaneele. Deshalb ist für ihn, wenn es dunkel wird, auch erst einmal länger Feierabend. Als es nach der Landung zum ersten Mal Nacht wurde auf dem Mond, hat er die Paneele eingeklappt, sich ganz klein zusammengekauert und einsam gefroren. In der Mondnacht wird es nämlich ganz schön kalt. Minus 180 °C zeigt das Thermometer mitunter, und weit und breit ist niemand da, der dem Jadehasen eine Wärmflasche bringen würde. Wie verhindert man, dass er völlig kalte Füße bekommt, dass also kälteempfindliche Messgeräte einfrieren und zu Schaden kommen? Mit einem Radionuklid-Heizelement, das durch den Zerfall von Radioisotopen Wärme zur Verfügung stellt. Im Fall von Yutu zerfällt Plutonium ^{238}Pu. Das liefert gerade genug Wärme, dass der Rover funktionstüchtig bleibt, mehr nicht. Und so hat der kleine Klopfer zähneklappernd zwei Wochen am Mond auf den Sonnenaufgang gewartet. Die erste Mondnacht zwischen 26. Dezember 2013 und 11. Jänner 2014 war trotzdem ein Klacks, gut ausgeschlafen ist der Jadehase aufgewacht und hat munter über die Dinge zur Erde gefunkt, die ihm untergekommen sind.

Aber leider nur bis zur zweiten Mondnacht. Da hat das Zusammenkauern nicht mehr so gut funktioniert, und seitdem ist der Jadehase nur noch ein Schatten seiner selbst. Kurz danach wurde er überhaupt schon aufgegeben. Nachdem er nach seiner zweiten Mondnacht stundenlang das Telefon nicht abgehoben hatte, erklärte ihn die chinesische Raumfahrtbehörde kurzerhand für tot. Aber nach der Todesmeldung hat Yutu plötzlich doch wieder Signale zur Erde gefunkt. Klingt ein bisschen nach den üblichen Machtspielchen. Der Schwung der ersten Liebe war vorbei, und der Jadehase schindet Mitleid, um für die kommende Zeit, wenn der Alltag einreißt, bessere Karten zu haben. Eine Fernbeziehung ist bekanntermaßen schwierig genug, da ist es immer besser, man ist dem anderen

emotional überlegen. Aber seine Mobilität war erheblich einge-
schränkt, und seit der dritten Mondnacht steht der Jadehase nur
noch am Mond herum, sieht und misst das, was sich in seinem
Gesichtsfeld abspielt, und wartet zunehmend regloser, bis das
Radionuklid-Heizelement seinen Geist aufgibt.

Kennt man den Grund für seine Havarie? Ja. Yutu kollidierte
während der Fahrt so lange mit zu großen Steinen, bis es zu einem
mechanischen Defekt im Radlager und Getriebe kam. Die chinesische Raumfahrtbehörde hat bei der Routenplanung die Größe der
Steine unterschätzt. Vermutlich weil man ja schon lange nicht oben
war, und die haben auf dem Mond wahrscheinlich total umgebaut
seit den 70er-Jahren. Yutu, der Rover, ist also im Grunde schon
Raumfahrtgeschichte und wartet nur noch im lunaren Austrags-
stüberl auf sein Verscheiden, der Jadehase als mythologische Figur
lebt aber natürlich weiter. Welche Bedeutung hat dieser Jadehase
in China? Und in welcher Beziehung steht er eigentlich zur Mondgöttin? In unserem Kulturkreis gibt es den Mann im Mond, in der
chinesischen Mythologie eine Mondgöttin. Aber lebt sie auf dem
Mond, im Mond oder ist sie der Mond selber? Es gibt verschiedene
Versionen der Erzählung, aber gemeinhin lebt sie leibhaftig auf
dem Mond. Und der Jadehase ist ihr Begleiter und Haustier. Er ist
aber nicht zum Gestreicheltwerden da oder zum Eierlegen, sondern
er muss das Elixier der Unsterblichkeit kochen, das seiner Vorgesetzten ebendiese verleihen soll. Dass er das kann, steht im Land
des Lächelns außer Frage, aber wie kommt man in China auf die
Idee, dass ausgerechnet ein Hase Kochdienst auf dem Mond hat?
Schuld dran dürfte die Pareidolie sein. Das ist kein Kräuterweiblein,
das Tieren am Mond subalterne Tätigkeiten zuweist, Pareidolie
nennt man das Phänomen, in Gegenständen und Mustern Dinge
zu erkennen oder Gesichter, die einem vertraut erscheinen. Obwohl eigentlich nichts dergleichen zu sehen ist. Wie kommt es dazu?

Unser Gehirn spielt uns einen Streich, wenn Sie so wollen, indem es das macht, was es am besten kann, nämlich Muster zu vervollständigen. Und so sehen wir eine Struktur mit Flächen und Punkten aus Licht und Schatten und vervollständigen ein Gesicht. So hat etwa das berühmte Marsgesicht eine Zeit lang Karriere gemacht, bevor es wieder zur verwitterten Felsformation degradiert wurde. Und genauso kommt der Hase auf dem Mond zustande. Wenn man bei Vollmond genau schaut, dann kann man, wenn das Gehirn richtig vervollständigt, einen Hasen sehen mit allen Details: Löffel, Kopf, Körper, sogar Blume, und auch den Bottich, in dem das Elixier der Unsterblichkeit zusammengebraut wird. Manche sagen, das sei alles auf den ersten Blick zu sehen, anderen meinen, es hülfe erheblich, wenn man es gezeigt bekommt.

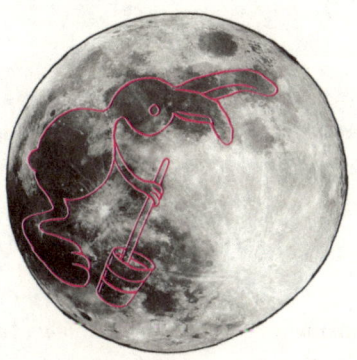

→ **FACT BOX** | *Das teuerste Weißbrot der Welt* ←

Vermutlich lassen sich auch Marienerscheinungen durch Pareidolie hinlänglich erklären. Die Landeplätze der Himmelskönigin haben sich im Laufe der Zeit ganz schön gewandelt. Früher ist die Muttergottes ja bevorzugt in armen, ländlichen Gegenden erschienen, wo man das Ackerland dann gewinnbringend umwidmen konnte in Bauland für Hotels und Autobusparkplätze, heute erscheint sie auch gerne in urbaneren Gegenden am gerösteten Sandwich. Vor knapp zehn Jahren ist ein Toast auf Ebay zur Versteigerung gelangt, auf dem durch das Spiel von Weißbrot und

Röstflecken das Antlitz der berühmtesten Jungfrau des Abendlandes zu sehen sein soll. Ebay brach letztlich die Versteigerung beim Stand von 22.000 Dollar ab, trotzdem fand das verbrannte Sandwich für 28.000 Dollar einen neuen Besitzer. Obwohl schon abgebissen war.

Da denkt man sich: „Keine schlechte Wertschöpfung für ein Stück Weißbrot." Aber im Vergleich zum Cashflow eines gut gehenden Wallfahrtsorts sind 28.000 Dollar natürlich Peanuts. Solche Summen werden in Lourdes in einer guten halben Stunde umgesetzt. Aber als Grundstock für eine kommende Pilgerstätte sind 28.000 Dollar zumindest ein kleines Startkapital, und für einen nagelneuen Gnadenort wäre „Maria Toast" auch kein schlechter Name.

So nahe der Mond auch ist und so sehr ihm viele Menschen auch fast alles zutrauen, wir wissen bis heute nicht ganz genau, wie er entstanden ist. Das liegt natürlich auch daran, dass es keine lebenden Zeitzeugen mehr gibt und auch keine verlässlichen Aufzeichnungen. Zumindest in Schriftform. In Gesteinsform gibt es sie sehr wohl, und das hat uns auch auf die Spur gebracht.

1

Der Mond ist aufgegangen
Die gold'nen Sternlein prangen
Am Himmel hell und klar
Der Wald steht schwarz und schweiget
Und aus den Wiesen steiget
Der weiße Nebel wunderbar

2

Wie ist die Welt so stille
Und in der Dämmerung Hülle
So traulich und so hold
Gleich einer stillen Kammer
Wo ihr des Tages Jammer
Verschlafen und vergessen sollt

3

Seht ihr den Mond dort stehen
Er ist nur halb zu sehen
Und ist doch rund und schön
So sind wohl manche Sachen
Die wir getrost verlachen
Weil unsere Augen sie nicht seh'n

4

Wir stolzen Menschenkinder
Sind eitel arme Sünder
Und wissen gar nicht viel;
Wir spinnen Luftgespinste
Und suchen viele Künste
Und kommen weiter von dem Ziel.

5

Gott, lass dein Heil uns schauen,
Auf nichts Vergänglichs trauen,
Nicht Eitelkeit uns freun!
Lass uns einfältig werden
Und vor dir hier auf Erden
Wie Kinder fromm und fröhlich sein!

6

Wollst endlich sonder Grämen
Aus dieser Welt uns nehmen
Durch einen sanften Tod!
Und wenn du uns genommen,
Lass uns in'n Himmel kommen,
Du unser Herr und unser Gott!

7

So legt euch denn ihr Brüder
In Gottes Namen nieder
Kalt ist der Abendhauch
Verschon uns, Gott, die Strafen
Und lass uns ruhig schlafen,
Und unser'n kranken Nachbar auch [16]

Von Matthias Claudius' Dichtung angesichts des Erdtrabanten sind in der Regel nur die ersten beiden Strophen bekannt, und das ist, wie man sieht, auch gar nicht so schlecht. Wie der Mond entstanden ist, war auch lange nicht bekannt, aber seit geraumer Zeit können sich die meisten Wissenschaftlerinnen und Wissenschaftler auf eine Lesart einigen. Der Mond entstand nach allem, was wir heute wissen, durch eine gewaltige Kollision vor 4,53 Milliarden Jahren, nur 30–50 Millionen Jahre nach der Entstehung der Erde. Es war damals schon so nicht sehr gemütlich auf der Erde, man nimmt an, dass sie in den ersten 100 Millionen Jahren ihres Bestehens unter Dauerbeschuss durch Asteroiden stand. Die Oberfläche, wenn man von einer solchen schon sprechen möchte, war damals glutflüssig. Und dann kam ein Planet namens Theia des Weges – in etwa so groß wie der Mars und halb so groß wie die Erde – und kollidierte mit der Protoerde. *A net grad des Gsündeste*, um es mit den

Worten des legendären Nürnberger Komikers Herbert Hisel zu sagen. Der Einschlag war gewaltig, Theia ist dabei verdampft, und aus der Erde wurde sehr viel Material herausgeschlagen. Wie kann ein ganzer Planet einfach verdampfen? Die Geschwindigkeit von Theia war so hoch, dass bei dem Einschlagswinkel gewaltige Energien frei geworden sind. So gewaltig, dass selbst Gestein sofort sublimierte, also von fest in gasförmig überging und den Aggregatzustand flüssig schwänzte.

Dadurch schmolz auch die junge Erde noch mal komplett auf, und jede Menge heißes, flüssiges Gestein wurde in ihre Umlaufbahn geschleudert. Es kühlte ab, und die Brocken vereinigten sich mit der Zeit zum Mond. Früher hat man gedacht, der Mond besteht nur zu 10 Prozent aus Erdmaterial, und der Rest ist Theia. Deshalb war man nach der Untersuchung des Mondgesteins, das die Astronauten mitgebracht hatten, einigermaßen ratlos, warum es der Erde so ähnlich war. Heute vermutet man aufgrund neuer Untersuchungen, dass Theia viel größer war als gedacht, fast zur Gänze verdampft ist und der Mond hauptsächlich aus Material der Erde besteht. Warum vermutet man das erst jetzt? Weil es erst jetzt bessere, leistungsfähigere Computer gibt, die neue Modellrechnungen ermöglichen.

Wenn man die Schöpfung der Erde alttestamentarisch betrachten möchte, dann wäre der Mond die Eva, die dem Adam Erde aus den Rippen geschnitten wurde. Muss man aber nicht, die wissenschaftliche Theorie ist deutlich plausibler. Dass Sie spätestens jetzt keine Lust haben, zum Mond zu fliegen, wird Ihnen niemand verübeln. Einer der vielen Gründe, warum wir Menschen das heute nicht mehr machen, ist, dass wir es schon gemacht haben. Es war ein Wettlauf zum Mond, die USA haben ihn für sich entschieden, und als das Rennen aus war, hat sich auch niemand mehr wirklich dafür interessiert. Zumindest niemand von den Geldgebern. Laut

Professor John Logsdon,[17] Gründer und früherer Direktor des Instituts für Weltraumpolitik an der George Washington University, gab es kaum Pläne für danach und auch kein Budget, mit der Mondlandung war der Erdtrabant abgehakt. Der Wettlauf war gewonnen, und folgerichtig war auch niemand mehr von uns dort seither. Aber wenn Sie Sehnsucht nach einem Ort haben, der fast genauso aussieht wie der Mond, dann fliegen Sie doch zu Merkur! Der ist kaum größer, genauso ein Drecksloch, und wenn Sie lange genug warten, dann macht er vielleicht einmal das halbe Sonnensystem kaputt.

Es ist verdammt hart, der Nächste zu sein

Der einzige Rekord, der von Merkur gehalten wird, ist, dass er als der schnellste Planet im Sonnensystem gilt. Das hat er aber auch nicht sich selber zuzuschreiben, sondern er hat sich so nahe an die Sonne herangeschleimt, dass er von ihrer Schwerkraft profitiert. 88 Tage braucht er für einmal um die Sonne, das schafft sonst kein Planet. Sonst ist Merkur ein ziemlich beschissener Ort. Man kommt schwer hin, und wenn man mal dort ist, hat man vermutlich wenig Quality Time. Das Problem bei der Reise zum Merkur ist seine Nähe zur Sonne. Er ist zwar im Durchschnitt kaum weiter von der Erde entfernt als der Mars, und dorthin haben wir ja schon jede Menge Sonden geschickt, das können wir, aber durch die gewaltige Masse der Sonne wird nicht nur Merkur enorm beschleunigt, sondern auch ein Raumschiff, das in diese Gegend fliegt. Ein Tempomat, der in unseren Kraftfahrzeugen auf der Autobahn die Geschwindigkeit konstant hält, würde dort ganz schön schauen.

Wenn man auf Merkur landen und nicht einfach nur vorbeifliegen und dabei ein paar Fotos schießen möchte, wie das viele Sonden im äußeren Sonnensystem unterwegs von Himmelskörpern machen, die sie passieren, dann muss man bremsen. Und das dauert. Zum Mars brauchen wir rund acht Monate, zum Merkur war die Raumsonde Messenger fast sieben Jahre unterwegs. Im Weltraum bremst es sich nämlich nicht so einfach, weil dort nichts ist, worauf man bremsen könnte. Im Vakuum gibt es vieles nicht, beispielsweise Reibung. Wenn man von der Erde ins All beschleunigen möchte, braucht man Treibstoff, wenn man wieder langsamer werden will, auch. Und zwar im Grunde genommen etwa genauso viel, wie man zum Beschleunigen verbraucht. Vereinfacht gesagt dreht man das Raumschiff, wenn man das Ziel in Sichtweite hat, in die andere Richtung und gibt so lange Gas, bis man langsam genug geworden ist. In Wirklichkeit ist es ein wenig komplizierter, aber zur Veranschaulichung genügt das. Und wenn dann noch so ein Brummer wie die Sonne das Bremsen sabotiert, wird es noch schwieriger. Will man zum Merkur fliegen und dort landen, hat man drei Möglichkeiten zu bremsen. Erstens: Man nimmt sehr viel Treibstoff mit und braucht deshalb eine sehr große und teure Rakete. Zweitens: Man tritt in die Eisen, indem man die Schwerkraft der Planeten ausnutzt, die in der Nähe sind. Man kann also ein paar Extrarunden um die Erde, Venus und Merkur drehen und sich von deren Gravitationskraft abbremsen lassen. So wie das vor ein paar Jahren die mittlerweile planmäßig auf den Merkur abgestürzte Sonde Messenger gemacht hat. Aber das dauert ziemlich lange, und uns Menschen würde vermutlich unterwegs einigermaßen langweilig werden. Die dritte Möglichkeit, die Geschwindigkeit schlagartig zu verringern, besteht übrigens darin, ungebremst auf dem Merkur aufzuschlagen. Es ist keine gute Alternative, da haben Sie recht, aber der Vollständigkeit halber sei sie erwähnt.

Wenn man dann endlich angekommen ist, ist auf dem Merkur auch nicht allzu viel los. Der Planet ist winzig – der kleinste des Sonnensystems –, und er ist genauso leblos und tot wie unser Mond.

Er hat keine nennenswerte Atmosphäre, besteht im Wesentlichen aus Kratern und hat noch nicht einmal einen eigenen Mond. Das heißt, es gibt nicht einmal am Himmel etwas Interessantes zu sehen. Bis auf die Sonne natürlich, die von dort aus sicherlich enorm beeindruckend aussieht. Kaiserwetter, dass es nur so eine Art ist. Aber sie ist vermutlich auch schuld daran, dass der Merkur keinen Mond vorzuweisen hat, falls er jemals einen im Grundbuch stehen hatte. So nah an der Sonne ist ihre Gravitationskraft so stark, dass sich ein Mond kaum bei einem Planeten halten kann. „Darf ich kurz einmal deinen Mond halten?", wird sie den kleinen Merkur gefragt haben, und ehe der: „Lieber nicht, ich brauche ihn noch", sagen hat können, hatte sie ihn schon verschluckt. Und siehe da, recht hatte sie, es geht auch ohne. Heute ist das allen klar, aber es ist noch gar nicht so lange her, da dachte man trotzdem einmal kurz, man hätte einen Mond des Merkur entdeckt. 1974 war das, ein paar Monate bevor Deutschland zum zweiten Mal Weltmeister im Herrenfußball wurde, da flog die Raumsonde Mariner 10 an Merkur vorbei. Dabei registrierten die Instrumente eine Stelle in der Nähe des Planeten, von der besonders viel UV-Strahlung ausging. Die Strahlung verschwand und tauchte ein paar Tage später wieder auf, genauso wie man es von einem Mond erwarten würde, der sich um einen Planeten bewegt und dabei manchmal hinter ihm versteckt. Allerdings zeigten weitere Beobachtungen, dass sich die Quelle der Strahlung im Lauf der Zeit immer weiter von Merkur entfernte. Als Täter wurde schließlich 31 Crateris dingfest gemacht. 31 Crateris ist aber alles andere als ein Mond, vielmehr ein Stern, vielmehr sogar ein Doppelstern. Zwei Sterne bewegen sich umeinander, und dabei blockiert in regelmäßigen Abständen einer das Licht des anderen. Deshalb blinkt er quasi und war zu der Zeit zufällig genau in der gleichen Region am Himmel zu sehen wie Merkur. War aber eigentlich zur Tatzeit nicht einmal in der Nähe. 31 Crateris hat seinen Wohnsitz im

Sternbild Becher, ganze 160 Lichtjahre von der Erde entfernt. Das Licht war damals also schon 160 Jahre ununterbrochen unterwegs, bevor es, wahrscheinlich zu seinem eigenen Erstaunen, von uns Menschen für einen Mond gehalten wurde. Sicher eine willkommene Abwechslung auf einer so langen Reise.

Mercury Project unchained

Auf der Erde reden wir Menschen gerne übers Wetter, davon gibt es auch auf Merkur genug. Auf der sonnenzugewandten Seite hat man allerdings nicht viel Zeit, um sich in die Sonne zu legen, denn da zeigt die Quecksilbersäule, wie auch noch heute in Wettershows im Fernsehen gesagt wird, obwohl so gut wie kein Thermometer mehr die Temperatur anhand der Ausdehnung von eingesperrtem Quecksilber misst, bis zu +427 °C. Das ist zwar sehr heiß, bringt aber für alle, die das glitschige Gefühl nach dem Einschmieren mit Sonnencreme nicht mögen, den Bonus mit sich, dass Einschmieren ohnedies nichts helfen würde. Auf der Nachtseite dagegen ist es mit –173 °C ziemlich frisch. Man könnte vielleicht probieren, irgendwo an der Tag/Nacht-Grenze einen halbwegs angenehm temperierten Ort zu finden, aber nur deshalb auf den Merkur umzuziehen, weil es vielleicht in irgendeinem eng umrissenen Bereich doch nicht vollkommen beschissen ist, ist ein Special Interest.

Außerdem wird der winzige Planet immer kleiner, seit seiner Entstehung ist sein Radius um 7 Kilometer geschrumpft. Wenn er so weitermacht, dann ist er bald so klein, dass die Sonne denkt, sie habe plötzlich einen Mond bekommen. Kleiner Scherz, das denkt sie natürlich nicht. Die Sonne ist so massereich, sie vereinigt fast 99,9 Prozent der gesamten Masse unseres Sonnensystems in sich, dass es ihr völlig powidl wäre, ob überhaupt irgendein Planet um sie kreist oder nicht. Von der Sonne aus könnten die Planeten alle verschwinden, ohne dass sie aufschauen würde von der Kernfusion. Und wenn es nach Merkur geht, könnte das zum Teil auch passieren.

Obwohl er so klein ist, ist er gravitativ lästig. Eigentlich nicht aktiv lästig, sondern er kann sich nicht richtig wehren. Wenn man seine Bahn über einen Zeitraum von einigen Milliarden Jahren betrachtet, kann sie eine sehr große Exzentrizität bekommen. Das heißt, die heute ohnedies schon elliptische Umlaufbahn um die Sonne kann noch elliptischer werden. Und dann kommt Merkur ganz schön weit weg von der Sonne an seinen sonnenfernsten Punkten. Das liegt an einer säkularen Resonanz mit Jupiter, durch die das Drehmoment vom äußeren ins innere Sonnensystem übertragen werden kann. Säkular heißt in dem Fall nicht weltlich, sondern man kann es am besten mit „langfristig" übersetzen. Weil diese Resonanzen auf sehr viel längeren Zeitskalen ablaufen als die „Mean Motion Resonances".

Achtung, wir unterbrechen den Fließsatz für eine wichtige Durchsage, die unter anderem erklärt, worum es sich bei „Mean Motion Resonances" handelt.

→ **FACT BOX** | *Säkulare Resonanz* ←

Was Resonanzen sind, haben wir schon auf Seite 31 in der Fact Box Umlaufbahn-Resonanzen besprochen. Es geht grob gesagt darum, dass Himmelskörper nicht aneinander vorbeiziehen können, ohne sich eine mitzugeben, wie man auf Wienerisch sagen würde. Wie im Schulhof bekommt in der Regel der Kleinere vom Größeren mehr ab. Resonanzen gibt es aber nicht nur, wenn sich die Planeten bewegen. Resonanzen können immer auftreten, wenn sich irgendwo irgendwas verändert und die Geschwindigkeit dieser Veränderung mit der Geschwindigkeit einer anderen Veränderung in einem ganzzahligen Verhältnis steht. Die auf Seite 32 beschriebenen Resonanzen heißen „Resonanzen der mittleren Bewegung" („Mean Motion Resonances") und beziehen sich nur auf die konkrete Umlaufzeit der Planeten selbst. Aber auch die Bahnen, auf denen sich die Himmelskörper bewegen, verändern sich. Da sich alle Objekte gegenseitig mit ihrer Gravitationskraft stören, bleiben ihre Umlaufbahnen nie konstant. Die Bahn der Erde um die Sonne wird im Laufe der Jahrtausende zum Beispiel ein wenig größer und dann wieder kleiner. Sie wird mehr oder weniger elliptisch. Und sie wackelt in allen drei möglichen Richtungen im Raum hin und her. Wenn jetzt zum Beispiel die Periode, mit der die Erdbahn wackelt, in einem ganzzahligen Verhältnis zur Periode des Wackelns der Marsbahn stünde, dann wäre auch das eine Resonanz. In diesem Fall nennt man sie „Säkulare Resonanz" („Secular Resonance"), und so wie die Resonanzen der mittleren Bewegung spielen auch sie eine wichtige Rolle bei der Strukturierung des Asteroidengürtels.

———————→ Ende der Durchsage.

In unserem Sonnensystem könnte uns irgendwann in ferner Zukunft eine säkulare Resonanz zwischen Jupiter und Merkur blühen. Zurzeit sind die Werte sehr ähnlich, aber noch nicht gleich. Jupiter, der einige Tausend Mal schwerer ist als Merkur, ist das weitgehend egal, aber für Merkur bedeutet das, je größer die Exzentrizität seiner Bahn ist, desto lang gestreckter ist sie auch. Die Bahn kann dann auch die Bahnen anderer Planeten kreuzen. Kollisionen sind möglich. Genauso steigt die Chance einer Kollision mit der Sonne bzw. eines Rauswurfs aus dem Sonnensystem. Interessant sind für uns vor allem die Auswirkungen, die die Erhöhung von Merkurs Exzentrizität auf die anderen Planeten hat. Denn die veränderte Merkurbahn führt natürlich zu gravitativen Störungen der restlichen Planeten. Wenn man die möglichen Szenarien in Simulationen durchspielt,[18] dann nähert sich in einer davon Mars bis auf wenige 100 Kilometer der Erde. Die Aussicht auf den Mars wäre dadurch fantastisch, die Auswirkungen durch die Gezeitenkräfte wären allerdings verheerend. Und Filme wie *The Martian* verlören ihre Grundlage. Dadurch könnte im schlimmsten Fall sogar so viel Bewegungsenergie von der Erde auf den Mars übertragen werden, dass der dann viel schneller wird auf seiner Umlaufbahn und irgendwann so schnell, dass er sich französisch aus dem Sonnensystem verabschiedet. Der Terminus Marsflug bekäme dadurch eine ganz neue Bedeutung.

In einer anderen Variante der Simulationen kollidieren Venus und Erde. Auch hier ist der Merkur schuld. Anfänglich wächst die Exzentrizität seiner Bahn, säkulare Resonanzen führen dazu, dass auch die Exzentrizitäten von Venus, Erde und Mars wachsen. Die Planeten des inneren Sonnensystems führen sich auf wie nach einem Vollrausch. Das führt zu nahen Begegnungen von Erde und Mars, wodurch sich die großen Halbachsen ihrer Bahnen ändern, das heißt der größte Abstand zur Sonne während der Umlaufbahn. Dadurch treten Merkur und Mars in eine neue säkulare Resonanz, wodurch Merkurs Exzentrizität sinkt. Das wäre nicht schlecht, wenn dadurch als Ausgleich nicht die Exzentrizitäten von Erde und Venus noch stärker wachsen und ihre Bahnen beginnen würden, sich zu kreuzen. Sie ahnen es, das bedeutet nichts Gutes. Ein paar Mal geht sich das aus, aber irgendwann spielen die beiden dann Chicken, keiner weicht zur Seite, und auf den Tag genau nach 3,35 Milliarden Jahren ab heute fällt uns die Venus auf den Kopf. Der Fairness halber muss man einräumen, dass die Wahrscheinlichkeit, dass das passiert, bevor die Sonne als Roter Riese Merkur, Venus und Erde erledigt haben wird, extrem gering ist, sie liegt bei 1 Prozent. Aber es ist nicht ausgeschlossen, dass es dazu kommt. Und da wäre es besser, man wüsste Bescheid, wer da eigentlich daherkommt zum Headbutt.

Venus, altes Treibhaus

Früher, als das Wünschen noch geholfen hat, war die Venus ein richtiges Traumziel für einen Urlaub! Der Planet ist fast so groß und schwer wie die Erde und der Sonne nur ein bisschen näher. Deswegen dachte man auch, dass es dort ungefähr so ist wie auf der Erde, nur vielleicht ein kleines bisschen wärmer. Man hat sich den ganzen Planeten als eine Art tropisches Paradies vorgestellt, mit Regenwäldern, warmen Ozeanen und so weiter. In der Science-

Fiction-Literatur war diese Vorstellung genauso verbreitet wie in der Wissenschaft. Manche dachten sogar, sie hätten die Feuerwerke des Kaisers der Venus beobachtet oder die venusischen Waldarbeiter bei der Brandrodung.[19]

Aber als dann die ersten Raumsonden dort vorbeigeflogen sind, hat man gemerkt, dass es tatsächlich wärmer ist als auf der Erde. Und zwar deutlich. Auf der Erde sorgt der Treibhauseffekt dafür, dass wir nicht erfrieren, auf der Venus kann man tadellos beobachten, was ein außer Kontrolle geratener Treibhauseffekt mit einem Planeten anstellt. Weil der Planet der Sonne näher ist, ist sein gesamtes Wasser schon recht früh verdampft, und der Wasserdampf in der Atmosphäre ist ein wunderbares Treibhausgas. Er ist so effektiv, dass der Luftdruck dort knapp hundert Mal höher ist als auf der Erde. Aufrechter Gang wäre dort also eine noch größere Herausforderung als bei uns. Sie bräuchten es aber gar nicht zu versuchen, denn dieser Druck würde dafür sorgen, dass Sie umgehend zerquetscht würden zzgl. verdampfen. Außerdem ist es deshalb auch sehr heiß: Bis zu 470 °C werden gemessen, obwohl es aufgrund des Abstands von der Sonne eigentlich nur 50 °C sein sollten. Das nenne ich ein Sonderangebot, 420 °C gratis! Würden Sie dort auf dem Autodach ein Spiegelei braten wollen, wäre es tatsächlich in der Sekunde fertig, in der das rohe Ei auf dem Dach auftrifft. Spitze! Allerdings den Bruchteil einer Sekunde danach auch schon wieder verkohlt. Somit ein Serviervorschlag nur für wirklich sehr hastige Esser. Survival Junkies könnten theoretisch probieren, auf der Venus zu leben. Allerdings ist „auf der Venus" sehr wörtlich zu nehmen dabei, man müsste es nicht auf der Oberfläche, sondern knapp 50 Kilometer über derselben und zwar schwebend versuchen. Dort ist die Temperatur halbwegs angenehm, man wäre weit genug über der dichten Atmosphäre, um ausreichend Sonnenlicht zur Energieerzeugung und flüssiges Wasser sammeln zu können.

Das wäre nicht ganz einfach, denn dazu wäre es notwendig, Wolken anzuzapfen.[20] Wie gesagt, theoretisch.

Praktisch ist Venus so ziemlich der unangenehmste Ort, den man im näheren Umkreis besuchen könnte. Die Atmosphäre besteht fast komplett aus Kohlendioxid. Es gibt Wolken aus Schwefeldioxid, aus denen es Schwefelsäure regnet. Allerdings nicht bis zur Oberfläche, weil es dort so enorm heiß ist, dass der Niederschlag schon verdampft, bevor er dort ankommen kann! Die Wolken und die dichte Atmosphäre blockieren enorm viel Sonnenlicht, das trifft sich insofern gut, als es auf der Oberfläche wenig zu sehen gibt. Und dann der Wind! Die komplette Atmosphäre rotiert um den Planeten herum, viel schneller, als der Planet selbst sich dreht. Die Atmosphäre braucht dafür nur 4 Erdentage, während der Planet selber für eine Umdrehung 243 Tage braucht. Das heißt, ein Tag dauert auf der Venus ein Dreiviertel-Erdenjahr, und, das ist dann wirklich kurios, ein Tag ist auf der Venus länger als ein Jahr auf der Venus, das dort 224 Tage dauert. Das ist auch exzentrisch, aber sympathisch exzentrisch, wenn Sie mich fragen, nicht so wie Merkur, der mit seinen Faxen alle kopfscheu macht. Der Wind, der bei dieser „Superrotation" auf der Venus entsteht, erreicht in der oberen Atmosphäre Geschwindigkeiten von bis zu 360 km/h. So viel wie ein gewaltiger Orkan bei uns. Auf der Oberfläche selbst geht er es aber langsamer an und begnügt sich mit rund 10 km/h. Während es auf der Venusoberfläche ziemlich duster ist, strahlt die Venus außen wie ein neuer Schilling, hätte man bis 2002 gesagt. Sie ist das zweithellste Objekt an unserem Nachthimmel, nach dem Mond. Sie hat selber übrigens auch keinen, wie Merkur, aber sie könnte einmal einen gehabt haben. Wo hat sie ihn versteckt, unter der Wolkendecke? Nein. Möglicherweise ist sie vor langer Zeit von einem Himmelskörper getroffen worden, das war im frühen Sonnensystem nur eine kleine Meldung in der Zeitung, das kam dauernd vor. Einen Katastrophenfonds einzurichten hätte damals echt keinen Sinn gehabt, der wäre mit dem Auszahlen nie fertig geworden. Durch den Einschlag hat sich die Rotation der Venus radikal verlangsamt, auf eben Tage, die jeweils 243 Tage dauern, was zur Folge hatte, dass der Mond irgendwann auf die Venus gestürzt und zerschellt ist. Wenn das stimmt. Genau weiß man das nicht, vielleicht war auch nie ein Mond da. Da müsste man eine Sonde zur Venus schicken, die dort Bodenproben nimmt, dann könnte man überprüfen, ob dieses Szenario stimmt. Bis 2022 werden wir aber mindestens warten müssen, davor ist keine Mission geplant. Wenn die Venus auch keinen Mond hat, so hat sie doch einen ständigen Begleiter. Den haben wir ihr geschickt, und er strahlt ebenfalls wie ein neuer Schilling.

Segel im Wind

In der Raumfahrt gibt es unter anderem deshalb noch keinen Massentourismus, weil jede Reise extrem teuer ist. Um die Erde zu verlassen, das wissen wir bereits, brauchen wir hohe Geschwindigkeiten, die erreichen wir mit Vollgas, der Spritverbrauch dabei ist aber enorm, ob Sie auf die Rakete obendrauf noch eine Dachbox montieren, ändert da fast gar nichts mehr.
Deshalb gibt es seit Langem Überlegungen, wie man im Weltall auf Geschwindigkeit kommen könnte, ohne fossile Brennstoffe mitzunehmen und zu verheizen. Eine Lösung wäre SSP – Solar-Sail Propulsion, also ein Antrieb mit einem Solarsegel. SSP ist ein sehr schwaches Akronym, man merkt, es handelt sich um einen technischen Namen. Die Idee ist schon deutlich älter als die Raumfahrt selber, nämlich fast 100 Jahre, aber erst in den letzten zehn Jahren stellten sich zaghaft erste Erfolge ein.
Sieger in dieser Kategorie ist IKAROS, eine Solarsegelmission der

japanischen Raumfahrtbehörde. Da sind sie sicher lange gesessen mit rauchenden Köpfen, bis sie Mythologie und Raumfahrt unter einem Hut hatten. IKAROS steht für Interplanetary Kite-craft Accelerated by Radiation Of the Sun. Sie sehen, wenn man nur die richtigen Buchstaben weglässt, kommt man auch mit weniger Eleganz zu einem schönen Akronym. Und für die im Jahr 2003 gegründete japanische Raumfahrtbehörde JAXA war das schon ein Fortschritt, steht JAXA doch für Japan Aerospace Exploration Agency. X kommt darin eigentlich nicht vor, gilt aber seit vielen Jahren als der Buchstabe, zu dem man geht, wenn technische Coolness signalisiert werden soll. Das private Raumfahrtunternehmen SpaceX, die Mission ExoMars oder die Spielkonsole Xbox sind nur drei Beispiele von vielen. Die Mission selber kann über Eleganzmangel allerdings nicht klagen, denn der schwierigste Teil eines solchen Unterfangens, das Entfalten des Segels im Weltall, hat ohne Weiteres funktioniert. Am 21. Mai 2010 ist IKAROS gestartet und hat wenig später die Segel gesetzt in Richtung Venus. Wie kann man sich das vorstellen? Das Raumfahrzeug sieht aus wie ein überdimensionaler quadratischer Drachen mit einer Seitenlänge von 14,5 Metern. Aber erst in voller Pracht, wenn die Sonde ein Rad schlägt wie ein Pfau. Davor ist das Segel so klein wie möglich zusammengefaltet, und dass die japanische Raumfahrt dabei die Nase vorne hat, ist dem Vernehmen nach kein Zufall, gehört doch Origami zur landesüblichen Folklore wie in unseren Breiten Schifahren. Das Segel hat nur eine Dicke von 0,0075 mm, was 1/10 der Dicke eines Menschenhaars entspricht, und auf seiner Oberfläche sind Liquidkristalle appliziert, die Richtungsänderungen möglich machen. Man kann nämlich auch mit einem Solarsegel in alle Richtungen fahren, wiewohl Kreuzen, so wie das Segelschiffe auf der Erde machen, nicht geht.

Unter „Kreuzen" versteht man, in einem „Zickzackkurs" ein Ziel anzulaufen, das im Wind liegt. Wegen des Gegenwinds kann ein solches Ziel nicht geradlinig angesteuert werden, aber wenn man hin und her fährt und einen Umweg in Kauf nimmt, dann ist es doch möglich. Will man mit einem Solarsegel ein Ziel in Windrichtung, also in Richtung des Teilchenstroms des Sonnenlichtes anfliegen, verwendet man eine etwas andere Technik. Man bremst die Bahngeschwindigkeit des Solarseglers, der um die Sonne rotiert, ab. Dadurch wird die Zentrifugalkraft kleiner, und der Solarsegler bewegt sich Richtung Sonne und kommt auf eine nähere Bahn um die Sonne.

Was hätte ein Segelantrieb für Vorteile? Unser Sonnensystem ist wirklich sehr groß, zwei bis drei Lichtjahre im Durchmesser. Deutlich zu viel für einen Halbtagswandertag. Solarsegel setzt man aber nicht ein, weil es angesichts dieser Dimension auch schon egal ist, ob man heute oder erst in zwei Jahren ankommt, sondern um mit möglichst wenig Treibstoff möglichst weit zu fahren. Sonnensegler tanken aber nicht, wie der Name nahelegen würde, Sonnenwind. Den gibt es zwar im Weltall, wenn die Sonne ausgehend von Protuberanzen Material ins All schleudert und er besteht vor allem aus geladenen Teilchen, also Protonen, Elektronen und Heliumkernen. Diese Teilchen sind deutlich schwerer als Photonen, also Lichtteilchen, allerdings auch weniger zahlreich und langsamer. Solange ein Raumsegler nicht in einen heftigen Sonnensturm gerät, ist der Sonnenwind im Vergleich zum Sonnenlicht als Antrieb vernachlässigbar. Und als Sturm unkontrollierbar, also nicht erwünscht. Tatsächlich fliegt man vielmehr mit Licht durch die Gegend. Der sogenannte Strahlungsdruck, der durch das Sonnenlicht entsteht, ist um etwa den Faktor 1.000 größer als der Druck des Sonnenwindes. Und wie machen die Photonen das ohne Masse? Na ja, dazu müsste man einmal mit einer Ungenauigkeit in der Nomenklatur aufräumen, denn Masse gibt es eigentlich in der Physik nicht. Es gibt nur Energie, und Masse ist eigentlich Energie, Sie erinnern sich: $E = mc^2$. Von Masse zu sprechen ist eine Vereinfachung, weil wir uns Masse relativ gut vorstellen können, Energie aber weniger gut. Lichtteilchen haben also zwar keine Masse, genauer keine Ruhemasse, sonst könnten sie sich auch nicht mit Lichtgeschwindigkeit bewegen, sie haben aber eben eine sehr hohe Geschwindigkeit, vor allem im Vakuum, also eine gewisse Energie, und damit einen Impuls.

„Bitte nicht Impulserhaltung", denken da jetzt manche sofort, eines der wirksamsten Narkotika im Mittelschulphysikunterricht, „da klopfe ich mir lieber mit dem Finger noch ein bisschen Uhu zu einer Kugel, bis der da vorne fertig und die Stunde aus ist." Der Impulserhaltungssatz ist aber einer der wichtigsten Erhaltungssätze in der Physik. Ohne ihn bräuchten wir uns gar nichts vorzunehmen im Leben. Und zwar nie.

———————→ **FACT BOX** | *Energie, Masse und Impulserhaltung* ←

Erhaltungsgrößen

Warum sind Erhaltungsgrößen so wichtig? Das hängt damit zusammen, dass fundamentalen physikalischen Größen, wie z.B. Energie, Impuls oder Drehimpuls, Erhaltungssätze genügen. Das bedeutet, dass bei allen Veränderungen, Prozessen und Reaktionen die Energien in geschlossenen Systemen stets erhalten sind und nicht vermehrt oder vermindert werden können. Solche Erhaltungssätze sind von eminenter Bedeutung für die Physik, weil man ja sonst keine Aussagen über die Zukunft machen könnte, wenn sich physikalische Größen in geschlossenen Systemen beliebig ändern würden. Es hat sich gezeigt, dass in allen bisherigen Beobachtungen und Experimenten solche Erhaltungsgrößen immer und überall erhalten bleiben. Die einzige

Ausnahme sind Vorgänge im Allerkleinsten, bei denen durch quantenphysikalische Fluktuationen für minimal kurze Zeiten und kleine Distanzen Schwankungen der Energie und des Impulses auftreten können. Aber für die klassische Physik und damit unsere Alltagswelt sind Energie und Impuls immer erhalten.

Energie

Energie kann in verschiedensten Formen auftreten: Lageenergie, Bewegungsenergie, Wärmeenergie, chemische Energie, elektrische Energie, Kernenergie, Gravitationsenergie, Bindungsenergie und Ruheenergie. Diese einzelnen Energieformen können sich zwar ineinander umwandeln, aber insgesamt muss die Summe aller Energien immer erhalten bleiben. Das bedeutet, dass

Energie niemals entstehen und erzeugt oder auch verschwinden und vernichtet werden kann. Das heißt, Energieerzeugung oder auch -vernichtung ist aufgrund des Energieerhaltungssatzes nicht möglich. Der Begriff Energieerzeugung wird im Wirtschaftsleben allerdings dennoch oft fälschlicherweise verwendet, um die Erzeugung einer bestimmten Energieform (zum Beispiel von elektrischem Strom) aus einer anderen Form (zum Beispiel als chemische Energie in Form von Kohle) auszudrücken. Eigentlich kann man alle oben genannten Energieformen sogar nur durch zwei grundlegende Energien ausdrücken: Bewegungsenergie (kinetische Energie) und Lageenergie (potenzielle Energie). Die Bewegungsenergie E, die ein Objekt aufgrund seiner Bewegung hat, hängt von dessen Masse m und der Geschwindigkeit v des bewegten Körpers ab. Je größer die Masse und die Geschwindigkeit eines Objekts, umso größer ist auch die Bewegungsenergie:

$$E = mv^2/2$$

Wärmeenergie ist dann nichts anderes als die Bewegungsenergie der Teilchen in einem Körper. Je schneller sich die Teilchen bewegen, umso wärmer bzw. heißer ist dieses Objekt. Die Lageenergie oder potenzielle Energie beschreibt hingegen die Energie eines physikalischen Systems aufgrund seiner Lage in einem Kraftfeld. Zum Beispiel ist die potenzielle Energie jene Energie, die ein Körper im Schwerefeld der Erde durch seine Höhenlage hat. Wenn sich ein Stein in 20 Meter Höhe befindet, hat er aufgrund seiner Fallhöhe eine gewisse Energie, die durch sein Herabfallen in Bewegungsenergie umgewandelt werden kann. Dieser Begriff der Lagenenergie kann aber nicht nur auf die Schwerkraft, sondern auch andere Kräfte, wie z.B. die elektromagnetischen Kräfte in der Chemie oder die Kernkräfte in der Kernphysik, angewendet werden.

Ein Atom besteht ja aus einem elektrisch positiv geladenen Atomkern und einer Atomhülle mit elektrisch geladenen Elektronen. Ähnliches gilt für ein Molekül, das aus mehreren Atomkernen besteht. Die Elektronen können sich dabei schalenförmig in verschiedenen Elektronenwolken um die Atomkerne befinden. Wenn sie sich weiter entfernt vom Atomkern befinden, haben sie eine größere potenzielle Energie. Solche angeregten Energiezustände von Elektronen können durch einen Übergang in eine näher am Kern liegende Elektronenwolke übergehen. Die dabei freigesetzte chemische Energie kann dann wiederum in Form von Strahlung wie etwa Licht freigesetzt werden.

Aber auch die Protonen und Neutronen in Atomkernen können sich verschieden weit vom Zentrum des Atomkerns in verschiedenen Schalen aufhalten und dadurch unterschiedlich angeregte Energiezustände einnehmen. Bei Kernreaktionen oder Kernzerfällen von bestimmten Kernen wird dann Kernenergie freigesetzt, wenn im Atomkern ein Übergang von einem energetisch höheren Zustand zu einem tieferen stattfindet. Das ist der Grund, warum die Sonne scheint und die Sterne leuchten und auf der Erde Kernreaktoren und Kernwaffen funktionieren.

Masse

Masse ist auch nur eine andere Form der Energie. Diesen Zusammenhang zwischen Energie E und Masse m beschreibt die berühmteste Formel der Welt

$$E = mc^2,$$

wobei c die Lichtgeschwindigkeit ist. Weil die Lichtgeschwindigkeit so groß ist, ist die Energie, welche der Masse entspricht, gigantisch. Ein einziges Gramm Masse entspricht z.B. der freigesetzten Energie einer Kernwaffe mit einer Sprengkraft von 30 Millionen Tonnen TNT. Man kann daher auch sagen, dass Masse eine äußerst konzentrierte Form der Energie ist.

Aber woher kommt die Energie bei einer Kernreaktion oder beim Kernzerfall? Wir haben ja gerade festgestellt, dass Energie nicht erzeugt, sondern nur umgewandelt werden kann. Die freigesetzte Kernenergie kommt einfach aus der Umwandlung von Masse in Energie. Das bedeutet, dass die Gesamtmasse der Kerne vor einer Kernreaktion oder einem Kernzerfall größer ist als nachher. Und genau diese Massendifferenz wird dann als Energie frei.

Im Folgenden wollen wir aber einen selten behandelten und eher ungewohnten Gedanken zur Energie und Masse vorstellen. Eine solche Energiefreisetzung aus einer Massendifferenz gibt es nicht nur für den Fall der Kernenergie, sondern auch für chemisch freigesetzte Energien. Wenn also z.B. ein Atom oder Molekül Licht aussendet, indem ein Elektron von einer weiter entfernten Bahn in eine nähere übergeht, wird auch nur Masse in Energie umgewandelt.

Das bedeutet, dass zu Beginn das Atom oder Molekül auch eine größere Masse als nach dem Übergang haben muss. Das Gleiche gilt sogar auch für die Schwerkraft. Ein Apfel, der vom Baum fällt, gewinnt ja auch Energie. Deshalb hat die Erde zusammen mit dem am Baum hängenden Apfel zunächst eine größere Masse als später dann die Erde zusammen mit dem am Boden liegenden Apfel.

Impuls

Die Bewegung eines Körpers, wie z.B. eines Elektrons, Balls, Autos oder einer Rakete, kann zunächst durch die physikalische Größe der Geschwindigkeit beschrieben werden. Aber die Geschwindigkeit ist nicht alles, was eine Bewegung charakterisiert. Es müssen auch noch die Masse des Körpers und die Richtung der Bewegung berücksichtigt werden. Diese Größen werden durch den Begriff Impuls beschrieben, wobei die Größe des Impulses gleich der Masse m mal Geschwindigkeit v ist:

$$p = mv.$$

Der Impuls entspricht etwa dem, was man im Alltag als „Schwung" bezeichnen würde. Der Vorteil der Verwendung des Impulses zur Beschreibung von Bewegung ist, dass der Gesamtimpuls bei allen Vorgängen wie z.B. bei Verkehrsunfällen, Ballspielen, Zusammenstößen, Begegnungen von Himmelskörpern etc. immer erhalten bleibt. Der gesamte Impuls aller daran Beteiligten bleibt dabei stets erhalten, er wird nur anders auf diese aufgeteilt.

Zurück zur kosmischen Takelage. Wenn Menschen sich über Hoch-
geschwindigkeitsreisemöglichkeiten im Universum unterhalten,
dann sprechen sie sehr oft von Antimaterie-Raketenantrieben,
Beamen und Warp-Geschwindigkeit. Ein Segeltörn durchs Weltall
kommt dabei eher selten zur Sprache. Dabei wäre ein Antrieb mit
Sonnensegel deutlich realistischer. Kosmische Segler funktionieren nach demselben Prinzip wie Segelschiffe auf Seen oder Ozeanen. Auf einem Ozeansegler trifft der Wind auf eine große Segelflä-
che und überträgt seine Bewegungsenergie auf das Boot, und das
wird dadurch vorwärtsbewegt. Aber im All im Vakuum nehmen
wir nicht den Sonnenwind zu Hilfe, das wissen wir schon, sondern
es gibt Licht. Klingt wie ein Menüvorschlag bei Lichtfastern. Für
Menschen ist Licht als ausschließliche Nahrung kein geeigneter
Treibstoff, außer man möchte sterben, dann braucht man aber
nicht Lichtfasten dazu zu sagen, der Fachausdruck lautet verhun-
gern, für Solarsegler ist Licht als Sprit aber optimal. Sterne heißen
in der Regel deshalb Sterne oder Sonnen, weil sie leuchten. Und
Leuchten heißt vereinfacht gesagt nichts anderes als Lichtteilchen aussenden, also Photonen. Wenn ein Lichtteilchen auf eine
Fläche trifft, etwa einen Spiegel, dann wird es reflektiert. Es hat danach genau dieselbe Energie wie davor, aber sein Impuls liegt nun
in der entgegengesetzten Richtung. Das heißt, das Lichtteilchen
fliegt wieder vom Spiegel weg, nicht ohne dem Spiegel jedoch einen
Impuls mitgegeben zu haben. Und im Rahmen der Impulserhaltung
muss sich der Spiegel nun in die entgegengesetzte Richtung des Im-
pulsübertrags wegbewegen. Nun könnte man glauben, ein Spiegel ist
ja viel schwerer und lässt sich von einem Lichtteilchen sicher nicht
schupfen. Tut er aber doch, ein ganz kleines bisschen. Nur, wir
können es nicht sehen. Was ein Lichtteilchen an Impuls abgibt, ist
wirklich nicht viel, sogar extrem wenig, aber es handelt sich ja erstens nicht nur um ein Lichtteilchen, das von der Sonne kommt,

sondern um sehr, sehr viele, und zweitens herrscht im Weltall praktisch Vakuum, es gibt also keinen Luftwiderstand. Ein Kavalierstart ist mit diesem Antrieb nicht möglich, also sollte es zumindest anfangs nicht extrem eilig haben, wer im Weltall mit Sonnensegeln reist.

Außerdem sind Sonnensegel sehr dünn und möglichst groß, sodass viele Teilchen auftreffen können. Damit sie dabei nicht zu schwer werden, verwendet man *Biaxial orientierte Polyester-Folie*. Das daraus resultierende Akronym boPET hat sich aus unerfindlichen Gründen nicht durchgesetzt, dabei wäre es eine schöne Abwechslung zum umgangssprachlichen Ausruf des Erstaunens: „Bist du Moped!" Chance verpasst. Sehr wohl durchgesetzt hat sich dafür der Markenname Mylar. Mylar steht, und das ist wirklich erstaunlich, für Mylar. Es handelt sich nicht um ein Initialwort. Auf der Erde kommt einem Biaxial orientierte Polyester-Folie unter anderem dann unter, wenn man nach einem Schiunfall im Akia liegend von der Bergrettung in eine meist goldglänzende, sehr dünne, aber überraschend strapazierfähige Folie gehüllt wird, um der Unterkühlung zu entgehen. Unser Körper produziert ja durch Verbrennung Wärme, die er auch in Form von Wärmestrahlung über die Körperoberfläche abgibt. Damit jene nicht zu schnell zu weit vom Körper wegkann, wickelt man etwa verletzte Schifahrerinnen oder -fahrer in diese Folie ein. Die Wärmestrahlung wird innen reflektiert, und der Körper bleibt länger warm.

Ein Solarsegel arbeitet nach demselben Prinzip. Mylarfolie ist nicht nur dünn, sondern auch sehr leicht, deshalb kann man große Mengen davon klein zusammengefaltet in einer Sonde unterbringen, mit einer Rakete ins All schießen, dort bei strahlendem Sonnenschein auffalten und lossegeln. Den ganzen Tag, rund um die Uhr. So ungemütlich es im Weltraum auch sein mag, einen Vorteil immerhin hat er zu bieten, es gibt dort keine Nacht und es scheint immer die Sonne. Das Entfalten des Segels war die große Schwachstelle der meisten der bisherigen Missionen, aber es gelingt immer öfter. Bereits im Jänner 2011 ist es der NASA geglückt, NanoSail-D2 erfolgreich im All zu entfalten, und Ende Mai 2015 ist wieder einmal der Versuch unternommen worden, einen Satelliten mit einem Sonnensegel ins Weltall zu bringen. Der Satellit LightSail, ein Projekt der „Planetary Society", ist mit einer Atlas-Rakete erfolgreich gestartet und konnte, nachdem er sich zweimal stunden und -tagelang einfach nicht gemeldet hatte und das Projekt dadurch auf des Messers Schneide stand, schließlich ebenfalls am 8. Juni erfolgreich seine Segel setzen.

→ **FACT BOX** | *Reboot durch die Kosmische Strahlung* ←

Für den Fall eines Softwareabsturzes hat auch ein Satellit wie LightSail einen Reboot-Knopf. Leider ist aber im Weltall niemand in der Nähe, der den Knopf drücken könnte. Was also tun, wenn man den Computer neu starten möchte, weil der Arbeitsspeicher aufgrund eines Softwarefehlers überlastet wird? Auf die Mithilfe der Kosmischen Strahlung hoffen. Die Kosmische Strahlung ist hochenergetische Teilchenstrahlung, sie erreicht die Erde von der Sonne, der Milchstraße und von noch weiter entfernten Galaxien. Sie besteht hauptsächlich aus Protonen und Elektronen und ist eigentlich nicht gut für empfindliche Elektronik. Wie kann dann damit ein Reboot arrangiert werden? Durch die Teilchenstrahlung können Speicherzellen des

Computers verändert bzw. sogar gelöscht werden. Außerdem können Transistoren in der Elektronik in einen leitenden Zustand gebracht werden, auch wenn sie ausgeschaltet sein sollten. Dadurch erhöht sich der Strom. Dieser Effekt, der zur Zerstörung der Elektronik führen kann, wird „Latch up" genannt. Daher wird Weltraumelektronik bei unnatürlich hohem Stromverbrauch abgeschaltet.
In beiden Fällen wird der Bordcomputer durch simple fehlersichere Schaltungen neu gebootet, um wieder einen definierten Zustand zu erreichen. Das passiert immer wieder, auch wenn es nicht erwünscht ist, und dürfte bei der LightSail-Mission zum erhofften Reboot geführt haben.

NanoSail-D2 und LightSail sind mittlerweile in der Atmosphäre verglüht, beide waren nur Testversionen für den Entfaltungsprozess, IKAROS fliegt aber noch immer um die Sonne herum, und zwar auf der Venusbahn. Uneingedenk seines Namens hält er sich aber leider immer etwas zu sehr von der Sonne entfernt und abgewandt, sodass seine Batterien über die Solarpaneele nicht genug Energie bekommen und er sieben Monate des zehn Monate dauernden Umlaufs um die Sonne jeweils im Winterschlaf verbringt. Die restliche Zeit ist er aber im Wesentlichen immer wach und funkt munter interessante Sachen zur Erde zurück, während er in sicherem Abstand der Venus hinterherfliegt oder voraus, je nachdem, wen man fragt, Venus oder IKAROS. Und schaut dabei seinem neuen Lieblingsplaneten zu, wie er bei uns Menschen, trotz der widrigen Umstände, die auf seiner Oberfläche herrschen, als Morgen- und Abendstern Furore macht. Oder für ein Ufo gehalten wird. Das kommt öfter vor, als man denkt.

Die Welt ist nicht genug

Wenn man sich vor Augen hält, wie es auf unseren Nachbarplaneten aussieht, und auf dem Mars ist es nicht viel besser, das kann ich schon einmal vorwegnehmen, so ist es kein Wunder, dass die Außerirdischen dauernd zu uns kommen, vermutlich um uns irgendwann die Erde ganz wegzunehmen.

Selbst seriöse Wissenschaftlerinnen und Wissenschaftler nehmen die Existenz von außerirdischem Leben mittlerweile als gegeben an, und auch wenn wir noch kein bisschen davon gefunden haben, sind manche so zuversichtlich, dass sie sogar schon einen Zeitrahmen nennen können. Bis 2025 dürfen die Aliens sich noch verstecken, aber dann ist Schluss.[21]

So lange wollten viele Menschen nicht warten, halten die Existenz von Außerirdischen schon lange für möglich und trauen ihnen allerlei zu. Beispielsweise fliegende Untertassen zu bauen, die ohne Rücksicht auf die Naturgesetze fliegen können. Darüber hinaus sind Außerirdische aber offensichtlich entweder extrem siegessicher oder trotz ihrer technischen Überlegenheit strohdumm, weil sie regelmäßig in der Nacht mit Festbeleuchtung durch die Gegend fliegen. Ein Flugzeug, das Menschen transportiert, ist nachts nicht deshalb beleuchtet, damit der Pilot den Weg besser sieht, sondern damit es von anderen Flugzeugen nicht übersehen wird, falls alle Sicherheitssysteme versagen. Warum Aliens ihre Raumschiffe beleuchten, weiß kein Mensch.

Bist du gelähmt!*

Nicht selten wird Aliens unterstellt, sie kämen auf die Erde, um Anrainer zu entführen, entweder für wissenschaftliche Versuche oder gar um sie sexuell zu missbrauchen. Warum machen sie das, und warum machen sie es nur nachts? Jeder einigermaßen routinierte Einbrecher weiß, tagsüber ist, vor allem in der Stadt, sein Broterwerb deutlich einfacher, weil da ohnedies so viel los ist, dass ein Lieferwagen mehr oder weniger auch nicht auffällt. Selbst wenn Aliens ungewöhnlich aussehen: Wenn sie sich gegenseitig lachend mit dem Handy fotografieren, halten alle anderen sie für kostümierte Spaßvögel und fragen nicht lang. Sie sollten halt nicht direkt mit der ganz großen Untertasse im Halteverbot stehen bleiben.

Alien Abduction lautet der englische Fachbegriff für solche Kidnappings, und das ist nur folgerichtig, denn nachdem seit den 50er-Jahren des vergangenen Jahrhunderts vermehrt Fälle von Entführungen durch Außerirdische zu Protokoll gegeben wurden, sind hauptsächlich US-amerikanische Bundesbürgerinnen und Bundesbürger abducted worden. Waren das wirklich Aliens, und woran erkennt man das? Zuerst einmal fällt auf, dass bei solchen Entfüh-

---

* Österr. Ausruf des Erstaunens, vgl. Bist du Moped oder Potzblitz.

rungen nie Lösegeld gefordert wird. Schon allein deshalb können die Entführer keine Menschen sein. Und dass sie, wie erwähnt, so gut wie ausschließlich nachts vorkommen. Wie schauen die Indizien aus? Sehr viele Personen berichten von Gedächtnisverlust, dass sie in der Nacht munter werden und über dem Bett schweben, was tatsächlich eher unüblich ist. Dass das Zimmer hell erleuchtet war, trotz abgeschalteter Lampen, und, und das gilt als Hauptbeweis für die dunklen Machenschaften der Außerirdischen, sie konnten sich nicht bewegen, waren querschnittgelähmt. Das können nur die Nachwirkungen der Narkose während der Entführung sein. Um den Aliens auf die Spur zu kommen, hilft es, sich anzusehen, was passiert, wenn wir schlafen. Wenn wir schlafen, schlafen wir zuerst ein. Das ist evolutionär so vorgesehen. Dann tauchen wir sozusagen in die Tiefschlafphasen ab. Dabei kann man im EEG messen, wie sich die Hirnfunktion verändert. Und dann beginnen wir wieder aufzuwachen.

Unser Schlaf ist, das wissen die meisten von uns natürlich, nicht gleichmäßig fest, manchmal tiefer und manchmal weniger tief. Von der Tiefschlafphase wandern wir wieder Richtung Wachphase, gelangen aber nicht in die Wachphase, sondern in die sogenannte REM-Phase, wobei REM für Rapid Eye Movement steht, also rasche Augenbewegung. Das Besondere daran ist, dass wir uns dabei tatsächlich in einem Zustand befinden, der dem Wachzustand vergleichbar ist. Und dann geht es wieder weiter mit Tiefschlaf und dann wieder REM-Phase und so weiter, bis der Wecker klingelt oder die Blase zu voll wird. So eine Phase von Beginn bis zum Ende, als Tiefschlaf- und REM-Phase, dauert ungefähr 100 Minuten.

In der REM-Phase sind wir motorisch extrem aktiv. Normalerweise würde sich der menschliche Körper massiv bewegen. Weil das aber ungünstig ist im Schlaf, weil man sich selber oder andere verletzen oder, das war früher wichtig, Fressfeinde anlocken könnte, deshalb ist man in der REM-Phase gelähmt. Ein bisschen genauer formuliert bedeutet das, dass beim Einschlafen die sensorischen Neuronen, die über das Rückenmark ihre somatosensorischen Reize weiterleiten, gehemmt werden. Das bedeutet, dass das zu einer verminderten Wahrnehmung über die Haut und die Muskelstellung führt. Etwas später werden alle sensorischen Systeme gehemmt, das heißt diese Systeme können keine Information an den Thalamus weiterleiten. Der Thalamus ist eine Region im Gehirn, die aus vielen kleinen Kernen besteht und folgerichtig für vieles zuständig ist. Alle Sinnesorgane, mit Ausnahme des fürs Riechen zuständigen, liefern ihre Signale an den jeweiligen spezifischen Kern. Ein Kern regelt, ob wir Hunger haben, ein anderer hat Dienst, wenn wir uns verlieben, und wieder ein anderer sorgt für Müdigkeit, usw. Bei Katzen wurde festgestellt, dass eine Reizung von Thalamuskernen zu Schlafverhalten führt. Wenn der Thalamus nicht mit Information beliefert wird, kommt es zusätzlich zu einer motorischen Lähmung. Die Motoneuronen im Rückenmark werden gehemmt. Das klingt alles ein bisschen kompliziert, bedeutet aber nicht viel mehr, als dass wir uns während der REM-Phase fast nicht bewegen können. Die einzige Bewegung, die möglich ist, weil sie über einen anderen Nervenkanal gesteuert wird, ist die Augenbewegung.

Das heißt, wenn man neben seinem Partner, seiner Partnerin aufwacht und merkt, bei dem ist das gerade so, kann man scherzhaft erstaunt ausrufen: „Bist du gelähmt?" Und es stimmt ausnahmsweise. Wenn man unbedingt möchte, wäre das ein guter Zeitpunkt, um eine höhere Pflegestufe zu beantragen. Diese Phase dauert zwischen 20 und 45 Minuten, das ist nicht kurz, und wenn man währenddessen wach wird, dann ist das Körpergefühl nicht wie sonst. Deshalb hebt das Gehirn normalerweise erst die Lähmung auf und gibt Ihnen dann Ihr Bewusstsein zurück.[22] Ab und zu kommen die

Dinge aber durcheinander. Dann bedeutet das für die Erwachenden Stress. Denn sich überhaupt nicht bewegen zu können ist nicht nur ungewöhnlich, sondern auch unerwünscht. Denn das heißt, entweder man hat einen Schlaganfall erlitten oder, und das wäre in dem Fall der Hoffnungsschimmer, die Aliens haben zugeschlagen. Alles spricht für die Aliens: Man kann die Atemtätigkeit nicht mehr steuern. Man kann zwar noch atmen, aber nur via Autopilot, was viele Menschen nervös macht. Es werden Stresshormone ausgeschüttet, was die Atemfrequenz steigert. Das hat eine Übersäuerung der Lunge zur Folge, was dazu führt, dass man mit der Zeit nur noch sehr wenig Sauerstoff aufnimmt, das fällt dem Gehirn natürlich unangenehm auf. Wenn sich im hinteren Bereich des Gehirns, im Sehareal, zu wenig Sauerstoff befindet, beginnt auf einmal der Kontrast sich zu verändern, und alles, was man sieht, wird extrem hell. Man fängt quasi schon ein bisschen an, ins Licht zu gehen. Und wenn der Sauerstoffmangel auch die Schläfenlappen im Gehirn erreicht, wird das Gefühl des Schwebens erzeugt. Und seien wir ehrlich, wer sollte so was in so kurzer Zeit bewerkstelligen können außer Außerirdischen? Wenn das nicht Ihr erster Gedanke ist, wenn Ihnen beim Aufwachen etwas Derartiges passiert, dann kann ich Ihnen auch nicht helfen. Im schlimmsten Fall, so hat eine Umfrage ergeben, werden im Mittel allein in den USA pro Nacht über 200 Menschen entführt[23] und auch wieder zurückgebracht. Auf die Erde hochgerechnet kommt man auf mehrere Tausend Kidnappingopfer. Mindestens, die Dunkelziffer könnte sogar noch höher liegen.[24]

Das heißt, es müssen Hunderte von Raumschiffen am Himmel unterwegs sein, die nur Menschen entführen und auch wieder zurückbringen. Das stellt auch eine logistische Herausforderung dar, dass jeder nach der Entführung auch wieder in seinem Bett landet! Das schaffen nicht einmal Aliens fehlerfrei und ist ein weiterer

Beweis für ihr Treiben: Denn so selten kommt es gar nicht vor, dass jemand in der Früh in einem fremden Bett aufwacht und keine Ahnung hat, wie er dort hingekommen ist.

Born to be wild

Lebewesen, die auf der Erde geboren werden, sind per Definition keine Außerirdischen. Aber ihre Vorfahren könnten welche gewesen sein. Das ist nicht sicher, aber möglich und kommt so, halten Sie sich fest: Nicht alle Planeten kreisen um Sonnen. Hatte man viele Jahrhunderte geglaubt, dass alle Planeten, und selbst die Sonne galt lange als Planet, um die Erde kreisen, so war mittlerweile schon lange bekannt, dass es umgekehrt ist und Planeten um Sonnen kreisen. Und zwar überall im Universum. Sonnensysteme, so wie wir sie kennen, sind aber am Beginn ihrer Entstehung sehr ungemütliche Orte. Wahrscheinlich gab es zu Beginn ein paar Dutzend Planeten, die einander dauernd abgelenkt haben, dauernd sind welche miteinander kollidiert oder in die Sonne gestürzt, oder sie wurden aus dem Sonnensystem hinausgeworfen.

Was passiert nun mit so einem Planeten? Bleibt er in der Nähe und hofft, dass er wieder mitspielen darf? Nein. Planeten ohne Sonne, sogenannte Rogue Planets oder Steppenwolfplaneten, fliegen einsam, unbeleuchtet und ziellos im Universum herum. Schuld an ihrem Schicksal ist wie so oft die Gravitation. Die gilt zwar als die schwächste der vier Grundkräfte im Universum, aber wenn man sie lässt, dann richtet sie jede Menge an. Ein Steppenwolfplanet kann auch Opfer der Zwistigkeiten von zwei Sonnen sein. Rund die Hälfte aller Sonnensysteme im Weltall besteht aus zwei Sternen. Manchmal auch drei oder vier, und sogar fünf sind möglich. Am häufigsten sind aber zwei, und rundherum kreisen sehr oft auch Planeten. Und wenn zwischen denen die Anziehungskraft ungünstig ist, dann kommt es zu einer dreckigen Doppelsonnenscheidung, und der Planet muss ins Heim? Nein. Die Sonnen bleiben beieinander, und nur der Planet wird auf die Walz geschickt. Kommt aber nie mehr zurück. Aus Beobachtungen schließt man, dass es sogar mehr Planeten ohne Mutterstern gibt als mit. Entdeckt hat man rund ein Dutzend, aber wo und in welchem Zeitraum man sie entdeckt hat, lässt auf Milliarden Exemplare allein in unserer Milchstraße schließen.[25] Mindestens. Hat Leben wie auf der Erde in so einem Fall eine Chance, oder friert der Planet ohne Nähe der Sonne bald ein? Beides. Für Leben, wie wir es kennen, braucht man Wasser in flüssiger Form.

Also Temperaturen über 0 °C, die das Überleben zumindest einfacher Lebensformen ermöglichen. Im Weltall ohne Sonne ist es allerdings eiskalt, da friert alles ein. Scheinbar, aber anscheinend nicht. Nur weil ein Himmelskörper allein durchs All düst, muss er noch nicht komplett gefroren sein. Nicht nur Sterne können Energie erzeugen, sondern auch Planeten. Durch den Zerfall von radioaktiven Elementen im Inneren von Planeten wie Uran oder Thorium. Das erwärmt so einen Steppenwolf von innen. Die Erde übrigens auch. Im Inneren der Erde findet permanent radioaktiver Zerfall statt, und die Wärme hält den Erdkern flüssig. Das ist sehr günstig, vor allem für uns Menschen, denn nur so kann es ein Magnetfeld geben, das uns vor der Kosmischen Strahlung schützt. Sonst wäre es auf der Erde bald so gemütlich wie auf dem Mars. In diesem Fall muss man sagen: *Atomkraft, ja bitte.* Dieser radioaktive Zerfall wärmt Planeten sogar über Milliarden von Jahren. Das kann man auch überprüfen, nicht nur hochrechnen. Wo? In der Antarktis. Dort liegt unter einem 3,5 Kilometer dicken Eispanzer der Wostoksee. Er trägt seinen Namen zu Recht, denn sein Wasser ist flüssig. Und am Grund dieses Sees gibt es Leben. Man hat dort Hinweise gefunden auf Bakterien, die bereits über Millionen von Jahren in der Abgeschiedenheit existiert und überlebt haben.[26] Es ist zwar sehr kalt und somit ein Lebensraum nur für wenige Lebewesen, aber es ist eben nicht gefroren aufgrund der im Erdinneren produzierten Wärme. Solche Verhältnisse wären auch auf Steppenwolfplaneten theoretisch möglich. Innen warm und unterirdische Gewässer flüssig und voller Leben, und außen pickelhart gefroren. Und so könnte Leben auch auf Steppenwolfplaneten Millionen Jahre lang durchs All fliegen. Wenn nun ein solcher Rogue Planet mit einem anderen Planeten kollidiert, hätten es dann beide hinter sich? Muss nicht sein, wie man an der Erde sieht, die ja bei der Mondentstehung auch den Einschlag von Theia überlebt hat. Und auch nicht für die Bakterien, wenn sie nur tief genug im Inneren des Planeten leben. Wenn zwei Planeten kollidieren, dann in der Regel mit hohen Geschwindigkeiten, und beim Aufprall werden beide innerhalb kürzester Zeit stark abgebremst. Was natürlich gewaltige Kräfte freisetzt. Wenn wir auf der Erde stehen, dann wirkt eine Kraft von 1 g auf uns. Das ist die Anziehungskraft der Erde, die wir zu spüren bekommen. Bei einer Kollision zweier Planeten wirken g-Kräfte von weit über 10.000. Als Mensch braucht man da gar nicht nach dem Haltegriff suchen, aber es gibt Bakterien, die halten so etwas aus.

Man hat die berühmtesten Darmbakterien der Welt, Escherichia coli, in eine Zentrifuge gesetzt und auf 400.000 g beschleunigt. Die Bakterien haben nicht nur überlebt, sondern sich dabei sogar fortgepflanzt.[27] Für die war das wahrscheinlich Sex an ungewöhnlichen Orten. An der Strapazierfähigkeit der Bakterien würde ein Lebenstransfer von Steppenwolf zu Planet also nicht scheitern. Eher daran, dass man Planeten im Universum nur selten trifft.

Jetzt reicht's aber! Die ganze Zeit müssen wir uns anhören, wie viele Sterne und Planeten sich im Weltall tummeln und dass sie nicht einmal ein Herrgott zählen kann, und auf einmal sind es nur wenige. Entweder ich bekomme sofort eine klare Antwort, oder ich höre auf zu lesen! Das mag so manche oder mancher unter Ihnen denken, der Impuls (siehe Fact Box S. 87) ist nachvollziehbar, aber beides stimmt. Es gibt nominal sehr viele Planeten, aber gemessen an der Größe des Universums sind es verschwindend wenige. Sie müssen bedenken, dass nur knapp 5 Prozent der gesamten Materie, aus der das Weltall aufgebaut ist, Materie ist, wie wir sie kennen und aus der auch alle Planeten und Sterne gemacht sind. Der Rest ist leer oder dunkel, jedenfalls unbekannter Machart und Herkunft.

Hier könnte Ihre **FACT BOX** *stehen …*

... über Dunkle Materie und Dunkle Energie, und dass jene gut ein Viertel, diese den Rest, also fast 70 Prozent der Materie des Universums ausmacht und dass niemand, den Sie kennen oder auch nicht kennen, nur die geringste Ahnung hat, woraus die eine oder die andere bestehen könnte. Aber das ist schon so oft erzählt worden, dass es eigentlich alle wissen sollten mittlerweile. Falls nicht, dann kommen wir später, wenn von Supernovae und von Supersymmetrien die Rede sein wird, darauf zurück.

Wenn Sie barfuß durch eine riesige, leere Montagehalle gehen und irgendwo liegt ein rostiger Nagel auf dem Boden, so müssen Sie schon gewaltiges Pech haben, wenn Sie draufsteigen und sich eine Blutvergiftung zuziehen. So ähnlich ist es für einen Steppenwolfplaneten, wenn er in ein Sonnensystem wie das unsere kommt. Da fühlt er sich wie Goldlöckchen, die ins Haus der drei Bären kommt und niemand ist da. Selbst in unserem Sonnensystem sind die Distanzen zwischen den Planeten so enorm, dass die Wahrscheinlichkeit, mit einem zu kollidieren, wenn man als Steppenwolfplanet mit verbundenen Augen durchfliegt, winzig ist. Er würde in den meisten Fällen weder eingefangen werden noch mit der Sonne oder einem Planeten zusammenstoßen. Vielmehr würde der Planet durch die Schwerkraft der Sonne etwas abgelenkt und nach einigen Jahrzehnten Durchflugzeit das Sonnensystem wieder verlassen. Einfach so. Was aber passieren kann, ist, dass unser Steppenwolf mit einem der vielen Asteroiden zusammenstößt, von denen es viel mehr gibt als Planeten. Die Wahrscheinlichkeit ist auch nicht sehr groß, aber größer als ein Tête-à-Tête mit Planeten. Dabei könnte Material vom Steppenwolfplaneten herausgeschlagen werden, und wenn im Inneren des Steppenwolfplaneten Leben existierte, dann könnte er Leben in ein Sonnensystem bringen, das es dort vorher noch nicht gegeben hat. Von einem Sonnensystem in ein anderes einzuwandern ist allerdings sehr unwahrscheinlich, diese Entfernungen sind gigantisch, und dann noch treffen, da gewinnt man eher ein Jahr lang jede Woche im Lotto. Aber innerhalb eines Sonnensystems ist so etwas zumindest denkbar. Könnte so das Leben auch auf die Erde gekommen sein? Die Wahrscheinlichkeit ist nicht besonders groß, aber ausgeschlossen ist es nicht. Das berühmteste Gestein von einem anderen Himmelskörper, das wir auf der Erde haben, haben wir allerdings eigenhändig holen müssen, extra Menschen mit Raketen auf den Mond schicken, die dann dort Mineralien sammeln und wieder zur Erde zurückbringen. Das ist nicht von selber gekommen, das brauchte eine Extraeinladung. Ist das immer so? Nein, im Gegenteil. Extraterrestrisches Gestein landet ununterbrochen auf der Erde. Nur merken es die meisten von uns nicht.

Wünsch dir was

Täglich treffen die Erde aus dem Weltall bis zu 40.000 Tonnen Materie in Form von Mikrometeoriten. Die genaue Menge lässt sich nur schwer bestimmen, aber es handelt sich dabei um keine Kleinigkeit. Für uns Menschen. Für die Erde ist das nichts, die ist so schwer, dass das gar nicht weiter auffällt. Warum bemerken wir davon nichts? Leuchten die nicht wie Sternschnuppen, wenn sie durch die Atmosphäre müssen? Die Antworten auf diese Fragen lauten: Wir bemerken es sehr wohl, aber sie leuchten nicht, und das aus gutem

Grund. Ein winziger Bruchteil des Staubes, der sich jeden Tag in unseren Wohnungen, Büros etc. ablagert, stammt aus dem All, aber den wischen wir einfach weg oder lassen ihn wegwischen, je nach Einkommenslage und Geburtsort. Den hebt niemand auf und stellt ihn in die Glasvitrine, nur weil er aus dem Weltall stammt.

Andererseits sind diese Mikrometeoriten sehr oft so mikro, dass der Luftwiderstand gegenüber der Schwerkraft überwiegt. Deshalb verglühen sie nicht in der Atmosphäre wie Sternschnuppen. Dafür reicht es nicht, sondern sie schweben zu Boden. Sternschnuppe wäre natürlich romantischer. Wissen Sie eigentlich, warum Sternschnuppen leuchten, sodass wir Sie sehen können? Ja? Kleiner Test, ob das auch stimmt, die richtige Antwort ist mit Orangensaft und Redisfeder auf die beiden nächsten Seiten geschrieben worden, wenn Sie heiß drüberbügeln, erscheint die Schrift wie von Geisterhand. Bitte aber ohne Dampf bügeln, das verwässert das Ergebnis.

Zum Bügeln bitte umblättern.

→ *Hier bügeln*

Das wäre schön gewesen, ist aber leider sowohl drucktechnisch als auch finanziell jenseits unserer Möglichkeiten. Wenn jeder Leser, jede Leserin dieses Buches ein Jahr lang jeden Tag zehn Ausgaben von Das *Universum ist eine Scheißgegend* kaufen würde, dann käme so viel Geld herein, dass wir diesen Gimmick im nächsten Science-Busters-Buch verwirklichen könnten. Sie haben die Wahl. Das ist direkte Demokratie, von der alle profitieren! Gemeinsam können wir es schaffen.

Apropos wünschen. Sternschnuppen leuchten nicht deshalb, weil sie in der Lufthülle verglühen. Wobei eine Sternschnuppe genau genommen gar nicht verglüht, sondern Gestein, das auf die Erde fällt, und dadurch zur Sternschnuppe wird. Oder Weltraumschrott, etwa eine ausgebrannte Raketenantriebsstufe, oder ein Solarsegel.

———————— → **FACT BOX** | *Meteor, Meteorit, Meteoroid* ←

Objekte, die am Himmel herumsausen und vielleicht die Erde treffen, haben verschiedene Namen. Es handelt sich dabei aber nicht um Heiratsschwindler oder Scheckbetrüger, sondern der Name ändert sich mit dem Aufenthaltsort. Objekte, von Staubkörnern bis zu kilometerlangen Gesteinsbrocken, nennt man, solange sie unterwegs sind, je nach Größe, Meteoroide oder Asteroide. Eine Leuchterscheinung am Himmel, egal welcher Größe, nennt man immer Meteor. Erst wenn der Meteor es auch tatsächlich auf die Erdoberfläche schafft, darf er sich Meteorit nennen. Ein Bankräuber ist also so lange Bankräuber, bis er gefasst wird, und ab seiner Verhaftung heißt er Häftling.

Sternschnuppe ist lediglich der volkstümliche Name für einen Meteor, also die Leuchterscheinung. Eine besonders helle Stern-

schnuppe nennt man übrigens Bolide, das heißt auf Griechisch Geschoss. Für die Unterscheidung gibt es aber keinen wissenschaftlichen Grund, das hat sich halt so eingebürgert. Wenn man sich im Weltraum bestatten lassen möchte, dann wird in der Regel nicht die ganze Urne mit hinaufgenommen, sondern nur ein paar Bröserl der Asche. Dann ist man nach der Aussetzung im All sehr lange ein Meteoroid, endet aber keinesfalls als Sternschnuppe oder als Bolide, sondern kommt vielleicht nach sehr, sehr langer Zeit als Staubpartikel wieder und wird dann feucht abgewischt. Wenn Sie sich Wiedergeburt so vorstellen möchten, sind Sie herzlich dazu eingeladen.

PS: Meteorismus ist nicht die Lehre von Leuchterscheinungen am Himmel, sondern, wenn man etwas nachhilft, höchstens von solchen auf der Erde.

Das Leuchten der Schnuppe bin ich noch schuldig. Es ist im Prinzip relativ einfach zu verstehen. Wichtig ist: Sternschnuppen sehen wir nur bei unbedecktem Himmel und in der Nacht, tagsüber ist es zu hell. Wenn nun ein Objekt in die Atmosphäre eintaucht, etwa ein Staubkorn oder ein Stein in der Größe eines Kiesels, dann hinterlässt es eine charakteristische Leuchtspur. Die entsteht nicht ausschließlich durch Verglühen, das wäre auch in der Nacht zu wenig hell und zu weit weg, das könnten wir auf der Erde nicht mehr sehen. Durch die Reibung zwischen dem Staubkorn und den Luftteilchen entsteht aber sehr viel Hitze. Wenn dabei genug Energie entsteht, dann kommt es zur sogenannten Stoßionisierung. Das bedeutet, dass durch große Hitze oder Bewegungsenergie von Teilchen aus den Atomen, aus denen der Kieselstein besteht, Elektronen herausgerissen werden. Die Luftmoleküle schlagen aus dem Staubkorn Elektronen heraus. Dadurch wird das Atom ionisiert, also angeregt, es fehlt ein Elektron, und das Atom ist plötzlich geladen. Und zwar positiv.

Das klingt fröhlicher, als es für das Atom ist, denn dadurch bleibt eine sogenannte Elektronenlücke. Und die muss wieder gefüllt werden. Das positiv geladene Atom spielt das beliebte Bewegungsspiel: „Meine Elektronenlücke ist leer, da wünsche ich mir ein Elektron her", und sucht sich so schnell wie möglich ein anderes Elektron. Es würde auch dasselbe wieder zurücknehmen, es ist nicht nachtragend, aber die Wahrscheinlichkeit, dass ausgerechnet das eben erst herausgeschlagene Elektron als verlorener Sohn wieder heimkehrt, ist minimal. Wenn sich ein Elektron gefunden hat, das sich anziehen lässt, dann wird beim Einbau dieses neuen Elektrons Energie frei. Und das sehen wir als Leuchten.

Wie kann man sich das vorstellen? Wenn man sich mit dem Partner oder der Partnerin streitet, und er oder sie geht vor die Wohnungstüre, kommt aber gleich wieder zurück, so ist nicht viel

Energie im Spiel. Wenn er oder sie aber ganz auszieht, wegfliegt, vielleicht sogar auf einen anderen Kontinent, weil man es nicht mehr aushält miteinander, dann braucht das viel Energie. Als Verlassener ist man zwar vielleicht positiv gestimmt, aber es bleibt eine Lücke. Wenn nun aber ein neuer Partner oder eine Partnerin den leeren Platz einnimmt und in die Wohnung einzieht, dann wird eine Wohnung, also sehr viel Energie, frei. Und das kann man als Äquivalent des Leuchtens der Sternschnuppe ansehen.

Stoner

Zurück zum Leben und seiner Reise durchs All in einem Asteroiden. Ununterbrochen kommen Meteoriten aus allen Gegenden des Sonnensystems zu uns auf die Erde, ein paar sind auch von unserem Nachbarn Mars, 132 Stück haben wir bisher gesammelt. Die rechen also am Mars den Kies der Auffahrt und leeren den Kübel dann über den Zaun zu uns? Nicht ganz. In der Regel sind es Asteroideneinschläge, etwa auf dem Mars, die viele Tonnen Gestein von der Marsoberfläche in die Luft schleudern. Ein Teil fällt wieder auf den Mars zurück, ein Teil entkommt ins All, und wenn die Richtung passt, dann schaffen es ein paar Steinchen bis zu uns. Woher wissen wir, dass sie vom Mars kommen und nicht von sonst woher? Weil wir bereits Sonden zum Mars geschickt haben, mit denen wir die Marsatmosphäre untersucht haben. Und wenn die Gase, die in den Meteoriten eingeschlossen sind, denen der Marsatmosphäre entsprechen, dann ist das so etwas wie ein Kofferanhänger mit ausgefülltem Adressschild.

Seit Beginn der Erdgeschichte sind allein von unserem Nachbarplaneten Mars mehr als vier Milliarden Tonnen Material auf die Erde gekommen, die meisten aber zu einer Zeit, wo die Erde glutflüssig war und das Gestein gleich eingebaut hat in sich. Aber manche auch viel später, und sie sind gelandet, ohne dabei über 100 °C erhitzt worden zu sein. Das heißt, wenn es darin Leben gibt, eventuell in Form von Bakterien, dann könnte es die Landung überleben. Warum merken wir das dann nicht? Ganz einfach, weil ein Großteil der Erde unbewohnt ist. Am Meer, in den Bergen oder Wüsten leben nur sehr wenige Menschen, denen es auffallen könnte. Selbst wenn während einer Bergtour ein kleiner, dunkler Stein herunterfällt, dann ist die erste Vermutung eher nicht, dass es ein Steinchen vom Mars zu uns in die Alpen geschafft hat. In der Regel schaut man Richtung Gipfel und sucht eine Gämse oder einen Steinbock oder ein Murmeltier. Selbst wenn man nichts entdecken kann, wird man eher an die Schnelligkeit der Tiere glauben als an Besuch vom roten Planeten.

Der größte Meteorit vom Mars, den wir bisher gefunden haben, der Zagami-Meteorit, schlug 1962 in Nigeria in der Nähe eines Bauern ein, der gerade versuchte, Krähen von seinem Getreidefeld zu verscheuchen.[28] Der hörte auf einmal einen Krach, spürte eine Druckwelle, und vor ihm stand eine wunderschöne Fee und eröffnete ihm in seiner Landessprache die Möglichkeit, drei Wünsche zu äußern. Das wäre noch spektakulärer gewesen, hätte ihm allerdings niemand geglaubt. Dass ein über 18 Kilogramm schwerer Stein vom Himmel gefallen ist, hingegen schon, denn den konnte man sehen, er hatte sich mehr als einen halben Meter in die Erde versenkt und danach nicht mehr bewegt. Ob die Krähen an eine Kanonade auf Spatzen gedacht haben, ist nicht überliefert.

In der Regel sind Meteoriten vom Mars aber kleiner und, wenn sie landen nach dem Flug durch die Lufthülle, gut durchgebacken, also eher dunkel. Der wohl bekannteste ist ALH 84001 mit ein paar Zentimetern Länge und knapp zwei Kilo Masse. Wenn so einer in einer Stadt wie Wien landet und niemand schaut hin, da kommt einfach die Straßenreinigung und kehrt ihn auf. Man muss davon ausgehen, dass schon der eine oder andere Meteorit vom Mars einfach auf der Mülldeponie gelandet ist.

Selbst wenn so einer im Stadtzentrum im frischen Blumenbeet mitten im Kreisverkehr landet, den der Bürgermeister im Beisein vieler Honorationen und der Blaskapelle im dem Moment feierlich einweiht, es müsste schon alles passen, dass er als Gast vom Nachbarplaneten identifiziert wird. Deshalb werden viele Meteoriten wenn, dann in der Antarktis gefunden. Dort leben zwar auch nicht viele Menschen, aber der Kontrast zwischen dem dunklen Stein und dem vereisten Boden ist groß, und man weiß mittlerweile, wo man schauen muss. Manchmal schneit es natürlich gleich auf einen frisch gelandeten Meteoriten drauf, dann sieht man wieder nichts, aber die Gletscher wandern auch in der Antarktis, an manchen Stellen sammeln sich dann die Steine, und ein paar davon sind mit etwas Glück Meteoriten vom Mars. Wie ALH 84001. Der Name ist eine Abkürzung für Allan Hills 84001, weil der Stein 1984 im Allan-Hills-Eisfeld in der Ostantarktis gefunden wurde, und zwar als Erster in dem Jahr. Vermutlich vor 17 Millionen Jahren wurde er durch einen Asteroideneinschlag am Mars von seinem Heimatplaneten getrennt, danach war er fast genauso lange unterwegs bis zu seiner Landung vor 13.000 Jahren auf der Erde.[29] Niemand hat gesehen, wie er gelandet ist, nur die Pinguine waren eventuell Zeugen, die gibt es dort schon seit 55 Millionen Jahren. Aber die haben so etwas vielleicht auch schon so oft erlebt, dass keiner mehr schaut. So wie wenn bei uns eine Autoalarmanlage zu hupen beginnt.

Karriere gemacht hat ALH 84001 etwa zwölf Jahre nach seiner Entdeckung im Jahr 1996, als ein Team von Wissenschaftlerinnen und Wissenschaftlern der NASA rund um den Astrobiologen David McKay Untersuchungsergebnisse veröffentlichte, wonach sich Spuren von Leben in dem Meteoriten gefunden hätten. Winzige Spuren in der Größe von 20–100 Nanometern. Es wurde vermutet, dass es sich dabei um Fossilien von Nanobakterien handeln könnte, und David McKay glaubte, er habe damit außerirdisches Leben entdeckt.[30] Der Befund war und ist bis heute in der Wissenschaftswelt umstritten. Vor allem deshalb, weil Bakterien eine gewisse Mindestgröße haben müssen, um alle Lebensfunktionen erfüllen zu können. Ein Volumen von etwa 0,02 Kubik-Mikrometern und rund 200 Nanometer Durchmesser seien als Mindestgröße des Lebens notwendig. So ist David McKay im Februar 2013 gestorben, ohne als Entdecker von marsianischem Leben in die Geschichte eingegangen zu sein. In der Regel wird nach dem Tod eines Menschen gesagt, er sei viel zu früh gestorben, fast nie, dass es schon höchste Zeit dafür war. Bei David McKay könnte es in mehrerlei Hinsicht zu früh gewesen sein, denn im Sommer 2014 wurden an der University of California in Berkeley Bakterien entdeckt, die deutlich kleiner sein können, nämlich nur 0,009 Kubik-Mikrometer, also um mehr als die Hälfte kleiner. Und rund 300-mal kleiner als das Bakterium Escherichia coli, von dem wir schon wissen, dass es einen Frontalzusammenstoß mit der Erde aushalten würde. Auffällig wurden die extrem kleinen Bakterien, als man Wasser durch einen besonders engporigen Filter fließen ließ, den man normalerweise verwendet, um es zu sterilisieren. Durch die winzigen Poren sollten eigentlich keinerlei Bakterien durchkommen. Taten sie aber doch. Das Wasser war danach alles andere als steril. Die Bakterien haben sich wahrscheinlich jahrelang gewundert, was diese komischen großen Lebewesen mit diesen riesigen Filtern eigentlich wollen. Man vermutet nun, dass diese Bakterien sich so spezialisiert haben, dass sie nicht alles können, was zum Überleben notwendig ist, sondern sich wichtige Nährstoffe, die sie für den Stoffwechsel benötigen, in einer Art Lebensgemeinschaft mit anderen Mikroorganismen organisieren. Genaueres weiß man nicht und kommt erst langsam aus dem Staunen heraus.[31]

So könnten nicht nur David McKay und sein Team doch recht gehabt haben, sondern sich auch in den vergangenen Jahrmillionen eine Heerschar außerirdischer Bakterien unerkannt auf die Erde eingeschleust und alles unterwandert haben. Kein Wunder, dass es schon länger Menschen gibt, die dringend einen Einwanderungsstopp für Mikroben vom Mars fordern.

Kosmologische Inländerfreunde

Das International Committee Against Mars Sample Return (ICAMSR) ist eine Interessengruppe, die sich im Jahr 2000 gefunden hat und gegen die Einfuhr von Gesteinsproben vom Mars Stimmung macht. Sie bringt die üblichen Argumente vor, die in xenophoben Diskussionen gerne verwendet werden: dass die ausländischen Bakterien und Viren den einheimischen die Arbeitsplätze wegnehmen und dass sie lieber helfen sollen, ihre Heimat wiederaufzubauen, wie wir das auch nach dem Krieg, teilweise mit den eigenen Händen gemacht haben, und derlei Schmonzes mehr. Vor allem warnen sie vor einer Ansteckung der Erde durch außerirdische Seuchen und berufen sich dabei sogar auf niemand Geringeren als auf Carl Sagan, einen der populärsten Wissenschaftler des 20. Jahrhunderts, dessen Arbeit Millionen Menschen auf der ganzen Welt für unser Universum begeistert hat, was nicht hoch genug geschätzt werden kann. Er war nicht nur ein hervorragender Didaktiker, sondern auch ein sehr guter Astronom und Astrophysiker und hat in seinem Buch *Carl Sagan's Cosmic Connection* vor den Mikroben vom Mars gewarnt:

„Gerade weil der Mars eine Gegend darstellt, die uns aus biologischer Sicht sehr interessant erscheint, besteht die Möglichkeit, dass es dort Krankheitserreger gibt, die in irdischer Umgebung enormen

Schaden anrichten könnten – schlimmstenfalls droht eine Mars-Seuche, die wir mit vertauschten Rollen als überraschende Wendung in H.G. Wells' *Krieg der Welten* kennen. Hier berühren wir einen neuralgischen Punkt. Auf der einen Seite kann man argumentieren, dass Organismen vom Mars auf der Erde keinerlei ernsthafte Schwierigkeiten bereiten können, weil es in den letzten viereinhalb Milliarden Jahren keinen Kontakt zwischen Lebewesen von Mars und Erde gegeben hat. Auf der anderen Seite kann man genauso gut argumentieren, dass irdische Organismen keine Abwehrkräfte gegen potentielle Krankheitserreger vom Mars entwickelt haben, gerade weil sie keinen Kontakt dieser Art hatten. Die Chance, sich so zu infizieren, mag sehr gering sein, aber im Ernstfall wäre das Risiko enorm."

Wenn so ein Kapazunder das sagt, warum sollte man da nicht auf der Hut sein? Der Direktor der Marsbakterienfeinde Barry DiGregorio ist wissenschaftlicher Mitarbeiter an der University of Buckingham und hat schon 1996 begonnen, kurz vor Bekanntgabe der Untersuchungsergebnisse an ALH 84001, die Öffentlichkeit über die drohenden Gefahren zu alarmieren. Sind wir nun alle in Lebensgefahr? Haben die Marsbakterien uns längst übernommen und wir merken es nur nicht?

Dazu muss man sagen, ganz von der Hand zu weisen ist die Gefahr grundsätzlich nicht. Wir kennen Bakterien, die Belastungen standhalten, die kein Mensch auch nur annähernd überleben kann. Eines der widerstandfähigsten nennt man „Conan, the Bacterium", weil es nicht viele Fragen und Ansprüche stellt, aber dafür fast alles aushält, was das Sonnensystem zu bieten hat. Bürgerlich heißt es Deinoccocus radiodurans und gibt auch bei Strahlungsdosen nicht auf, die 3.000 Mal größer sind als die für Menschen tödliche Dosis, kann über wochenlange absolute Trockenheit nur lachen und über

Temperaturen bis minus 80 °C sowieso. Und jetzt kommt's. Lange Zeit galt Conan als unangefochtener Spitzenreiter im Sachen Aushalten, aber in den letzten Jahren hat man Kollegen von ihm entdeckt, die sind noch unempfindlicher. Für Deinococcus radiophilus, Deinococcus mumbaiensis und sogar Deinococcus geothermalis ist Deinococcus radiodurans nur ein Warmduscher, der sich in den Medien wichtig macht und dabei die eigentliche Arbeit vernachlässigt.[32] Ein klassisches Kameradenschwein, das sich auf Kosten der anderen in den Vordergrund spielt, obwohl seine Leistung längst zu wünschen übrig lässt.

Was aber den Mars so ungemütlich macht, sind eben seine extremen Temperaturverhältnisse, der Mangel an Atmosphäre und der stürmische Wind. Zwischen minus 85 °C in der Nacht und +5 °C am Tag sind die Regel, im Winter sind die Temperaturen mit unter –123 °C an den Polkappen teilweise so niedrig, dass selbst Kohlendioxid gefriert. Die hochenergetische Kosmische Strahlung bombardiert die Marsoberfläche ununterbrochen mit Teilchenschauern, und durch die Temperaturschwankungen kommt es zu gewaltigen Sandstürmen, die die gesamte Oberfläche schleifen wie mit Schmirgelpapier. Wenn dort wer überlebt, dann solche Bakterien. Sicher nicht an der Oberfläche, aber vielleicht unterirdisch, am Mars gibt es ausgedehnte Höhlensysteme, die muss ja wer angelegt haben. Und wer, wenn nicht Bakterien, hätte das Zeug dazu? Und wenn die das können, wer weiß, was die sonst noch im Köcher haben. Außerdem war es nicht immer so. Der Mars war früher einmal möglicherweise viel lieblicher, mit Magnetfeld, Atmosphäre und Fließwasser in weiten Teilen der Landschaft. Die Erde war noch nicht bewohnbar, da war es auf dem Mars vielleicht schon fast malerisch.

Das ist zwar schon sehr lange her, aber Bakterien können sehr lange überleben, ohne viele Ansprüche zu stellen. Und tatsächlich hat man jüngst Glasmurmeln gefunden, in denen die Bakterien sich häuslich eingerichtet haben. Gute Idee gegen Kälte, das weiß jeder noch aus seiner Jugend, dass man im Sommer jemandem mit der Lupe den Hintern aufheizen kann. Und abends braucht man erst später das Licht einschalten, wenn das ganze Haus nur aus Fenstern besteht. Endlich sind wir der Widerstandsfähigkeit der Bakterien auf die Spur gekommen, har, har!

Na ja, ganz so ist es nicht. Was man entdeckt hat, sind Glasablagerungen auf dem Mars.[33] Ist der Mars eine Altglasdeponie von anderen Außerirdischen? Eher nein. Glas auf der Erde besteht hauptsächlich aus Siliziumoxid, Silizium gibt es auch auf dem Mars, und wenn nun Asteroiden auf dem Mars einschlagen, kommt es dabei zu so hohen Drucken und Temperaturen, dass Glas entsteht. Und in diesen Glasablagerungen könnten sich Spuren von früherem Leben finden, so ähnlich wie Insekten in Bernstein eingeschlossen ja auch sehr lange erhalten bleiben können. Konkreter ist das aber bislang nicht. Man müsste erst einmal vor Ort nachschauen, und das soll die Rover-Mission Mars 2020 machen. Wenn sie zustande kommt. Und da wären die Entdecker des Glases gerne mit von der Partie. Und deshalb haben sie das jetzt auch einmal öffentlich gesagt. So heiß ist die Spur zu den Bakterien am Mars tatsächlich, und mindestens bis zur nächsten Mars-Mission wird man warten müssen. Das aktuell modernste Fahrzeug am Mars, Curiosity, ist nicht auf die Entdeckung von Leben ausgelegt. So was kann es einfach nicht. Soweit sich das heute sagen lässt, werden als Nächste die europäische Weltraumagentur ESA und die russische Raumfahrtbehörde Roskosmos frühestens 2019 im Rahmen der Mission ExoMars einen Rover auf unserem roten Nachbarn landen lassen, der ausgerüstet mit einem langen Bohrer rund zwei Meter in den Marsboden vordringen und Proben entnehmen können soll. Das ist der Plan, und bis zu seinem Gelingen muss man vielleicht zurückhaltend sein.

Denn bislang ist es noch nie jemandem außer der NASA gelungen, ein Fahrzeug sicher auf dem Mars zu landen und in Betrieb zu nehmen, weshalb man auch lange vom Fluch des Mars sprach.

Da dürften aber nicht die Bakterien dahinterstecken, sondern die Menschen selber. Wie überhaupt die Wahrscheinlichkeit, dass wir Menschen durch Unachtsamkeit bereits Mikroben auf den Mars gebracht haben, viel größer ist als umgekehrt. Raumsonden verlässlich so zu sterilisieren, dass sich tatsächlich kein einziges Lebewesen mehr an Bord befindet, ist äußerst schwierig. Nach all dem, was wir wissen, können wir das zwar momentan, aber vielleicht wissen wir einfach längst noch nicht alles auf dem Gebiet. Wie ja auch die ultrakleinen Nanobakterien, die unsere Filter einfach passieren, als ob sie nicht da wären, unlängst bewiesen haben. Wenn wir also in naher Zukunft tatsächlich einmal Bakterien am Mars finden sollten, wäre es kein Wunder, wenn wir sie selber dorthin gebracht hätten.

Lobster Man from Mars

Früher, bevor wir den Mars durch Sonden besser kennengelernt haben als die öde Eiswüste, die er tatsächlich ist, hat man dort als außerirdisches Leben nicht Bakterien vermutet, sondern den Hauptwohnsitz von untergegangenen Zivilisationen von Marsmenschen, von kleinen grünen Männchen. Bestenfalls. Nicht alle waren nämlich so leutselig wie „Mein Onkel vom Mars". Sehr oft war uns die dortige Bevölkerung auch nicht gewogen, und wenn sie bei uns vorbeigeschaut hat, dann in böser Absicht. Wie die fortpflanzungswütigen Marsfrauen in dem Film *Devil Girl from Mars*[34] oder die Marsianer in *Kampf der Welten*,[35] die uns unseren Planeten wegnehmen wollen, oder im selben Jahr die *Invaders from Mars*,[36] deren gemeiner Anführer, bestehend nur aus Kopf, Schultern und

Tentakeln, allen Erdlingen Sender einoperieren lassen will, um sie fernzusteuern. Oder *Lobster Man from Mars*,[37] den mögen sie nicht einmal auf dem Mars selber. Der wird als Söldner auf die Erde geschickt, um die Atmosphäre zu stehlen, weil am Mars der Sauerstoff knapp wird, und er nimmt den Auftrag deshalb an, weil Menschenfleisch seine Lieblingsspeise darstellt. Obwohl er eigentlich nicht so gerne interplanetar reist.

So eine Rohheit würden wir Hummern auf der Erde niemals zutrauen. Auf der Erde gelten sie eher als Delikatesse, die von uns lebend gekocht wird, manche Menschen nennen den Lobster aber auch den König der Meere und betrachten ihn als Freund. Einer der Autoren dieses Buches hat als Physiker auf Konferenzen für viel Aufsehen gesorgt, weil er sich vorgestellt hat als „Heinz Oberhummer, I am the Chief Lobster". Aber über den Namen hinaus verbindet die beiden noch eine Leidenschaft, denn auch der Hummer mag Quantenphysik. Wo hat er studiert? Nirgends. Es ist auch nicht ein Liebesverhältnis mit der Schrödinger-Katze, das den Hummer der Welt der Quanten zugehörig sein lässt, sondern seine Farbe. Normalerweise ist der Panzer des Hummers dunkel bis schwarz. Was in seiner steinigen Unterwasserheimat auch sinnvoll ist, um sich vor Fressfeinden zu tarnen. In der Regel lebt der Hummer in seichteren Bereichen des Meeres, aber manche Arten findet man in Tiefen bis zu drei Kilometern. Wenn er aber normalerweise dunkel ist, wieso kommt er dann rot auf den Tisch? Das hat mit Quantenphysik zu tun.

Alle Materie im Universum besteht aus Atomen bzw. aus Elementarteilchen. Ein Atom wiederum besteht also aus einem Kern und Elektronen, die sich in gewissen Bereichen, sogenannten Elektronenwolken, um den Kern befinden. Dort können sie überall sein, aber im Grunde bevorzugen sie den Bereich mit dem kürzesten Abstand zum Kern. Wird nun ein Elektron vom Kern weggebracht – man kann auch sagen, es wird angeregt, etwa durch Strom, Licht,

Wärme oder Reibung –, dann möchte es wieder zurückspringen. Und wenn es dann zurückspringt, kann es Licht abgeben. Welches Licht welcher Wellenlänge, also welche Farbe entsteht, hängt davon ab, von welchem Bereich in welchen Bereich das Elektron springt. Die Länge des Sprungs bestimmt die Farbe. Je mehr Energie dabei wieder frei wird, wenn das Elektron zurückspringt, desto bläulicher erscheint das Licht.

Das heißt volkstümlich ausgedrückt, wenn ein Elektron im Freibad vom 10-Meter-Turm springt, leuchtet es blau, vom 1-Meter-Brett rot. Sehr interessant, aber wo kommt dabei bitte der Hummer ins Spiel? Nur Geduld. Die Farbgebung des Tiers wird durch zwei verschiedene Molekülverbindungen bestimmt, nämlich ein Protein, also Eiweiß, namens Crustacyanin und ein Farbpigment namens Astaxanthin. Das zählt zu den Karotinoiden und sorgt tatsächlich nicht nur für die rötliche Färbung von Karotten, sondern auch für die von Paradeisern oder Orangen, indem es andere Farben absorbiert, nämlich Blau und Grün, und Rot eben nicht. Und auch für die rote Färbung des Hummers. Und warum ist der lebende Hummer dann für uns dunkel? Das kann man sich so vorstellen: Das Farbpigment ist in einem Proteinkäfig eingesperrt und kann deshalb keine großen Sprünge machen. Deshalb leuchtet es nur im infraroten Bereich. Das können wir aber mit unseren Augen nicht sehen, deshalb erscheint uns der Hummer dunkel. Für Schlangen oder manche Barsche, die infrarotes Licht sehen können, ist der Hummer also immer rot.

Für uns erst nach dem Kochen, denn dabei wird das Protein zerstört, und nun kann das Farbpigment quasi größere Sprünge machen, und dadurch sehen auch wir den Hummer rot leuchten.*

---

* Auch Lobster, die durch eine Genmutation blaue oder gelbe Panzer tragen, werden durch Kochen rot, einzige Ausnahme stellt der Albino-Lobster dar, dem alle Farbpigmente fehlen.

Zum Goldenen Hummer

Wenn sie gekocht werden, können einem Hummer natürlich leidtun, in ihrem natürlichen Habitat sind sie aber gar nicht so freundliche Kerle, vor allem männliche Hummer sind mitunter sogar ziemliche Schlägertypen. Hummer gehören mit Körperlängen von 30–60 cm und 1–6 kg Gewicht zu den größten Krustentieren und leben in der Regel in Gruppen. Die Rangordnung wird dabei auf äußerst rüde Art hergestellt. Das Alphatier verprügelt jede Nacht die unterlegenen Artgenossen. Der Oberhummer verdrischt sozusagen die Unterhummer. Und zwar beiderlei Geschlechts gleichermaßen, Männchen und Weibchen. Jede Nacht zieht er um die Häuser, verprügelt die schwächeren Hummer und kickt sie aus den Höhlen, nur um sie daran zu erinnern, wer der Chef ist. Außerdem verwenden Hummer sowohl beim Flirten als auch beim Kämpfen Urin. Wie kann man sich das vorstellen, der stärkere Hummer hebt das Hackserl und sagt zum schwächeren: „Trau dich her, du Lulu?" Nein. Hummer haben unter den Augen eine Düse, aus der sie bei Kämpfen dem Gegner Urin ins Gesicht spritzen. Dem Oberhummer kommt das Gelbe quasi schon aus den Augen.

Warum veranstaltet er diese Fremdharntherapie? Über den Urin transportiert der Lobster Geruchsstoffe mit verschiedenen Informationen. Unterlegene Hummer merken sich schnell, wie es gerochen hat, als sie das letzte Mal verprügelt worden sind, und treten sofort den Rückzug an, nur aufgrund des Uringeruchs. Dazu braucht man aber kein Hummer zu sein. Wenn es wo nach Urin stinkt, gehen die meisten Menschen eher wieder weg, auch ohne dass man ihnen begleitend Prügel anträgt. Hummer verwenden Urin aber nicht nur beim Kämpfen, sondern auch beim Flirten. Wie kann man sich das vorstellen? Wie flirtet man mit Urin? Und vor allem wann und mit wem?

Das Alphamännchen ist jede Nacht mit Verdreschen ausgelastet. Das gewalttätige Auftreten der Alphamännchen imponiert zwar den Weibchen, aber die Männchen sind in der Regel so aggressiv, dass sie kein Interesse an der Paarung haben. Deshalb folgt irgendwann ein Weibchen dem Männchen zu seinem Unterschlupf, und zwar direkt nachdem er sie zuvor ordentlich vermöbelt hat. Sie bleibt an der Schwelle stehen, wackelt ein paar Mal mit den Scheren, tanzt vor der Höhle herum und spritzt ihren mit Sexualduftstoffen angereicherten Urin hinein. So schaut das Vorspiel bei Hummers aus, und das wiederholt sich ein paar Mal. Diese Duftstoffe beruhigen das aggressive Männchen, es wird dadurch sanfter und sogar etwas schwindlig. Auf gut Wienerisch pinkelt das Weibchen dem Männchen in die Wohnung und sagt dann: „Wie wär's mit uns, Schwindliger?" Irgendwann denkt das Männchen dann offenbar: „Was für ein Weib, die schifft mir in die Wohnung, die muss ich haben!" Und dann beginnt die Fortpflanzung.

Das Weibchen bahnt sich den Weg in die Höhle, legt die Kleider ab, verliert also die Außenschale, ist dadurch schutzlos. Der relativ kurze Geschlechtsakt beginnt, und während das Weibchen ein paar Tage im Schutz des Männchens warten muss, bis ein neuer Panzer nachgewachsen ist, verspeist das Männchen nach der Paarung den alten. Wenn Sie bisher gedacht haben, wir Menschen hätten die essbare Unterwäsche erfunden, dann wissen Sie es jetzt besser.[38]

Wie schaut das Leben der beiden danach aus, weniger Sex und dafür gemeinsam Kinderzimmer einrichten und Namen für den Nachwuchs ausdenken? Nein. Das Weibchen zieht aus, und das Männchen beginnt umgehend wieder die anderen zu verprügeln, als ob es kein Dazwischen gegeben hätte.

Galaktischer Schnupfen

Das Eintreffen von Lobster Man from Mars fürchtet das International Committee Against Mars Sample Return allerdings nicht, sondern nur das von Bakterien. Wenn man genauer hinschaut, dann muss man diese Herrschaften allerdings nicht sehr ernst nehmen. Obwohl sie sich nicht nur auf Carl Sagan berufen, sondern auch auf Fred Hoyle. Der Brite war einer der einflussreichsten Astronomen des 20. Jahrhunderts. Unter anderem war er maßgeblich für die Forschung verantwortlich, dank der wir heute wissen, wie Sterne in ihrem Inneren die verschiedenen chemischen Elemente herstellen. Denn am Anfang, nach dem Urknall, hat es ja bekanntlich praktisch nur Wasserstoff und Helium gegeben im Universum. Sonst nichts. Könnten wir zwei Sterne der allerersten Generation nach dem Urknall belauschen, so würden ihre Gespräche also vermutlich ein wenig so klingen wie die Gespräche der Großelterngeneration, die noch den Zweiten Weltkrieg erlebt hat und die Zeit danach beschreibt mit Sätzen wie: „Was haben wir denn gehabt damals, nichts haben wir gehabt. Wasserstoff, ein bisschen Helium, aber sonst war ja nichts da." Durch Fred Hoyle wissen wir, wie aus den beiden alle anderen Elemente entstanden sind. Das war eine grandiose Leistung, für die er eigentlich den Nobelpreis verdient gehabt hätte. Er hat ihn aber nie bekommen, möglicherweise deshalb, weil er vor allem im Alter eher obskuren Hypothesen den Vorzug gegeben hat. Er war der Meinung, es würde im Weltall geradezu von Leben wimmeln. Allerdings nicht auf der Oberfläche anderer Planeten, sondern direkt im All. Er ging davon aus, dass der kosmische Staub, den wir überall zwischen den Planeten und Sternen beobachten, kein „Staub" ist, sondern im Wesentlichen aus gefriergetrockneten Viren und Bakterien besteht. Das ist zuerst einmal nicht so absurd, wie es klingt, denn Bakterien findet man überall und hat auch nicht schlecht gestaunt, als man im Jahr 2008 Folgendes entdeckte: Damit eine Schneeflocke entsteht, müssen verschiedene Bedingungen erfüllt sein, aber vor allem brauchen die Wassermoleküle einen sogenannten Kondensationskeim, um den herum sie sich anordnen können. Lange hat man angenommen, dass Staubkörner die Mehrzahl dieser Kondensationskeime stellen, bis man herausfand, dass im Mittelpunkt fast aller Schneeflocken jeweils ein einzelnes Bakterium residiert.[39] Dafür, dass Österreich wenigstens im Schifahren ab und zu Weltmeisterschaften für sich entscheiden kann, sind also in erster Linie Bakterien verantwortlich. Sie leben überall, in Meeren, auf dem Land, in der Luft. Dass sie aber auf die Erde regnen und für Krankheiten und Seuchen verantwortlich sind, wie Fred Hoyle und sein Kollege Chandra Wickramasinghe behaupteten, konnte in keiner Untersuchung auch nur annähernd bestätigt werden. Die beiden gingen sogar so weit zu behaupten, dass die große Grippeepidemie des Jahres 1918 durch außerirdische Bakterien verursacht wurde, die von vorbeifliegenden bzw. einschlagenden Meteoriten in der Atmosphäre der Erde ausgesetzt wurden. Einen außerirdischen Ursprung postulierten sie auch für Polio-Ausbrüche, den Rinderwahnsinn und sogar für das Auftreten von AIDS. Leider hat Hoyle diese Ideen nicht nur in seinen lesenswerten Science-Fiction-Romanen verwendet, sondern sie auch als Wissenschaftler bis zu seinem Tod im Jahr 2001 vertreten.

So können sich Wickramasinghe und Barry DiGregorio und das International Committee Against Mars Sample Return leider auf einen der ganz Großen der Wissenschaftswelt berufen, der in seinen schlimmsten Momenten sogar vermutete, dass die Evolution den Menschen die Nasenlöcher an der Unterseite der Nase eingerichtet hat, um uns vor den Bakterien zu schützen, die aus der Atmosphäre herabrieseln. Es gibt natürlich evolutionär einen Grund, warum die Nasenlöcher auf der Unterseite sind. Und er lautet nicht, damit es nicht dauernd hineinregnet, bis die Nase übergeht.

→ **FACT BOX** | *Riechen* ←

Unser zentrales Geruchsorgan ist der sogenannte Riechkolben. Das ist kein Spitzname der Nase, der Riechkolben liegt im Kopf, über der Nase auf dem Weg ins Gehirn. Sie kommen ganz leicht zum Riechkolben. Nehmen Sie einen angespitzten Bleistift, stecken diesen in die Nase, bis Sie auf einen Widerstand treffen. Dann beschleunigen Sie den Bleistift, indem Sie ihn mit dem Zeigefinger anschnipsen. So durchschießen Sie die sogenannte Siebplatte, einen 1–2 mm dünnen Knochen. Genau darüber liegt der Riechkolben, eine 2 cm lange und etwa 3 mm starke Ausstülpung des Gehirns. Wenn Sie mit dem Bleistift getroffen haben, werden Sie mit dem letzten strukturellen Geruchseindruck Ihres Lebens belohnt. Dann riechen Sie nie wieder etwas. Muss es Bleistift sein? Ginge nicht auch ein Kugelschreiber? Grundsätzlich schon, er muss allerdings eine sehr dünne Spitze aufweisen, unter 0,1 mm, sonst kann es passieren, dass Sie dabei noch zusätzliche Gefäße erwischen, was starkes Nasenbluten nach sich ziehen kann. Und damit ist niemandem geholfen. Mit dem Bleistift erwischen Sie in der Regel nur den Riechkolben, da sind Sie auf der sicheren Seite.*

Welche Funktion haben Gerüche in unserem Leben? Wir können hier von einer Dreifaltigkeit des Riechens sprechen: Testen der Nahrung, Steuern der sexuellen Anziehung und Triggern von Erinnerungen. Bevor wir Nahrungsmittel konsumieren, riechen wir automatisch daran und stellen fest, ob diese

zum Verzehr geeignet sind. Das ist, Sie haben es bestimmt richtig vermutet, der wahre Grund, warum die Nase auch über dem Mund angebracht ist, mit den Öffnungen nach unten, denn aufgrund der Konvektion der Luft steigen bei uns auf der Erde Gerüche in der Regel auf. Wäre die Nase woanders und verdreht, müsste man jedes Mal das Essen dort vorbeiziehen, und das wäre umständlich.

Geruchsstoffe, sogenannte Pheromone, sind Sexualduftstoffe. Diese Pheromone werden allerdings nur unbewusst wahrgenommen. Wenn jemand unter der Achsel stark nach Schweiß riecht und sich deshalb etwa für außergewöhnlich männlich und entsprechend unwiderstehlich hält, so irrt er wahrscheinlich, denn Pheromone kann man nicht riechen. Mit Duschen kann er seine Chancen auf Geschlechtspartner vermutlich deutlich erhöhen. Pheromone wirken automatisch und sehr schnell. Es sind Duftstoffe, die wir sofort unbewusst wahrnehmen, wenn wir jemanden treffen und einschätzen. Als heterosexueller Mann etwa riecht man aber nicht nur die Duftstoffe von Frauen, sondern auch die eines Mannes, der ein Konkurrent sein könnte.

Als Drittes kommt Gerüchen die Aufgabe zu, Erinnerungen speichern zu helfen. Der Riechkolben interagiert auch mit dem Hippocampus, einem Bereich im Gehirn, der für das Gedächtnis zuständig ist.

So kommt es, dass Gerüche und Erinnerungen im Gehirn quasi verschmelzen und

---

* Wirklich machen sollten Sie so etwas aber natürlich nicht.

somit klar zuordenbar sind zu Orten oder Personen. Wenn man als Kind beispielsweise bei seiner Oma sehr guten Apfelstrudel bekommen und sich überhaupt bei ihr sehr wohl gefühlt hat, so wird auch später im Leben, wenn einem ein vergleichbarer Geruch unterkommt, im Gehirn die Erinnerung an die Großmutter auftauchen. Das

kann natürlich auch zu weniger günstigen Konstellationen führen, wenn man als Mann etwa eine Frau aufgrund der Pheromone sexuell sehr anziehend findet, sie aber stark nach Apfelstrudel riecht, kann das Gehirn sagen: grundsätzlich ja, aber mit der Oma vielleicht doch nicht.

Mittlerweile sind wir Menschen direkt bescheiden geworden, was das Aufspüren von außerirdischem Leben auf dem Mars betrifft. Man geht heute davon aus, dass man eher keine lebenden Bakterien auf dem Mars finden wird in naher Zukunft. Nicht einmal „Schläfer", die bei minimalem Stoffwechsel Jahrmillionen auf uns gewartet haben, wie im Wostoksee. Am ehesten rechnet man mit Fossilien von Bakterien, die sich eventuell unter den Polkappen finden könnten. Eine Idee, wie man den Mars eventuell nicht nur für Bakterien lebenswerter machen könnte, stammt übrigens auch von Carl Sagan, der vorgeschlagen hat, Terraforming auf dem Mars zu betreiben, indem man dunkles Material auf die Marspolkappen bringt, wodurch dort weniger Licht reflektiert würde, was im Weiteren zum Abschmelzen der Polkappen führen könnte und somit zu fließendem Wasser, das wir für Leben, wie wir es kennen, benötigen.

Wie soll man das Material dorthin bringen? Große Ladungen Erde mit Raumschiffen über die Pole zu kippen wäre möglich, aber aufwendig. Vielleicht geht es einfacher mithilfe von Pinguinen. Man vermutet aufgrund von Beobachtungen, dass Pinguine in der Antarktis sich ihren Nistplatz quasi freikoten.[40] Indem viele von ihnen regelmäßig dunkle Ausscheidungen produzieren, wird dort, wo sie liegen bleiben, weniger Sonnenlicht reflektiert, das führt zu einer rascheren Erwärmung dieses Bereichs, sodass der Schnee schneller schmilzt und den Steinboden zum Brüten freigibt.

Vielleicht sollten wir also Pinguine zum Mars schicken, die diese Aufgabe auch dort für uns erledigen. Möglicherweise machen sie das sogar gerne. Immerhin werden sie seit Jahrmillionen in der Antarktis vom Mars mit Asteroiden beschossen und haben gute Lust, sich dafür auf ihre Art beim Mars persönlich zu bedanken.

Erde an Kugelstern

Warum wollen wir Menschen eigentlich unbedingt Leben woanders aufspüren als auf der Erde? Wozu soll das gut sein? Auf der Erde gibt es Leben in Hülle und Fülle, und wir behandeln es im Wesentlichen nicht sehr gut. Wenn es Hinweise auf Leben in einem unterirdischen Meer am Jupitermond Europa gibt, dann ist die Aufregung groß, und es gibt jahrzehntelang Bemühungen, teure Missionen dorthin zu finanzieren, um das Leben besser kennenzulernen. Wenn aber auf der Erde Menschen ihr Leben riskieren, um übers Meer nach Europa zu kommen, dann gibt es keine teuren Missionen, um mehr über dieses Leben zu erfahren, oder höchstens welche, um sich dieses Leben möglichst vom Leib zu halten. Warum wollen wir also unbedingt Leben etwa auf dem Mond Europa finden, der in durchschnittlich 628.300.000 Kilometern Entfernung von der Erde den Jupiter umkreist? Damit wir es auch scheiße behandeln können?

Wo immer wir auf der Erde von Europa aus in der Vergangenheit als Eroberer andere Kulturen heimgesucht haben, ist ihnen diese Begegnung schlecht bekommen. Die überlegene Kultur führt so gut wie immer zum Untergang der unterlegenen. Wir Europäer haben in den vergangenen Jahrhunderten fast immer alles kaputt gemacht, was wir in Besitz genommen haben, warum sollte das auf anderen Himmelskörpern anders sein? Und was, wenn uns Außerirdische überlegen sind, dann ist es möglicherweise für uns nicht günstig? Wollen wir sie dann wirklich kennenlernen? Unter anderem diese

Steppenwolf
(Born to be wild)

ALH84001
(multiresistent?)

Überlegungen haben dazu geführt, dass die NASA im Jahr 1974 den Aliens im Kugelsternhaufen M13 im Sternbild Herkules eine ganz spezielle Grußadresse geschickt hat.

Sind wir bald da?

Am 16. November 1974 um 5.00 Uhr früh MEZ erging an etwaige Bewohnerinnen und Bewohner des Kugelsternhaufens M13 folgende Botschaft, gesendet von der NASA vom Radioteleskop in Arecibo, Puerto Rico, aus im Namen der Erdlinge:

```
00000010101010000000000000010100000101000000010010010001000100
10110010101010101010101001001000000000000000000000000000000000
00000110000000000000000001101000000000000000000000110100000000
00000000001010100000000000000000001111000000000000000000000000
00000001100001110001100011000100000000000000000110010000110100
01100011000011010111110111111011111101111100000000000000000000
00000100000000000000010000000000000000000000000000000100000000
00000000001111100000000000000001111000000000000000000000011000
01100001110001100010000000100000000010000110100001100011100011
01011111011111101111101111100000000000000000000000000100000011
00000000001000000000011000000000000000010000011000000000001111
10000011000000111110000000000011000000000000000000000010000000
01000001000000011000000001000000001100011000000010000000001000
10000110000000000001100110000000000011000100001100000000000000
01100001100000010000001000001000000100000100000000110000000000
00100010000000110000000010001000000010000000100000100000000000
10000000100000001000000000110000000011000000011000000000000000
1000111010110000000000010000000100000000001000001111100000
00000000100001011010010110110000001001100100111111011100000
11100000110111000000000101000001110110010000001010000011111110
01000001010000011000000010000110110000000000000000000001000000
00000000011100000100000000000000011101010001010101010100111000
00000010101010000000000000010100000000000000011110000000000
0000001111111110000000000011100000000111000000000110000000000
01100000001101000000000001011000000110011000000011001100001000 10
10000010100001000010001001000100100100010000000010001010001000000
0000010000100001000001000000000001000000000000000000000010010010
000000000001111001111101001111000
```

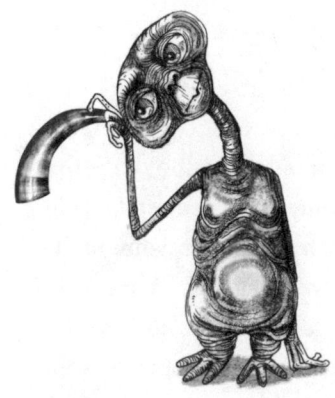

Es handelte sich dabei um ein in mehrerlei Hinsicht bemerkenswertes Unterfangen. Zum einen liegt der Kugelsternhaufen M(essier) 13 zirka 25.000 Lichtjahre von der Sonne entfernt. Ganz genau weiß man es nicht. Eine Botschaft, die man 1974 als Radiosignal dorthin gesendet hat, benötigt mindestens 25.000 Jahre, bis sie ankommt, braucht also noch lange nicht anzufangen zu fragen: „Sind wir bald da?" Und bis eine mögliche Antwort vom Kugelsternhaufen eintrifft, dauert es mindestens noch einmal so lange, neben dem Radioteleskop sitzen bleiben und auf den Rückruf warten muss die Menschheit somit nicht. Zum anderen weist ein Kugelsternhaufen zwar in der Regel den Vorzug auf, dass sich in ihm besonders viele Sterne finden, aber für Planeten ist er ein schlechter Ort. Und nachdem Leben sich nicht auf Sonnen, sondern eher auf Planeten entwickelt, gibt es vermutlich gar keine Adressaten für die Botschaft. Hat die Botschaft, die wir dorthin geschickt haben, eine Bedeutung? Natürlich, es handelt sich nicht um einen Soundcheck des Radioteleskops, 1-0, 1-0, sondern der Code kann entschlüsselt werden. Wenn man ihn auflöst, schaut er so aus:[41]

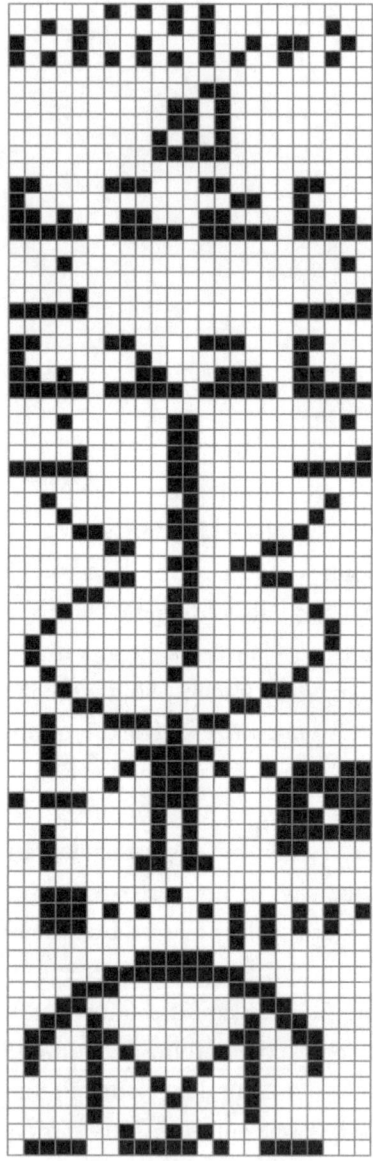

Ein Einser entspricht einem schwarzen Quadrat, ein Nuller einem weißen. Es handelt sich dabei nicht um ein Lesezeichen von einem Ethno-Flohmarkt, sondern jedes Symbol hat eine Bedeutung. Ganz oben stehen die Zahlen von eins bis zehn als binäre Codierung. Das ist quasi die Einstiegshürde und die Legende zugleich. Wer das entschlüsseln kann, hat damit die Anleitung, auch den Rest zu verstehen.

Danach findet man die Elemente dargestellt, aus denen wir Menschen bestehen. Wasserstoff, Sauerstoff, Kohlenstoff, Stickstoff, Phosphor. In den nächsten Zeilen folgen die essentiellen Aminosäuren, aus denen die DNA aufgebaut ist, die als Doppelhelix auf dem Fuß folgt. Der senkrechte Balken steht für die ungefähre Anzahl der Nukleotide, also der Grundbausteine der DNA, leider aber um ein Viertel zu viel.

Danach zeigen links des Männchens der Längs- und der Querbalken die Höhe und Breite eines Menschen, den man sich aber eher stiernackig vorstellen muss, sind doch Hals und Kopf gleich breit. Rechts neben dem Männchen ist die Größe der Erdbevölkerung aus dem Jahr 1974 angegeben, aus heutiger Sicht fast um die Hälfte zu wenig. Und darunter eine Darstellung unseres Sonnensystems, so wie auch Pluto daran seine Freude hätte, er ist nämlich noch als Planet dabei. Zum Abschluss noch ein Bild des Aufgabepostamtes, nämlich des Teleskops von Arecibo, und seine Ausmaße.

Man sieht sofort, welche Probleme sich allein daraus ergeben, dass die Gegenwart jeden Tag eine andere ist und die von jetzt genau jetzt schon Vergangenheit. Botschaften, die heute weggeschickt werden, sind in ein paar Jahrzehnten schon weitgehend falsch. Eigentlich hätte man inzwischen noch ein Update nachschicken müssen. Das hat man aber nicht gemacht, und zwar aus guten Gründen. Denn nachdem man die Botschaft versandt hatte, wurden Fachleute gebeten, sie zu decodieren. Sicherheitshalber, um zu schauen, ob man sie auch verstehen kann. Und niemand ist auf die Lösung gekommen. Aber da war das Signal schon unterwegs. Wenn die Außerirdischen sie lesen können, sind sie also schlauer als unsere Besten, dann ist es günstiger, sie wissen nicht ganz genau Bescheid, wo und wie sie uns finden. Warum hat man ausgerechnet den Kugelsternhaufen M13 in 25.000 Lichtjahren Entfernung gewählt? Genau deshalb. Weil man sich davor gefürchtet hat, dass Außerirdische, die das Signal empfangen könnten, besser sind als wir und uns dann angreifen und besiegen könnten. Und weil es wirklich sehr lange dauert, bis das Signal ankommt, aber noch viel länger, bis eine Antwort eintrifft, geschweige denn die Aliens persönlich, wähnte man sich mit M13 als Zielort für die Botschaft auf der sicheren Seite.

Unsere Kontaktaufnahme mit den Aliens hat also ausgeschaut wie ein Lausbubenstreich in einer Hochhauswohnanlage. Wir haben bei der Gegensprechanlage sturmgeläutet, irgendwo bei einer Wohnung weit oben, und sind dann sofort weggelaufen, sodass wir jedenfalls, auch wenn sich jemand meldet oder gar den Weg runter ins Erdgeschoss vor die Türe nimmt, keinesfalls erwischt werden können. Dieser Versuch einer Freundschaftsanfrage spricht also nicht besonders für uns, das nächste Mal sollte es besser werden. War zumindest der Plan.

AUSSEN

GTA – Grand Tour Außen

Damit wir die Ausgangsfrage nicht ganz aus den Augen verlieren. Haben Sie schon ein Ziel im Universum auserkoren, zu dem Sie fliegen würden, weg von der Erde, wo Sie glauben, es könnte gemütlich sein im Universum? Denn wenn Sie noch lange zögern, ist die *Todesblase* noch vorher da, dann brauchen wir uns über nichts mehr Gedanken zu machen. Ich weiß, es ist schwierig, irgendeine Gegend im Weltall zu finden, außerhalb der Erde, die auch nur einen Vorzug aufzuweisen hat außer dem, dass wir nicht dort sein müssen. Und unübersichtlich ist das Universum in seiner Unendlichkeit auch, wissen Sie was, ich mache Ihnen einen Vorschlag.

Sie buchen einfach die Planetary Grand Tour ins Äußere Sonnensystem, im Wesentlichen dieselbe Route, wie die beiden Voyager-Sonden sie genommen haben, da haben Sie alle Planeten dabei: Jupiter, Saturn, Uranus, Neptun, und anders als die Voyager-Buben bekommen Sie sogar noch Pluto als Draufgabe gratis dazu. Ich weiß, das klingt ein wenig nach all inclusive, und ist es auch, aber glauben Sie mir, Massentourismus gibt es auf der Strecke beileibe keinen. Vor knapp 40 Jahren, im Jahr 1977, hat die NASA im Namen der Menschheit zwei Sonden weggeschickt ins All: Voyager 1 und Voyager 2. Bis zum Saturn sind sie nebeneinander geflogen und konnten tratschen, danach haben sich ihre Wege getrennt und Nummer 1 hat sich auf schnellstem Wege in Richtung Ende des Sonnensystems gemacht, während Nummer 2 noch Höflichkeitsbesuche bei Uranus und Neptun machen musste, weil bei denen war vorher noch nie wer und die haben sich das einfach auch einmal erwartet. Lange geblieben ist Voyager 2 bei beiden nicht, sondern ist einfach nur vorbeigeflogen und hat ein paar Erinnerungsbilder gemacht, aber trotzdem hatte Voyager 1 dadurch so einen Vorsprung, dass die Sonde zum Popstar werden konnte, weil sie als Erste unser Sonnensystem verlassen hat. Stand zumindest überall zu lesen. Dass beide aber überhaupt so weit kommen konnten, scheint an ein Wunder zu grenzen, wenn man bedenkt, dass sie zuerst unbeschadet den Asteroidengürtel durchqueren mussten, der sich zwischen Mars und Jupiter wie ein Ring um die Sonne erstreckt. Und aus Filmen weiß man, wenn da kein reaktionsschneller Pilot am Steuer sitzt, der immer im letzten Moment ausweicht, dann ist eine Kollision unausweichlich. Immerhin befinden sich nicht weniger als vermutlich bis zu knapp 2 Millionen Asteroiden mit einem Durchmesser von 1 Kilometer oder mehr in diesem Bereich an der Grenze zwischen innerem und äußerem Sonnensystem. Und ungezählte kleinere mehr. Ein Höllenritt scheint vorprogrammiert.

Die meisten Asteroiden, vor denen wir uns heute auf der Erde fürchten, stammen aus diesem Asteroidengürtel. Es gibt zwar jenseits von Neptun noch eine Ansammlung von viel mehr Asteroiden namens Kuipergürtel, und noch viel weiter draußen noch viel, viel mehr Asteroiden und Kometen in der Oortschen Wolke, aber die gefährlichen, die vermutlich schon den Dinosauriern zum Verhängnis geworden sind, lauern im Asteroidengürtel zwischen Mars und Jupiter und warten nur auf ihre Chance, uns näherzutreten.

NEO Rauch

Nicht immer wissen wir Menschen es schon vorher, wenn sich ein Himmelskörper der Erde nähert, manchmal steht er einfach vor der Türe und kommt rein, ohne anzuklopfen.

Am 15. Februar 2013 war es wieder einmal so weit, und alle, die sich währenddessen in der Gegend der russischen Stadt Tscheljabinsk befanden, hatten Pech- bzw. Glück im Unglück, wie sich danach herausstellte. Ein Asteroid mit 19 Meter im Durchmesser und 12.000 Tonnen Gewicht hatte mit einer Geschwindigkeit von 19 Kilometern pro Sekunde erst eine deutlich sichtbare Spur am Himmel hinterlassen, um dann mit einer gewaltigen Explosion in 30 Kilometer Höhe über Tscheljabinsk zu enden.

Durch den flachen Einfallswinkel wurde der Felsbrocken so stark abgebremst, dass er zerbrochen ist, und viele Teile sind verglüht. Dadurch wird zwar die Oberfläche, die sich erhitzen kann, viel größer und es kommt zu einer gewaltigeren Explosion, aber eben zu keinem Einschlag. Man nennt das Airbust. Trotzdem wurde dabei Energie freigesetzt, ein Äquivalent von 500 Kilotonnen TNT. Ist das viel? Eher schon. Die Atombombe von Hiroshima hatte im Vergleich 12,5 Kilotonnen. Mit anderem Worte wurde beim Zerbrechen des Asteroiden Energie frei, die etwa dem Vierzigfachen der damaligen Atombombenexplosion entsprach. Und nur weil das über und nicht in der Stadt passiert ist, gab es zwar viel Sachschaden und einige Verletzte, aber keine Toten. Wäre dieses Objekt senkrecht von oben nach unten gekommen, was theoretisch auch möglich wäre, oder zumindest in einem steilen Winkel, dann würden wir Tscheljabinsk zwar auch kennen, aber nur mehr als ehemalige Stadt im Ural.

Produziert werden die meisten der erdnahen Asteroiden im Asteroidengürtel, der sich zwischen den Bahnen von Mars und Jupiter befindet. Die Himmelskörper dort tun uns nichts. Sie sind weit entfernt von der Erde und drehen friedlich ihre Runden um die Sonne. Aber manchmal passen zwei nicht auf und kollidieren miteinander. Dann entsteht aus den Bruchstücken der Kollision eine neue Asteroidenfamilie, so bezeichnet man die Trümmer, die sich nach dem

Zusammenstoß alle auf ähnlichen Bahnen befinden. Das ist für uns vorerst nicht weiter von Belang. Aber manche der Bruchstücke können durch die gravitativen Störungen des Jupiter in die Nähe des Mars gelangen und von dort zu den anderen erdnahen Asteroiden stoßen. Den sogenannten NEOs. So wird auch der Meteor von Tscheljabinsk entstanden sein. NEO steht für Near Earth Object, und man vermutet, dass es mehr als 300.000 davon gibt. Die größeren, also mit mehr als einem Kilometer Durchmesser, kennt man und ihre Bahnen auch, aber es gibt noch viel mehr kleinere.

19 Meter im Durchmesser ist zwar deutlich kleiner als 1 Kilometer, aber wieso ist der Asteroid von Tscheljabinsk komplett übersehen worden und wurde nicht früher entdeckt? Weil er aus Richtung der Sonne gekommen ist. Die Sonne strahlt bekanntlich sehr hell, und deshalb wurde der Asteroid übersehen. Auch ist das Universum sehr groß, und nur weil gestern nichts am Himmel zu sehen war, als man hingeschaut hat, heißt das nicht, dass es heute auch noch so ist. Das ist ein bisschen so, wie wenn man jeden Tag denselben Weg nach Hause fährt und in einer unübersichtlichen Kurve überholt, weil am Vortag auch kein Gegenverkehr war.

Dass Asteroiden die Erde treffen, ist übrigens überhaupt keine Ausnahme. Zwischen 1994 und 2013 gab es 556 Kollisionen zwischen der Erde und kleineren Asteroiden aus dem Weltall, aber zum Glück sind die meisten Asteroiden, die auf die Erde zuhalten, viel kleiner als der über Tscheljabinsk. Deshalb fällt uns das nicht auf. Auch sind die Energiemengen, die frei werden, viel geringer. Bei den Objekten mit einem Durchmesser von einem Meter, und so etwas möchte man schon auch nicht auf den Kopf bekommen, da ist es besser, es verglüht vorher, wird eine Energie von einem Gigajoule frei, das entspricht etwa einem Drittel der jährlich von einem Wäschetrockner verbrauchten Energie.

Der Asteroid von Tscheljabinsk war aber viel größer, und von seinem

Flug gibt es beeindruckende Filmaufnahmen, wie er kilometerlang eine Rauchspur am Himmel zieht. Warum haben sich die Menschen, die das gesehen haben, nicht gefürchtet und schnurstracks in Sicherheit gebracht? Weil sie eigentlich nicht in der Nähe waren. Die Strecke, die der Felsbrocken am Himmel unterwegs war, betrug über 200 Kilometer. Das wäre so, als würde man von Linz aus beobachten, wie in Wien ein Asteroid einschlägt. Die vielen tollen Aufnahmen gab es übrigens deshalb, weil die Kriminalität in der Gegend so hoch ist, was fingierte Autounfälle betrifft. Und die Korruption der ermittelnden Behörden ebenfalls. Deshalb haben viele Autos Kameras eingebaut, die automatisch aufzuzeichnen beginnen, wenn man den Wagen startet, um im Streitfall Beweise für die Versicherung und vor Gericht zu haben. In unseren Breiten kommt es seltener vor, dass man vorsätzlich in einen Verkehrsunfall verwickelt wird, daher sind auch nur die wenigsten Autos mit Überwachungskameras ausgerüstet. Angesichts der wunderbaren Aufnahmen vom Asteroiden von Tscheljabinsk wäre, zumindest aus astronomischer Sicht, die sofortige Abschaffung der Korruptionsstaatsanwaltschaft aber eigentlich wünschenswert.

Here Comes the Boom

Wenn Asteroiden so kurzfristig bei uns vorbeischauen, haben wir keine Chance, zu reagieren oder gar die Attacke abzuwehren. Wenn sich der Besuch aber schon Jahrzehnte vorher ankündigt, dann können wir es versuchen. Anders als die Dinosaurier hätten wir das Know-how. Die hatten nämlich vor 65 Millionen Jahren einen echten Scheißtag.

150 Millionen Jahre Vorherrschaft auf der Erde ohne Beschwerden absolviert, da mag sich ein T-Rex vielleicht gerade angesichts des anbrechenden Sommers gedacht haben: „Mist, schon wieder so spät

mit dem Urlaubbuchen dran, die besten Unterkünfte sind längst weg." Oder: „Hurra, diesmal habe ich wirklich schon rechtzeitig alle Geschenke für Weihnachten beieinander." Was sich halt dominante Spezies so denken, wenn der Tag lang ist. Und dann schlägt mir nichts, dir nichts ein Asteroid ein, und zwar nicht irgendeiner, sondern einer mit 10–15 Kilometern im Durchmesser. Ein Game-Changer mithin. Der T-Rex, der, davon gehen wir heute aus, sehr wenig von Astronomie verstand, hat vielleicht noch gedacht: „Spitzensternschnuppe, darf ich mir urviel wünschen!", aber dann kracht es, und keine 33.000 Jahre später war er auch schon ausgestorben, und ein rattenartiger Aasfresser sieht seine Chance gekommen, entwickelt sich prächtig und macht 65 Millionen Jahre später blöde Witze über den T-Rex. So kann es gehen.

Auch uns übrigens, wenn wir uns nicht überlegen, was wir gegen den Einschlag eines großen Asteroiden unternehmen können. Wobei es an den Überlegungen nicht scheitert, die gibt es, aber mit der Umsetzung hapert es noch. Wachgerüttelt wurden wir vor einigen Jahren, als nach ersten Beobachtungen ein 325 Meter großer Asteroid namens Apophis unterwegs zur Erde war und ernsthafte Befürchtungen bestanden, er würde es sich herunten bequem machen. Nicht sofort allerdings.

Am Freitag, dem 13. April 2029 wird er erstmals vorbeischauen, und da muss man sagen, dass er da nicht einschlägt, ist schwach. Ein besseres Datum wird er nicht mehr finden. Dann fliegt er ein paar Jahre um die Sonne herum und kehrt dann noch einmal wieder am 13. April 2036. Wieder Freitag? Nein, aber dafür Ostersonntag. Eigentlich noch ein besseres Datum für Weltuntergangsstimmung, die gerne anlässlich solcher Prognosen heraufbeschworen wird.

Vor allem christliche Religionen in all ihrer Farbenpracht haben diesbezüglich viele schöne Szenarien durchgespielt. Dort gehört ein Weltuntergang ja zum ersehnten Geschäftsziel, da kommt dann nicht nur der Heilige Geist, hoffentlich gut durchgebraten, auf die Erde, sondern der gesamte Firmenvorstand. Eine der schönsten Weltuntergangsfantasien hatten die Milleriten zu bieten. Sie träumten von der Rapture, der Entrückung. Darunter versteht man, dass am Tag des Jüngsten Gerichts Personen leibhaftig und plötzlich von Jesus Christus aus der irdischen Welt in den Himmel versetzt werden. Wer hat das erfunden? Für die Neuzeit neu erzählt hat es der amerikanische Prediger William Miller im 19. Jahrhundert. Im Vorfeld des beliebten Weltunterganges 2012 erfuhr seine Idee noch einmal neuen Zuspruch durch die äußerst erfolgreiche Buchreihe *Left behind*. Ein abenteuerlicher Schmarrn vor dem Herren, der folgerichtigerweise auch mit Nicolas Cage in der Hauptrolle verfilmt wurde.

William Miller hatte seinerzeit auch ohne Hollywood-Blockbuster eine beträchtliche Anhängerschaft erworben. Nicht zuletzt dadurch, dass er aufgrund genauen Studiums der Bibel voraussagen konnte, dass sein Chef, Jesus Christus, zwischen dem 21. März 1843 und dem 21. März 1844 wiederkehren würde. Leider hatte sich entweder ein Rechenfehler eingeschlichen oder der Chef war kurzfristig verhindert, deshalb besserte Miller den Termin nach auf 21. Oktober 1844. Diesmal aber sicher. Der Glaube seiner Anhänger war teilweise so fest, dass sie Haus und Hof verkauften und im festen Vertrauen, dass sie zu den Auserwählten zählen würden, nur noch auf die Entrückung warteten.

Einer der Miller-Fans soll damals sogar genau um Mitternacht vom 21. auf 22. Oktober von seiner Scheune gesprungen sein, in Erwartung, dass er noch im Flug gerettet wird. Was natürlich schon deshalb ein Risiko darstellte, weil es damals vor Einführung verbindlicher Zugfahrpläne wirklich noch in jedem Ort eine eigene Ortszeit gab. 12 Uhr Mittag war dann, wenn die Sonne am höchsten stand, und das war überall ein bisschen anders. Mitternacht natürlich genauso, wie hätte der Herr also wissen sollen, wann es für diesen strenggläubigen Sturzpiloten Mitternacht ist, ein Weltuntergang ist immerhin ein globales Ereignis? Deshalb hat im Fall des Scheunenspringers natürlich die Schwerkraft gewonnen. Als sich Jesus aber wieder nicht blicken ließ, führte das zu dem, was später als *Big Disappointment* bekannt wurde, also als *Große Enttäuschung*. Haben sich die Milleriten danach vernünftigen Dingen zugewandt und geschämt für ihre Einfältigkeit? Im Gegenteil. Obwohl ihnen die Unsinnigkeit ihres Glaubens vor Augen geführt worden war, haben sich aus den Milleriten zwei andere, mittlerweile große Religionen entwickelt, die *7 Tage Adventisten* mit heute über 16 Millionen Mitgliedern weltweit, die nach wie vor an eine baldige Wiederkehr von Jesus Christus glauben. Und die *Zeugen Jehovas*. Die haben sich sogar noch eine Zeit lang den Spaß erlaubt, für den Weltuntergang konkrete Jahreszahlen zu nennen, nach ihnen hätte die Welt in den Jahren 1878, 1881, 1914, 1918, 1925 und 1975 untergehen sollen.[42] Nachdem es leider nicht und nicht gelingen wollte, haben sie zumindest die öffentlichen Verlautbarungen aufgegeben. Glauben werden sie aber schon noch, dass ein Herrgott ausgerechnet sie retten wird und sonst niemanden. Alles andere wäre ein Wunder.

Wie hätte die Himmelfahrt der Milleriten im Rahmen der Rapture eigentlich logistisch abgewickelt werden sollen? Flugüberwachung im heutigen Sinn war wohl nicht geplant, wenn Millionen brave Christen gen Himmel düsen. Die Vorstellung war, dass alle Erlösten wirklich mit Haut und Haar ins Paradies auffahren. Und mit mehr aber auch nicht. In der Sekunde der Rapture fahren sie aus dem Gewand, das wahrscheinlich verwurschelt am Boden zurückbleibt, auf der linken Seite! Möchte man unterstellen, aber es gibt auch Beschreibungen, dass man es schön zusammengelegt findet.

Was passiert inzwischen mit den anderen Menschen auf der Erde, die nicht erlöst in den Himmel auffahren? Auf der Erde bricht

Chaos aus, es kommt zu Katastrophen und Verwüstung, Tod und Verzweiflung, weil ja Millionen Menschen weltweit plötzlich ihren Arbeitsplatz verlassen. Flugzeuge stürzen ab, Brände werden nicht gelöscht, Föten verschwinden während der Geburt aus dem Mutterleib, Eltern verlieren ihre Kinder usw. usf. Also das Übliche. Ein ausgesucht grausamer, launischer, primitiver, bösartiger Gott spielt beim Weltuntergang einfach nur ein Ego-Shooter-Spiel und nimmt ohne Weiteres den Tod von Millionen Menschen in Kauf, um eine Heerschar von Schleimern zu belohnen, die sogar noch im Erlöstwerden die Wäsche zusammenlegen. Mit Bügelfalte wahrscheinlich, also Streber noch im Tod. Hier darf man nicht vorschnell urteilen und ungerecht sein. Wer die Wäsche zusammenlegt, ist nicht geklärt, die Erlösten, die ja in der Sekunde in den Himmel auffahren, können es selber nicht machen, ohne ihren Auferstehungs-Slot zu verpassen. Es könnte also auch Jesus sein, der die Wäsche zusammenlegt. Die Wahrscheinlichkeit ist allerdings gering. Denn so wie die christlichen Kirchen hierarchisch aufgestellt sind, bleibt die Arbeit wahrscheinlich eher doch wieder bei der Gottesmutter hängen. Jesus kommt auf die Erde Party machen und ruft: „Ausziehen, Ausziehen!", und seine Mutti kann hinter ihm zusammenräumen.

Mit anderen Worten, *Gehts und verkaufts mei Gwand, i bin im Himmel!* ist vielleicht doch kein Wienerlied, sondern ein alttestamentarischer Psalm.

Aber auch wenn Apophis seine Pflicht als Meteorit nicht ernst nimmt, irgendwann zu einem späteren Zeitpunkt, wird der Asteroidengürtel einen anderen Felsbrocken zu uns schicken. Und der wird treffen. Statistisch schlägt auf der Erde alle 60 Jahre ein Asteroid mit 20 Metern Durchmesser ein, alle 73.000 Jahre einer mit einem Durchmesser von 300 m Größe. Könnte man Asteroiden, die auf die Erde zuhalten, ablenken? Wenn man sie früh genug entdeckt und noch einige Jahre Zeit hat, um auf die Bedrohung zu reagieren, dann gibt es dazu Konzepte, die sogar mehr als realistisch sind. Vier der realistischen heißen:

1) Traktorstrahl, 2) Laserstrahl, 3) Sonnensegel, 4) Impactor

Traktorstrahl klingt ein wenig nach einer landwirtschaftlichen Lösung, wie ein Motiv aus dem Jungbauernkalender. Es handelt sich dabei aber um eine Methode, die sich die Schwerkraft zunutze macht. Traktor kommt bekanntlich von lateinisch trahere. Also ist der Plan, eine Sonde zum Asteroiden zu schießen, die einfach neben dem Felsbrocken herfliegt. Ein gravitativer Paarlauf, bei dem sich beide anziehen, und so kann man den Asteroiden sanft auf eine andere Bahn lenken.

Eine zweite Möglichkeit wäre, man bringt viele künstliche Satelliten in der Nähe des Asteroiden in Stellung und beschießt ihn mit Lasern. Sonnenlicht bestrahlt diese Satelliten und wird umgewandelt in Laserlicht, mit dem man auf die Oberfläche des Asteroiden zielt, auf einen Punkt fokussiert. Dadurch verdampft das Gestein und der Asteroid bekommt einen Rückstoß, sodass er in die gewünschte Richtung abdreht. Das heißt, man brennt ihm mit dem Laserpointer eine auf und bedeutet ihm: „Dampf ab, du Sau!"

Das Sonnensegel, das wir schon kennengelernt haben, könnte ebenfalls Karriere als Asteroidentöter machen. Wenn es gelingt, eine Sonde mit Segel auf einem Asteroiden zu landen, was allerdings nicht einfach ist, weil diese Dinger nicht ruhighalten und taumeln im Flug, dann könnte man den Felsbrocken volle Fahrt voraus von der Erde weg in sichere Gefilde lenken. Klingt fantastisch. Hat man das schon gemacht? Nein, alle Konzepte, die wir hier beschreiben, haben einen wirklich gravierenden Nachteil: Kein einziges wurde jemals in der Praxis getestet. Für die meisten gibt es nicht einmal genug Geld, um wenigstens einen Prototypen zu entwickeln.

Aber ein Konzept könnte es schaffen, immerhin steht die Europäische Raumfahrtbehörde dahinter. Die Mission trägt den Namen

AIDA. Das bedeutet aber nicht, man schickt ein Kreuzfahrtschiff hin und der Asteroid graust sich so, dass er freiwillig verschwindet. Bei AIDA handelt es sich, wie im Raumfahrtmarketing üblich, Sie erinnern sich, um ein Akronym. AIDA steht für „Asteroid Impact and Deflection Assessment". Man schießt einen Impactor, ein tonnenschweres Raumschiff, auf den Asteroiden und schaut, wie der davon abgelenkt wird. Das Raumschiff trägt auch einen Namen, es heißt DART. Akronym? Natürlich. DART = Double Asteroid Reflection Test. Und um zu überprüfen, ob der Impact erfolgreich war und was genau dabei passiert ist, schickt man noch eine zweite Sonde mit, die nennt sich AIM, also Asteroid Impact Monitoring.

Üben will man an dem Doppelasteroidensystem Didymos bestehend aus einem größeren Felsen mit 500 Metern Durchmesser und einem kleineren mit 150 Meter Durchmesser. Der kleine kreist um den großen. Worauf schießt man? Auf den Kleinen. Typisch. Zwei gegen einen auf den Kleineren. Bravo. Im Jahr 2022 soll es so weit sein. Da kommt der Doppelasteroid relativ nahe an der Erde vorbei, das bietet eine gute Gelegenheit, um AIDA zu testen. Man beschießt den Asteroiden und hofft, dass man trifft. Und wenn nicht, gibt es wahrscheinlich auch schon ein passendes Akronym: Failure of Unmanned Crash Kit – kurz FUCK.

Ausweichmanöver

Alle Sonden, die weiter wegfliegen von der Erde als zum Mars, also ins äußere Sonnensystem, passieren in der Regel den Asteroiden-Hauptgürtel. Die vier größten Objekte dort heißen Ceres, Pallas, Vesta und Hygiea. Ceres ist am größten mit knapp 1.000 Kilometern Durchmesser, gefolgt von Pallas mit 546 Kilometern, dann Vesta mit 516 Kilometern und Hygiea mit 409 Kilometern Durchmesser. Das ist viel größer als Apophis mit 325 Metern, und ein direktes

Zusammentreffen mit dem ist schon nichts, was wir uns wünschen sollten. Um wie viel gefährlicher muss dann eine Durchquerung des Asteroidengürtels sein!

Keine Sorge, auch hier verhält es sich so, wie wir es schon vom Steppenwolfplaneten kennen. Es mag zwar viele Einzelobjekte im Asteroiden-Hauptgürtel geben, und einige wenige sind sogar groß, aber groß ist der Asteroidengürtel selber auch, ein größerer Felsen imponiert ihm überhaupt nicht. Wenn da eine Sonde vorbeikommt, lässt ihn das völlig kalt. Unter diesen Umständen war es eine gewaltige Leistung, dass die Raumsonde Dawn auf ihrem Weg durch den Asteroidengürtel vorbei an Vesta bis zu Ceres überhaupt wen gesehen hat, geschweige denn getroffen. Nimmt man ausnahmslos alle Objekte im Asteroidengürtel zusammen und bastelt daraus ein Objekt, so hätte man danach einen Asteroiden mit nur etwa 4 Prozent der Masse unseres Erdmondes, das sind zwischen 3.000 und 3.600 Billiarden Tonnen! Müsste man ihn alleine tragen, würde nicht aus dem Kreuz heben zwar auch nicht helfen, aber für einen so riesigen Asteroidengürtel ist das nicht viel. In Wahrheit ist das All auch im Asteroidengürtel ziemlich leer. Wenn man sich nicht richtig anstrengt, dann wird man im Allgemeinen den Asteroidengürtel durchqueren, ohne je einen Asteroiden zu Gesicht zu bekommen. Man kann sich das leicht mit einer Überschlagsrechnung, bestehend aus zwei Teilrechnungen, veranschaulichen: Der Asteroidengürtel befindet sich in einem Ring, der bei etwa 2 astronomischen Einheiten (AE) beginnt, also ungefähr doppelt so weit von der Sonne entfernt ist wie die Erde, und bei 3,5 AE endet. Das macht einen Flächeninhalt von etwa 8,25 AE^2. Die hochgestellte ^{2} führt in dem Fall nicht zu einer Fußnote, das hochgestellte * aber schon.

---

* Wenn Sie es ausrechnen wollen, hier bitte die Formel für die Fläche eines Rings: $A = \pi (R^2 - r^2)$, wobei R und r die Radien des Außen- bzw. Innenkreises bedeuten.

Jetzt Teil 2, ein Textbeispiel: Ein Mann kommt in ein Geschäft und möchte Asteroiden für einen Hauptgürtel kaufen. Wie viel braucht er, wenn ein durchschnittlicher Asteroid eine Masse von 10^{15} kg hat? Ermittle die Zahl und forme das Ergebnis um. Müssen Sie nicht machen, ich schreibe einfach das Ergebnis her.

Wir wissen, dass alle Asteroiden gut 3.000 Billiarden Tonnen wiegen, also kommt man auf etwa 115 Asteroiden/AE^2. Das mag viel klingen, aber eine astronomische Einheit sind 150 Millionen Kilometer, und wenn man das nun umformt, dann kommt man auf 0,000000000005 Asteroiden pro Quadratkilometer Weltall. Das ist wirklich sehr, sehr wenig. Ungefähr so, als würde eine Ameise, vom Stephansdom in Wien losspaziert, fürchten, jeden Moment mit der Marienkirche in München zu kollidieren.

Greetings from Dr. Kurt Waldheim

Auch wenn wir von den beiden Pioneer-Sonden, die bereits Anfang der 70er-Jahre des letzten Jahrhunderts ins äußere Sonnensystem gestartet sind, keine Tripadvisor-Beurteilung über den Asteroidengürtel zur Verfügung hatten, so war doch klar, dass sich auch die beiden Voyager-Sonden auf ihrer Reise dorthin und weiter nicht zu fürchten brauchen. Im Sommer 1977 sind beide kurz hintereinander gestartet, sie sind noch immer unterwegs und senden auch noch immer Signale zur Erde zurück. Die Voyager-Mission gilt als eine der erfolgreichsten in der Geschichte der NASA und der Raumfahrt insgesamt. Weil man offenbar vom Erfolg von Anfang an überzeugt war, aber wusste, man würde zur Verleihung nicht persönlich vorbeischauen können, hat man den Sonden ihre Goldenen Schallplatten gleich mitgegeben. Beide haben auch eine neue Botschaft an die Aliens mit an Bord. Diesmal aber nicht so kompliziert verschlüsselt wie das Arecibo-Signal und auch schöner verpackt.

Das klingt nach einem tollen Gastgeschenk und schaut auch schön aus, bringt aber auch Probleme mit sich. Bereits im Jahr 1977 war abzusehen, dass die Langspielplatte ihre besten Zeiten hinter sich hatte und es bald nur noch wenige Menschen auf der Erde geben würde, die ein Abspielgerät zur Hand haben würden. So ist es auch gekommen. Schlauerweise hat man aber auch keine CD geschickt, denn da ist die Situation heute schon vergleichbar.

Aber wie sollen die Außerirdischen dann die Schallplatte abspielen, wenn sie sie finden? Mit Zündholz und einem Blatt Papier? Das geht zwar, die Tonqualität lässt aber sehr zu wünschen übrig. Einen Plattenspieler mitzuschicken würde die Schwierigkeiten auch nicht lösen, arbeiten doch schon auf der Erde verschiedene Länder mit verschieden hohen Spannungen in ihren Stromnetzen, soll man also ein Gerät mitschicken, das auf 110 Volt ausgelegt ist wie in den USA, oder eines, das auf 230 Volt anspricht? Oder beides, was die Sonde dann aber erheblich schwerer gemacht und die Mission verteuert hätte? Man kann davon ausgehen, die Goldene Schallplatte war zwar der populärste Teil der Mission, aber nicht der wichtigste. Deshalb hat die NASA auf dem Plattencover eine Bauanleitung eingraviert.

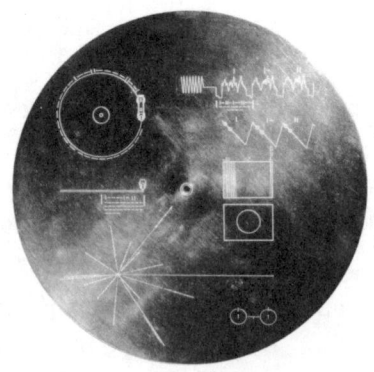

Aber nicht nur das, sondern auch noch ein paar grundlegende Informationen über uns: Wo man uns findet und welche Waffen wir besitzen. Die Adresse ist mithilfe eines Koordinatensystems angegeben mit vielen Linien, an deren Enden 14 Pulsare sitzen, und wo sich die Linien treffen, dort befindet sich das Sonnensystem.

Schon ziemlich bald nach der Entdeckung der ersten Pulsare kam man auf die Idee, dass man sie theoretisch, genauso wie die irdischen Leuchttürme, zur Orientierung im All verwenden könnte. Bei Pulsaren handelt es sich um schnell rotierende Neutronensterne, das sind extrem dichte Objekte, so schwer wie ein ganzer Stern, aber nur etwas über 10 Kilometer groß. Und zirka eine Billiarde Mal dichter als zum Beispiel Wasser. Ein Teelöffel von der Materie eines Neutronensterns würde auf der Erde über hundert Millionen Tonnen wiegen. Wie eigentlich alle Himmelskörper, so drehen sich auch Neutronensterne um ihre eigene Achse. Wenn sie das besonders erfolgreich machen und wir das mitkriegen, dann bekommen sie den Ehrentitel Pulsar. Wie können wir das mitkriegen? Pulsare besitzen ein starkes Magnetfeld, das sich mit dem Neutronenstern mitdreht und strahlenartig Radiowellen, sichtbares Licht und Röntgenstrahlung aussendet. Wenn diese Strahlung einmal pro Drehung des Neutronensterns die Erde überstreicht, lässt sie sich auf der Erde als pulsierende Strahlung beobachten. Für uns sieht das Ganze dann aus wie ein Leuchtturm, der regelmäßig Lichtblitze aussendet. Und von anderswo auch, deshalb ist eine ziemlich genaue Ortsangabe mittels Pulsaren möglich.

Weil man aber offenbar auch damals noch Respekt vor den Aliens und ihren möglichen Fähigkeiten hatte, wollte man sie sicherheitshalber schrecken und hat ihnen mit einem Symbol rechts unten am Cover mitgeteilt: Wir wissen, wie man Kernfusion in kurzer Zeit betreibt, und sind somit im Besitz von Wasserstoffbomben. Mit anderen Worten: Seid herzlich willkommen, uns zu besuchen, liebe

Fremdlinge, aber extra euretwegen schalten wir die Selbstschussanlage nicht ab. Eine Kleinigkeit ließe sich auch an der Bauanleitung bemängeln. Selbst wenn man technisch begabt ist und weiß, dass es sich dabei um eine Bauanleitung für einen Plattenspieler handelt, leicht zu bauen ist er danach trotzdem nicht. Immerhin ist eine Plattennadel beigelegt, die brauchen die Aliens nicht selber zu basteln.

Wenn man es aber geschafft hat, wird man reich belohnt. Mit Musik, Geräuschen, Grußformeln in 55 verschiedenen Sprachen und, aus österreichischer Sicht als Höhepunkt, einer kurzen Ansprache von Dr. Kurt Waldheim. Bis 1945 war er Offizier der deutschen Wehrmacht, ab den späten 80er-Jahren für sechs Jahre Bundespräsident von Österreich und dazwischen UNO-Generalsekretär. Kein schlechter Kandidat also, um den Außerirdischen eine kleine Vorstellung davon zu geben, welche Exemplare Mensch sie auf der Erde in Schlüsselpositionen zu erwarten haben, falls sie landen. Kurt Waldheim lässt jedenfalls alle Außerirdischen von uns Menschen ganz lieb grüßen, und zwar wie folgt:

As the Secretary General of the United Nations, an organization of 147 member states who represent almost all of the human inhabitants of the planet Earth, I send greetings on behalf of the people of our planet. We step out of our solar system into the universe seeking only peace and friendship, to teach if we are called upon, to be taught if we are fortunate. We know full well that our planet and all its inhabitants are but a small part of the immense universe that surrounds us and it is with humility and hope that we take this step.

Im Internet findet man ohne Weiteres ein Tonbeispiel davon, was die Außerirdischen zu hören bekommen.[43] Kurt Waldheim spricht Englisch mit starker österreichischer Färbung, und es ist für viele Österreicherinnen und Österreicher schön zu wissen, dass dieser Akzent, sollte die Schallplatte jemals von jemandem gespielt werden, die Grundlage aller extraterrestrischen Englischkurse sein wird.

Damit würden sie bei einer Alien-Landung in der Sekunde zu unersetzbaren Schlüsselkräften in der Kommunikation mit unseren Gästen. Auf der Schallplatte ist aber noch mehr zu finden. 116 Bilder aus aller Welt und allen Bereichen unseres Lebens, die eine möglichst wasserdichte Beschreibung von uns geben sollen.[44] Die Auswahl ist allerdings teilweise sehr speziell, was unter anderem daran lag, dass Carl Sagan, den die NASA mit der Auswahl der Inhalte für die Schallplatte beauftragt hatte, und seine Mitarbeiterinnen und Mitarbeiter nur sehr wenig Zeit hatten vor dem Start der Sonden.

Hier geht es vor allem darum, dass man ein Mathematiksystem einführt, mit dem auch Außerirdische rechnen können, denn die Gesetze der Mathematik gelten überall. Auch die Außerirdischen werden einen Satz von Pythagoras haben, sie werden ihn anders nennen, aber das Prinzip müsste gleich sein. Die Rechnungen stimmen alle, deshalb haben wir kein Lösungsheft mitgeschickt, sogar Bruchrechnen kann man lernen.

$$\cdot = |\quad = 1$$
$$\cdot\cdot = |- \quad = 2$$
$$\cdot\cdot\cdot = ||\quad = 3$$
$$\cdot\cdot\cdot\cdot = |-- \quad = 4$$
$$\cdot\cdot\cdot\cdot\cdot = |-| \quad = 5$$
$$\cdot\cdot\cdot\cdot\cdot\cdot = ||- \quad = 6$$
$$||| \quad = 7$$
$$|--- \quad = 8$$
$$|--| \quad = 9$$
$$|-|- \quad = 10$$

$$||-- \quad = 12$$
$$||--- \quad = 24$$
$$||--|-- \quad = 100 \quad = 10^2$$
$$|||||-|---- = 1000 = 10^3$$

$$2+3 = 5$$
$$8+17 = 25 \qquad 5+\tfrac{2}{3} = 5\tfrac{2}{3}$$
$$\tfrac{1}{2}+\tfrac{1}{3} = \tfrac{5}{6} \qquad 2 \times 3 = 6$$
$$\tfrac{1}{3}+\tfrac{1}{5} = \tfrac{8}{15} \qquad 13 \times 28 = 364$$

Wie schon im Arecibo-Signal, so ist auch hier mitgeteilt, wie wir Menschen biochemisch gebaut sind. Wenn man sich nicht sicher ist, ob man seinem potenziellen Gegenüber trauen kann, dann ist das allerdings tatsächlich keine

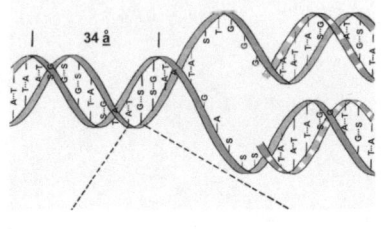

gute Idee. Denn dann könnten Aliens, noch lange bevor sie selber auf der Erde landen, eine Kapsel mit Krankheitserregern schicken, etwa eine Mischung aus Ebola und AIDS-Viren, und in aller Ruhe warten, bis der Bauplatz frei ist, bevor sie selber übernehmen.

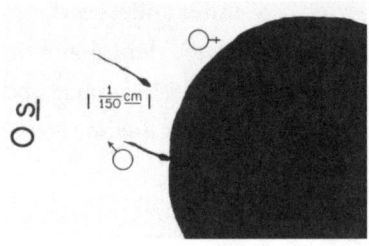

Was man hier sieht, ist klar, es handelt sich um eine Wanderkarte, eingezeichnet sind der See, seine Zuflüsse und die Waldkapelle.

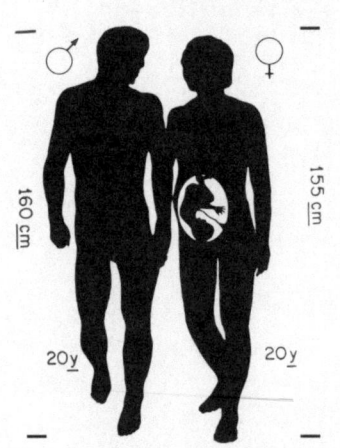

Außerirdische wissen nicht, wie wir aussehen, deshalb ist es einerseits besonders schwer, ihnen eine Vorstellung davon zu geben, wir wissen ja nicht einmal, auf welcher Wellenlänge sie Licht sehen können, und andererseits besonders fatal, wenn solche Bilder von uns Zeugnis ablegen. Hier sehen wir, weil wir uns gewohnt sind, zwei Menschen, einen Mann und eine Frau, und die Frau ist in der Hoffnung, wie man früher und euphemistisch gesagt hat. Aliens erkennen hier vielleicht ein Bild eines ziemlich kleinwüchsigen siamesischen Zwillingpaares, am Arm zusammengewachsen, einer ist in der Mitte durchsichtig oder hat gar noch ein drittes, viel kleineres Geschwisterl im Handschuhfach. Auf die y-Achse muss der Wert 20 aufgetragen werden, die x-Achse dürfte der schwarzen Beschriftung auf schwarzem Hintergrund zum Opfer gefallen sein.

Auch in diesem Bild gibt es siamesische Zwillinge, diesfalls an Knie und Zehen verwachsen.

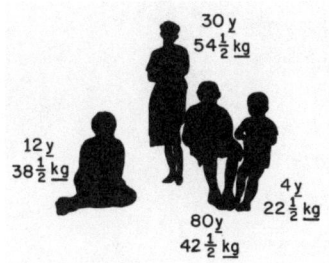

Selbst wenn man das, was man hier sieht, als Familie identifizieren kann, es gibt an anderer Stelle eine Fotografie der ganzen Bagage, so weiß man nicht genau, warum auf dieser Darstellung ausgerechnet diese Exemplare gewählt und andere weglassen wurden. Und für den Fall, dass man die ältere Frau als solche zuordnen kann, dürfte das als warnende Mitteilung an die Aliens gedacht sein, in welch großartiger körperlicher Verfassung unsere Seniorinnen in der Regel sind, sitzt die Oma doch problemlos für das Fotoshooting ohne Stuhl an der Wand. Und wer das einmal probiert hat, weiß, das geht ordentlich in die Oberschenkel.

Wer genau diese Botschaft losgeschickt hat, weiß man als Alien nicht. Die Menschen dürften es nicht gewesen sein, aufgrund ihrer geringen Größe werden sie den Planeten sicher nicht dominieren. Am ehesten sind es die Riesenechsen gewesen, gewaltige Lurche oder gigantische Tauben. Dieses Bild hat es darüber hinaus zu einiger Prominenz geschafft, allerdings schon auf der Erde, denn dieselbe Abbildung war schon Jahre zuvor mit den beiden Pioneer-Sonden gestartet, und sie entfachte hitzige Diskussionen, ob man menschliche Geschlechtsorgane einfach so zeigen dürfe. Noch dazu Außerirdischen. Aus Züchtigkeitsgründen wurden bei Reprints in manchen Zeitungen die Geschlechtsmerkmale retuschiert.*

* Das ist auch heute noch nicht ungewöhnlich, die Firma IKEA hat in der Ausgabe ihres Kataloges für Saudi-Arabien gleich eine gesamte Frau wegretuschiert. Und es gibt auch in Europa Männer, die das gut finden. http://www.wiwo.de/unternehmen/handel/frau-aus-katalog-retuschiert-warum-ikea-alles-richtig-gemacht-hat/7207452.html, Zugriff 15.6.2015.

Allerdings besitzen beide Menschen keinerlei Körperbehaarung, was das Bild aus heutiger Sicht sehr aktuell erscheinen lässt.

Diese Abbildung zeigt, was passiert, wenn man siamesische Zwillinge, die wir schon kennen, trennt. Sie müssen einbeinig durchs Leben gehen oder hüpfen. Ob die Zahlen eine Bedeutung haben, weiß man nicht, aber eventuell ergibt sich, wenn man sie addiert, ein Geheimcode, mit dem man im Internet was Schönes gewinnen kann.

Wir wissen nicht, welche Spezies sich auf anderen Planeten möglicherweise durchgesetzt hat und wie sie aussieht. Es ist aber nicht unwahrscheinlich, dass auch anderswo das Leben sich erst im Wasser gebildet hat, um dann an Land zu kommen. Und dass Außerirdische somit fischähnlich sind. Auf der Erde gelten beispielsweise Oktopoden als besonders intelligente Tiere, die sich eventuell nur deshalb noch nicht rasant weiterentwickelt

haben, weil der Wissenstransfer von einer Generation in die nächste nicht funktioniert. Oktopoden kommen so gut wie immer als Vollwaise auf die Welt und müssen alles immer neu lernen. Da war die Evolution mit den Oktopoden nicht gnädig. Die Männchen sterben in der Regel nach der ersten und einzigen Befruchtung ihres Lebens. Das heißt aber nicht, dass das die einzige sexuelle Aktivität bleiben muss, man hat männliche Oktopoden auch schon bei der Selbstbefriedigung beobachtet. Kann man sagen, acht Arme hätten sie, solange es der Penis aushält. Aber einer dieser Arme ist der Penis, und bei manchen Arten kann es vorkommen, dass dieser Arm, wenn die Paarung ein wenig zu stürmisch gerät, während der Fortpflanzung abbricht. Das unterbindet noch nicht unbedingt die Fortpflanzung, denn mitunter sind die Weibchen in der Lage, diesen abgebrochenen Arm selbstständig, auch ohne Männchen dran, in die Fruchthöhle einzuführen und so für Nachkommen

zu sorgen. Für die Männchen ist danach allerdings die irdische Wanderschaft zu Ende. Klingt fast ein bisschen nach Scharia, Arm ab nach zu wildem Sex, ist aber so vorgesehen, und falls Sie in einem Restaurant einmal Oktopus serviert bekommen, können Sie nachzählen und sich einreden, falls Sie nur auf sieben Arme kommen, er sei glücklich gestorben. Die Weibchen leben etwas länger, aber nicht viel. Sie beschützen noch ein paar Wochen die Eier, bei absoluter Nahrungskarenz während der gesamten Brutzeit, und sterben dann ebenfalls. So verhält es sich in der Regel auf der Erde. Sollten die Oktopoden dieses Problem allerdings auf einem anderen Planeten in den Griff bekommen haben, so ist nicht ausgeschlossen, dass dort ein Oktopus in ein populärwissenschaftliches Buch schreibt, Menschen gelten gemeinhin als intelligent, sie haben zwar nur zwei Arme, aber onanieren wie ein Oktopus. In diesem Fall wäre es sehr unfreundlich von uns, ihnen ein Bild zu

schicken, auf dem zu sehen ist,
wie wir sie und ihresgleichen zu-
bereiten, wenn man uns lässt.

Hier wird noch einmal zusammengefasst, wie man sich als Ali-
en die Absender dieser Botschaft
vorzustellen hat. Als nettes Detail
ist der Toast, der zeigen soll, durch
welche Körperöffnung wir feste
Nahrung zu uns nehmen, auf
einer Seite schon angebissen.
Möglicherweise wächst das bei
uns so, eventuell ist es aus aero-
dynamischen Gründen günstig,
vielleicht war aber einfach auch
nur die Zeit beim Foto-Shooting
knapp und es konnte, nachdem
das erste Bild nicht so schön
geworden ist, keine neue Brot-
scheibe aufgetrieben werden. Was
aber klar zu erkennen ist, als
Merksatz an die Außerirdischen:
Wir sind zwar schiach, aber gierig,
unterschätzen sollte man uns
also nicht.

Stürmischer Türsteher

Was die Sonne dem nach ihr benannten System, das ist der Jupiter
für die dazugehörigen Planeten. Von dem bisschen Masse im Sonnen-

system, das nicht die Sonne für sich beansprucht, hat sich fast alles Jupiter unter den Nagel gerissen. Das ist einerseits gut für uns, weil er durch seine Schwerkraft quasi als Türsteher des inneren Sonnensystems wirkt und viele Asteroiden gar nicht erst reinlässt bei der Gesichtskontrolle, andererseits wird ihm aber zur Last gelegt, deshalb auch dafür verantwortlich zu sein, dass es bei uns keine Supererden gibt. Auf dem Weg zu Jupiter könnte man nach dem Asteroidengürtel ein Schild aufstellen: Herzlich willkommen im Reich der vier Gasriesen, als deren größter der nach dem obersten römischen Gott benannte gilt.

Aber warum gibt es näher bei der Sonne Gesteinsplaneten wie Merkur, Venus, Erde und Mars und weiter weg nur Gasriesen? Um das zu verstehen, muss man sich zuerst mit der Entstehung von Planeten beschäftigen. Man geht heute davon aus, dass Planeten sich in einer großen Scheibe aus Gas und Staub bilden, die einen jungen Stern umgibt. Die Staubteilchen klumpen im Laufe mehrerer Millionen Jahre zusammen und bilden so immer größere Strukturen. Zuerst entstehen große, felsige Protoplaneten, die entweder weiterwachsen können oder nicht. Was genau passiert, hängt davon ab, wo man sich befindet. In jedem Planetensystem gibt es eine sogenannte „Schneelinie". Das hat nichts mit Betäubungsmittelmissbrauch zu tun, sondern auf der einen Seite der Schneelinie, in der Nähe des Sterns, ist es warm. Auf der anderen Seite ist die Strahlung des Sterns schwächer, und es ist kühl genug, dass leicht flüchtige Gase in Form von Eis vorliegen können. Wie wenn man in einem Thermalbad von der Halle in den Freibereich hinauswatet. Dann kann man im Winter auch auf einmal den Atem sehen, weil der Wasserdampf kondensiert. Im kalten Bereich jenseits der Schneelinie gibt es also nicht nur Staub-, sondern auch Eisbrocken, die den Planeten als zusätzliches Baumaterial zur Verfügung stehen. Hinter der Schneelinie können Planeten also schneller wachsen und größer werden. So groß, dass ihre eigene Gravitationskraft irgendwann ausreicht, um auch die ganzen in der Scheibe befindlichen Gase festzuhalten. Diese Planetenkerne legen sich dicke Atmosphärenschichten zu und werden zu den riesigen Gasplaneten. Auf der anderen Seite der Schneelinie dagegen entstehen nur kleine Planeten, wie die Erde oder die Venus. Wenn nun ein Riese wie der junge Jupiter sich in der Nähe seines Sterns so richtig anfrisst, dann kommen andere, kleinere Planeten, die als kleine Supererden versuchen, auch ein bisschen näher an den Futtertrog der Sonne zu gelangen, am großen Bully nicht vorbei, der blockiert die Annäherung und zwingt die wehrlosen Supererden auf eine Bahn außerhalb seiner eigenen oder er schmeißt sie überhaupt aus dem Sonnensystem raus. Nur ganz selten gelingt es einer Supererde als sogenanntem „Jumper", an einem Raufbold wie Jupiter vorbeizukommen. Das haben zumindest Simulationen ergeben, die wir aber noch durch direkte Beobachtungen überprüfen müssten. Dabei geht es aber nicht um Beobachtungen in unserem Sonnensystem, bei uns wissen wir, dass es keinen Supererden-Jumper gibt, den hätten wir schon gesehen, sondern, wie gesagt, um Modelle mit einem exemplarischen jupiterartigen Planeten, die man vielleicht irgendwann anhand von Untersuchungen anderer Sonnensysteme wird testen können. Werden wir das tun? Na ja, die Bildung eines Sonnensystems experimentell zu überprüfen, werden wir, zumindest im Maßstab 1:1, nicht hinkriegen, aber immerhin ist aktuell wieder einmal eine Sonde zum Jupiter unterwegs, unter anderem um zu überprüfen, was ihn zu dem gemacht hat, was er ist, und ob der weiche Gasriese eigentlich in seinem Inneren einen harten Kern besitzt. Denn solange man auch schon weiß, dass es Jupiter gibt, und das ist lange, schon im Alten Ägypten vor 5.000 Jahren war er als *Hor-wepesch-taui* ein Thema, so wenig ist über sein Inneres bekannt.

Wer Jupiter besuchen will, der findet dort überspitzt formuliert keine Geografie, sondern nur Meteorologie. Der Planet besteht nur aus Atmosphäre, unter der vielleicht irgendwo ein fester Kern steckt, was einem aber nicht weiterhilft, weil der Druck da so enorm ist, dass man schon längst zerquetscht wäre, bevor man dort ankommt. Die Atmosphäre besteht so wie die der Sonne hauptsächlich aus Wasserstoff mit ein bisschen Helium. Und noch weniger Helium-3. Dieses Isotop hat es seit ein paar Jahren zu kleiner Prominenz geschafft, weil man es sehr gut bei der Bereitstellung von Energie durch Kernfusionsreaktoren brauchen kann. Entscheidender Nachteil 1: Auf der Erde gibt es so gut wie kein Helium-3. Wir finden es auf dem Mond in großen Mengen und in den Atmosphären der Gasriesen in deutlich geringeren Mengen. Deshalb bräuchten wir also nicht zur Shopping City im Speckgürtel fahren, das gibt es auch beim Greißler ums Eck. Entscheidender Nachteil 2: Bis die Kernfusion in industriellem Maßstab funktionieren wird, sind alle, die das Buch kurz nach seinem Erscheinen lesen, wahrscheinlich bereits in Pension oder tot. Denn so groß die Fortschritte auf dem Gebiet in den letzten Jahren auch waren, sie waren längst nicht groß genug, um verlässlich darauf zu hoffen, dass sich die Energieprobleme der Menschheit durch Kernfusionsreaktoren in absehbarer Zeit in den Griff bekommen lassen werden. Irgendwann vermutlich schon, aber das wird noch dauern.

───────── → **FACT BOX** | *Kernspaltung und Kernfusion* ←

Es gibt zwei Möglichkeiten, um aus Atomkernen Energie zu gewinnen. Einerseits mit Kernspaltung oder auch zukünftig mit Kernfusion. Bei der Kernspaltung zerfällt ein schwerer Atomkern in die Spaltprodukte, das sind zwei etwa gleich schwere Atomkerne sowie Neutronen. Bei der Kernfusion hingegen verschmelzen zwei Atomkerne zu einem neuen Kern. In beiden Fällen wird
nach der berühmten Formel $E = mc^2$ Masse in Energie umgewandelt. Das bedeutet, dass sowohl bei der Kernspaltung als auch bei der Kernfusion die Summe der Massen aller beteiligten Atomkerne vor dem Kernprozess größer sein muss als nachher, sodass Masse in Energie umgewandelt und freigesetzt werden kann. Die freigesetzte Energie ist sowohl bei der Kernspaltung als

auch bei der Kernfusion um mehr als eine Million größer als bei chemischen Prozessen.

Kernspaltung

Die durch Neutronen ausgelöste Kernspaltung wird in Kernkraftwerken genutzt. Dazu werden hauptsächlich Uran und Plutonium als Brennstoff verwendet. In Kernspaltungsreaktoren, auch kurz Atomreaktoren genannt, wird die Bewegungsenergie der entstehenden Spaltprodukte und der Strahlung in Wärmeenergie umgewandelt, mit der zunächst Wasserdampf und dann mittels Turbinen elektrischer Strom erzeugt wird.

Kernfusion

Die Kernfusion ist die Ursache dafür, dass die Sonne scheint und die Sterne leuchten. Die Energie dafür entsteht dabei durch Umwandlung von Masse in Energie. So wandelt die Sonne in jeder Sekunde rund vier Millionen Tonnen ihrer Masse in Energie um. Kernfusion ist auch die Ursache für die ungeheure Zerstörungskraft der Wasserstoffbomben, tausendfach stärker als die von Kernspaltungsbomben.

Kernfusion ist ein Kandidat als Energiequelle der Zukunft. Ein Kernfusionsreaktor ist eine technische Einrichtung, in der eine kontrollierte Kernfusion im Dauerbetrieb ablaufen soll, die zur Stromerzeugung geeignet ist. Die Technologie ist in Entwicklung, und funktionsfähige Fusionsreaktoren zur Stromerzeugung existieren noch nicht. Falls Kernfusionsreaktoren die technische Reife zur Stromerzeugung erreichen sollten, ist ihr kommerzieller Einsatz wohl nicht vor den Jahren 2040 bis 2050 zu erwarten. Die seit 30 Jahren laufenden und auch zukünftigen Experimente haben vor allem die Erzeugung und Aufrechterhaltung heißer Wasserstoff-Plasmen zum Ziel, die für die technische Nutzung der Kernfusion unbedingt notwendig sind.

Ist die Temperatur hoch genug, können bei der Kernfusion bestimmte leichte Kerne verschmelzen. Man verwendet dazu meist die Fusionsbrennstoffe Deuterium und Tritium. Deuterium ist schwerer Wasserstoff, und Tritium ist überschwerer Wasserstoff. Deuterium ist genug in den Weltmeeren vorhanden, Tritium ist hingegen sehr selten, es kann nur künstlich in Kernreaktoren hergestellt werden und ist außerdem radioaktiv. Besser als Fusionsbrennstoff wäre statt des Tritiums das Helium-3 geeignet, das nicht radioaktiv ist und zum Beispiel häufig auf der Mondoberfläche vorkommt. Die Umsetzung der bei Kernfusion gewonnenen Energie in nutzbare Form wäre mit Helium-3 als Fusionsbrennstoff jedenfalls viel einfacher als mit Tritium.

In einem Fusionsreaktor ist es 100 bis 150 Millionen °C heiß. Kein Material der Welt kann solchen Temperaturen standhalten. Man muss daher starke Magneten verwenden, um das heiße Plasma einzusperren. Mit dem geballten Wissen, das Fusionsforscher in aller Welt gesammelt haben, und einer neuen Technik ist es im November 2013 gelungen, ein heißes Plasma 30 Sekunden lang von den Wänden der Brennkammer fernzuhalten.

Seit 2007 ist der Forschungsreaktor ITER (International Thermonuclear Experimental Reactor) im französischen Cadarache im Bau. An der Forschung an diesem Reaktor sind China, Russland, Indien, Japan, Korea, USA und die EU beteiligt. ITER wird ein erster Versuchsreaktor sein, noch keinen

Strom für das öffentliche Stromnetz erzeu- *aktoren die 50-Jahre-Regel gilt, nach der*
gen und wohl frühestens im Jahre 2025 *die Frist, innerhalb derer Kernfusionsreak-*
anlaufen können. Es ist jedenfalls noch ein *toren bestimmt funktionieren werden, stets*
langer Weg, bis Strom aus Kernfusion in *50 Jahre beträgt, egal wann man zu zählen*
öffentliche Netze fließen kann, manche *beginnt.*
behaupten sogar, dass für Kernfusionsre-

Gibt es auf Jupiter irgendwo ein Fleckchen, wo man seinen Liegestuhl aufstellen, sich niederlassen, die Füße hochlegen und bei einem kühlen Getränk den Sonnenuntergang genießen kann? Jupiter ist zwar schon weit entfernt von der Sonne, nämlich rund 5 Astronomische Einheiten, also im Mittel 778 Millionen Kilometer, aber sehen könnte man die Sonne noch. Die Frage, wann sie untergeht, ist aber nicht nur am Jupiter nicht ganz leicht zu beantworten, sondern auch auf der Erde. Das heißt, es ist eigentlich ure leicht, misslingt aber trotzdem in der Regel.

Wann, glauben Sie, ist Sonnenuntergang? Betrachten Sie bitte die folgenden Bilder und rufen laut „jetzt!", wenn Ihrer Meinung nach die Sonne untergegangen ist.

Falls Sie Bild 4 angebrüllt haben, schauen Sie sich kurz um, ob es eh niemand mitbekommen hat, es wäre peinlich. Falls es Bild 2 war, dann gratuliere ich herzlich, Sie lassen sich von Zentralsternen nicht für blöd verkaufen. Die Sonne hat es faustdick hinter den Ohren und ist längst weg, hinterm Horizont verschwunden, während wir gemeinhin glauben, gerade einen romantischen Sonnenuntergang zu genießen.

Die Lufthülle der Erdatmosphäre hat nämlich andere optische Brechungseigenschaften als das Vakuum des umgebenden Weltraums. Es treten Lichtbrechungseffekte auf, sodass das Licht abgelenkt wird, wie man sie beispielsweise auch sieht, wenn man einen Stab ins Wasser hält. Ähnlich verhält es sich mit der Sonne. Über dem Horizont ist die Brechung in der Atmosphäre stärker als bei höherem Sonnenstand. Über dem Horizont beträgt sie zirka 0,6 Grad. Das heißt, die Sonne ist eigentlich gerade hinter dem Horizont verschwunden, wenn wir beobachten, wie der untere Sonnenrand den Horizont berührt, weil sie von hinter dem Horizont noch über Bande ein Trugbild in unserer Welt erzeugt, das uns glauben machen soll, sie sei noch da.

Es ist Zufall, dass der Ablenkwinkel der Lichtstrahlen am Horizont durch die Luft mit 0,6 Grad praktisch gleich ist wie die Winkelausdehnung der Sonne. Wäre die Sonne größer, würde es sich nicht so schön ausgehen mit der Täuschung. Die Sonne verschafft sich also jeden Abend ein Alibi, um währenddessen, was wir für einen Sonnenuntergang halten, hinterm Horizont was auch immer zu machen, was wir aber offenbar nicht mitbekommen sollen. Und am Morgen ebenfalls, denn beim Sonnenaufgang ist es natürlich genau umgekehrt, die Sonne steht schon auf der Tacke, obwohl sie eigentlich noch Parkplatz sucht.

Wenn man auf der Oberfläche des Jupiter landen wollte, um sich ein Platzerl für den Sonnenuntergang zu suchen, wäre das größte

Problem, dieselbe zu finden. Die Suche wäre allerdings vergeblich, er hat nämlich keine. Auf Bildern, von diversen Raumsonden, die dort vorbeigeschaut haben, erweckt es zwar den Anschein, aber in Wirklichkeit wird Jupiters Gasdichte nach außen hin immer geringer, bis sie sich nicht mehr von der Dichte des Vakuums unterscheidet, und dort sagt man, ist der Planet dann aus. Wenn Sie wollen, können Sie sich das so vorstellen wie einen unter stark aromatischen Blähungen leidenden Kollegen im Großraumbüro. Wenn man zu ihm hinsieht, glaubt man seine Grenzen deutlich zu erkennen, aber auf dem Weg zu ihm beginnt sich sein Einfluss schon deutlich früher bemerkbar zu machen. Es kann sich im Übrigen selbstverständlich auch um eine Kollegin handeln, und wenn Sie nicht wollen, ist es Ihnen völlig freigestellt, auf diese Veranschaulichungsoption zu verzichten.

Außerdem ist das Wetter in der Regel schlecht. An der Oberfläche Jupiters toben teilweise jahrhundertelang Stürme, der berühmteste heißt Großer Roter Fleck, erreicht an seinen Rändern Windspitzen bis zu 400 km/h, und zu seinen besten Zeiten hätte in ihm zweimal die Erde Platz gehabt. Heute findet offenbar ein Generationenwechsel statt und kleinere rote Flecken drängen an die Macht, mit Flaute ist auf Jupiter jedenfalls bis auf Weiteres nicht zu rechnen. Die mittlere Dichte beträgt 1,3 Gramm/Kubikzentimeter. Das ist deutlich weniger als die mittlere Dichte der Erde, die 5,5 Gramm/Kubikzentimeter beträgt. Daraus können wir schließen, dass ein Großteil des Jupiters nicht aus festem Gestein oder Metall besteht. Der Hauptteil, fast 75 Prozent, besteht aus Wasserstoff, die restlichen 25 Prozent fast komplett aus dem Gas Helium, verschwindend kleine Aktienanteile halten noch Methan oder Ammoniak sowie Sauerstoff und Kohlenstoff.

Die obersten Wolkenschichten sind etwa 50 Kilometer dick. Was darunter vor sich geht, kann man entweder indirekt herausfinden oder indem man ein Messinstrument hineinwirft. Das wurde bereits einmal gemacht und ist ihm nicht sehr gut bekommen.

1995 tauchte im Rahmen der Galileo-Mission eine sogenannte Eintrittskapsel mit 170.000 km/h in die Atmosphäre des Jupiters ab. Mithilfe eines Hitzeschildes und eines Fallschirms wurde ein wenig gebremst, woraufhin die todesmutige Kapsel die letzte Stunde ihres Daseins vom Innenleben des Jupiter erzählte, bis sie nach zirka 160 Kilometern vom Außendruck zerquetscht wurde. Ihre letzten Worte waren prosaisch: Druck 22 bar, Temperatur +152 °C.

Unter der äußersten Schicht, die im Wesentlichen aus gasförmigem Wasserstoff besteht, befindet sich eine dicke Schicht aus flüssigem Wasserstoff. Man darf sich das aber nicht so vorstellen wie Wolken, die über einem großen Ozean schweben! Also, man darf schon, es wäre auch ein schönes Bild, aber nicht korrekt. Ob ein Stoff fest, flüssig oder gasförmig ist, wird nämlich von der Temperatur und dem Druck der Umgebung bestimmt. Im Alltag sind wir daran gewöhnt, dass ein Stoff einen ganz konkreten, klar definierten Zustand hat. Aber das muss nicht immer so sein, denn wenn Temperatur und Druck hoch genug sind, wird irgendwann der sogenannte Kritische Punkt (K-Punkt) überschritten. Was heißt das? Der Schanzenrekord ist in Gefahr? Es heißt, dass der Unterschied zwischen „flüssig" und „gasförmig" aufhört zu existieren. Man nennt diesen Zustand „superkritisch". Bei Jupiter, und auch bei anderen Gasplaneten, ist genau das der Fall: Weiter außen, wo Temperatur und Druck noch niedrig sind, ist der Wasserstoff noch gasförmig. Weiter innen, ab dem Kritischen Punkt, gehen die gasförmige und die flüssige Phase kontinuierlich ineinander über, und es gibt keine klar definierte Grenzfläche. Aber das war noch nicht alles, denn ein paar 10.000 Kilometer unter der äußeren Wolkenschicht geht dann diese gasförmige/flüssige Wasserstoffschicht ebenso kontinuierlich in eine Schicht aus metallischem Wasserstoff über. Regiert im Inneren des Jupiter ein gigantischer Kühlschrankmagnet? Nein. Erstens bedeutet metallisch in dem Fall, dass der enorm hohe Druck in diesen Tiefen die Anordnung der Elektronen in den Hüllen der Wasserstoffatome so verändert, dass sie elektrisch leitfähig wie Metalle werden. Und zweitens wird es zunehmend nicht kälter, sondern immer heißer. Auf der Erde sagt man gerne, man könne in einen Menschen nicht hineinschauen, mit einem Messer geht es aber dann oft doch, bei Jupiter hilft keinerlei Gerät. Was er in seinem Innersten verbirgt, weiß niemand, es könnte ein Gesteinskern sein, es könnte aber auch sein, dass dieser, wenn es ihn je gegeben hat, im Laufe der Zeit in die weiter oben liegenden Schichten aufgestiegen ist und sich quasi überall im Inneren verteilt hat. Dann gäbe es unter den äußeren Wolkenschichten tatsächlich nichts anderes als jede Menge Wasserstoff in seltsamen Aggregatzuständen mit kleinsten Beimischungen anderer chemischer Elemente aus dem ehemaligen Kern. Wovon man allerdings ausgeht, ist, dass Druck und Temperatur in der Kernzone derart gewaltig sind, dass man sich niederlegt und vor Hitze vergeht. Zu rechnen ist mit 2.000.000 bar und 30.000 °C! Und das im Schatten.

Bling-Bling

Was Jupiter auch nachgesagt wird, ist eine Liebe für selbst gemachte Diamanten. Laut einer Studie aus dem Jahr 2013 entstehen sowohl im Inneren von Jupiter, als vor allem auch bei seinem Sitznachbarn Saturn, Unmengen an Klunkern.[45] Bis zu 10 Millionen Tonnen. Wie machen die beiden das? Gewitterblitze in den äußeren Schichten lösen aus Methanmolekülen Kohlenstoffpartikel, die mit der Zeit Rußpartikel formen, und mit noch mehr Zeit sinken sie langsam tiefer in den Planeten hinein, bis der Druck so groß wird, dass aus den Kohlenstoffteilchen Diamanten entstehen. Es hagelt dort also

Edelsteine in großer Menge. Wenn man sie allerdings nicht rechtzeitig erntet, vergeht der Glanz auch wieder schnell, denn ab einer
Temperatur von 8.000 °C fangen auch Diamanten an zu schwitzen,
werden flüssig und rinnen dem Planetenkern entgegen. Das klingt
sehr pittoresk, ist allerdings nicht unumstritten, denn Diamanten-
fieber wird nicht nur Jupiter und Saturn unterstellt, sondern auch
Uranus und Neptun. Die beiden sollen zwar noch bessere Voraussetzungen dafür mitbringen, aber für ein Schmuckkästchen in Herzen der Gasriesen reicht es dem Vernehmen nach trotzdem nicht.[46]
Auch wenn die Vorstellung sehr schön wäre.

Sie müssen auf planetaren Glitzer allerdings trotzdem nicht ganz
verzichten, sondern nur ein bisschen weiter wegfliegen, etwa 4.000
Lichtjahre und dann scharf links. Oder rechts, das sehen Sie dann
schon. Dort liegt malerisch in sein Sonnensystem eingepasst PSR
J1719-1438b. Das ist aber keine besonders spezielle Ausgabe einer
Playstation, sondern ein Planet aus kristallinem Kohlenstoff, mit
anderen Worten, bei PSR J1719-1438b handelt es sich um einen
Diamanten, vermutlich einen der größten der gesamten Milchstraße,
denn er ist ungefähr halb so groß wie Jupiter. Und er ist schnell, für
einmal um seinen Stern braucht er nur gut zwei Stunden.

Damit ist er in jeder Hinsicht schwer zu fassen. Nur woher weiß
man nun das wieder, und wie entsteht so was? PSR J1719-1438b
war in seinem früheren Leben wahrscheinlich ein Stern. Weil er
aber zeit seines Lebens zu wenig in die Pensionskassa eingezahlt
hat, muss er als Planet in Rente gehen? Nein, so geht das bei Sternen
nicht. PSR J1719-1438b war vielmehr einer von zwei Sternen, die
einander umkreisen, das kommt oft vor, wie wir wissen, aber der
andere Stern, PSR J1719-1438, war viel größer, und irgendwann waren beide am Ende. Aus dem kleineren wurde ein Roter Riese, aus
dem größeren erst eine Supernova und dann ein Neutronenstern.
Auf dem Weg zum Neutronenstern dürfte er dem Roten Zwerg einen

Gutteil seiner Masse um die Ohren geblasen haben, denn Supernova-explosionen sind gewaltige Ereignisse. Und danach hat die starke Gravitationskraft des nahen Pulsars sich noch weiter am Weißen Zwerg bedient. Übrig blieb am Ende nur noch ein dichter, kleiner Kern, der hauptsächlich aus Sauerstoff und Kohlenstoff besteht, der, so vermuten die Forscher, durchaus auch in kristalliner Form angeordnet sein kann. So wie ein Diamant!

Warum auf einmal Pulsar, wenn es gerade noch ein Neutronenstern war? Weil Neutronensterne nach der Supernovaexplosion extrem an Größe verlieren, während sie gleichzeitig an Dichte gewinnen, beginnen sie sich zu drehen – ein Pulsar ist geboren. Pulsare sind die regelmäßig „blinkenden" Sterne, wenn Sie sich erinnern, deren 14 Stück man aufs Cover der Goldenen Schallplatte der Voyager-Sonden geprägt hat, um Außerirdischen die Position des Sonnensystems bekanntzugeben. Alle Pulsare sind Neutronensterne, und eigentlich auch umgekehrt, aber manchmal können wir das regelmäßige Leuchten nicht sehen, deshalb nennen wir einen Neutronenstern dann nicht Pulsar, aber von der Bauart her sind beide gleich. PSR J1719-1438 ist allerdings nicht nur einfach ein Pulsar, sondern ein Millisekundenpulsar, das heißt er dreht sich nicht nur schnell, sondern ziemlich schnell. Ziemlich schnell ist ziemlich genau in 5,7 Millisekunden einmal um die eigene Achse. Unsere Sonne braucht dafür im Mittel 25,38 Tage. Das bedeutet, wenn die beiden, Sonne und Millisekundenpulsar, sich zur Strafe 384.707.368-mal im Kreis drehen müssten, vielleicht weil sie fortwährend und trotz mehrmaliger Ermahnung den Unterricht gestört haben, dann wäre der Pulsar schon fertig, wenn die Sonne gerade eine Runde absolviert hätte.

Woher weiß man nun, dass es sich bei PSR J1719-1438b um einen Diamantplaneten handelt? Weil er eben seinen Pulsar in so kurzer Entfernung und Zeit umrundet, dass er eigentlich durch die Gezeitenkräfte des Sterns zerrissen werden müsste. Wenn er nicht aus einem besonders festen Material wäre, beispielsweise aus Diamant.

Some like it hot

Diamanten hin oder her, ich nehme an, Jupiter kommt für Sie als Destination auch nicht infrage. Wenn Sie allerdings die Verhältnisse auf Jupiter inakzeptabel finden und sich beschweren, das hätte alles im Katalog ganz anders ausgesehen, so seien Sie achtsam, wenn Sie den Geschäftsführer sprechen, sonst bietet er Ihnen ein Ersatzquartier auf einem Heißen Jupiter an. Und wenn er Ihnen sagt, er hätte noch was frei auf einem wunderschönen blauen Heißen Jupiter, dann suchen Sie das Weite. *Hot Jupiters* kennt man noch nicht so lange, und wer einen kennt, kennt eigentlich alle, aber graduell gibt es Unterschiede.

Es handelt sich dabei um Exo-Planeten, also Planeten, die sich in anderen Sonnensystemen als dem unseren um ihre Sonnen drehen, sie sind ungefähr so groß wie Jupiter oder etwas größer, aber in der Regel deutlich näher an ihrem Stern dran. Normalerweise umrunden sie ihre Sonne in einem Abstand von etwa 0,05 Astronomischen Einheiten. Das klingt nicht nur nach wenig, das ist es auch. Die Erde bringt eine AE zwischen sich und die Sonne, Merkur immerhin noch rund 0,4 AE, ein Heißer Jupiter schafft nur 1/20 davon, das ist nur rund 1/8 des Abstands von Merkur zur Sonne. Das ist sehr nahe, deshalb ist es, wie der Name schon sagt, auf diesen Jupitern auch sehr heiß. Vor allem auf einer Seite. Denn durch diese Nähe kommt es zur sogenannten Gebundenen Rotation. Das bedeutet, dass diese Heißen Jupiter ihrem Stern immer dieselbe Seite zuwenden, wie unser Mond der Erde. Man kann davon ausgehen, dass auf allen Heißen Jupitern ausgesprochen unangenehme Verhältnisse herrschen, aber selbst dabei gibt es noch Chart-Breaker. Der ungemütlichste unter diesen Höllenplaneten dürfte HD 189733b sein, 150 Lichtjahre von der Erde entfernt. Äußerlich schaut er, wie gesagt, fast einladend aus, schimmert bläulich, ein wenig wie die Erde, zumindest wenn man mit den Weltraumteleskop Hubble einen Blick auf ihn wirft. Aber das ist nur die sprichwörtliche Ruhe vor dem Sturm, der dort tatsächlich tobt.

Windgeschwindigkeiten von etwa 30.000 km/h wurden dort beobachtet. Die stärksten Stürme auf der Erde erreichen etwa 400 km/h. Wie man so langsam stürmt, weiß HD 189733b wahrscheinlich gar nicht. Bei der Windentstehung sind, wie auf der Erde, starke Temperaturunterschiede die Ursache. Beim Umrunden seines Zentralgestirns zeigt der Planet seiner Sonne, wie gesagt, immer dieselbe Seite und wird dadurch auf 2.300–3.000 °C extrem aufgeheizt. Die andere Seite liegt in ewiger Dunkelheit und ist entsprechend kühler.

Die blaue Farbe stammt nicht vom Wasser wie bei der Erde, sondern von geschmolzenen Glaskörnern, die dort durch den Sturm mit etwa 30.000 km/h waagerecht über die Oberfläche des Planeten dahin jagen. Das ist zehnmal so schnell wie eine Gewehrkugel und bedeutet, wenn Sie dort kurz einmal vor die Türe gingen, um zu schauen, ob Sie einen Schirm nehmen sollen oder nicht, würden Sie in der Sekunde von unzähligen Glaskörnern durchsiebt. Wenn es also schon unbedingt in die Gegend eines Jupiter gehen soll, was man sich nach allem, was wir wissen, nicht wünschen sollte, dann am ehesten auf einen seiner Monde. Von denen hat er jede Menge, über 60 hat man schon entdeckt, und Ganymed ist deren größter. Es handelt sich bei ihm um den größte Mond im gesamten Sonnensystem, er ist sogar größer als Merkur, eigentlich ungerecht, dass der sich dann Planet nennen darf, nur weil er so weit weg sitzt von Jupiter. Den besten Ruf hat aber der Mond Europa, weil es dort einen Ozean geben soll. Zwar unter einer dicken Eisdecke, aber dafür 100

Kilometer tief und mit flüssigem Salzwasser gefüllt bis an den Rand. Wenn Astrobiologinnen und -biologen so etwas hören, dann beginnen ihre Augen sofort zu leuchten, und ihre Münder formen mit zittrigen Lippen die Worte: „Voraussetzung für Leben." Deshalb galt Europa eine Zeit lang als Liebling aller, die unbedingt extraterrestrisches Leben finden möchten. Bis ein Neuer in die Stadt kam und Europa fast mühelos den Rang ablief als Babe Magnet vom Dienst.

Die Ringe des Herrn

Was macht eigentlich die Vorhaut Christi seit über 2.000 Jahren? Vorausgesetzt, ein Menschensohn namens Jesus Christus ist zu Beginn unserer Zeitrechnung in der Gegend von Galiläa unters Messer eines Mohel geraten, so hatte sie bis zur Himmelfahrt frei. Und danach? Die Antworten auf diese Fragen lauten natürlich: Niemand weiß, was aus der heiligen Vorhaut geworden ist, kaum jemand hat sich in den vergangenen Jahrtausenden ernsthaft damit beschäftigt, und ihr Verbleib ist im 21. Jahrhundert auch für fast alle Menschen völlig bedeutungslos.

Aber wenn man sich auf seine Spur macht, so führt das kleine Stück Messiashaut in eine geheimnisvolle Welt, die mindestens so viel Fantastisches zu bieten hat wie eine Heilsgeschichte, aber deren Wahrheitsgehalt um ein Vielfaches übersteigt. Wo sollen wir anfangen? Beginnen wir bei Enceladus, geborener Enkelados.

Mit Enkelados war nicht zu spaßen. Das wissen alle, die im alten Griechenland sozialisiert worden sind, auf das der gemeine Mitteleuropäer noch nicht mit Hochmut herabblicken hat und es um Almosen betteln lassen hat können, weil es uns damals und jahrhundertelang haushoch überlegen war. Enkeladus war als Sohn der Gaia und des Uranos in der Gigantenschlacht einer der Widersacher von Zeus, Dionysos und Athene, und Athene musste erst das gesamte Sizilien auf ihn werfen, bevor er endlich aufgab. Heute ist Enceladus längst latinisiert und nur mehr ein Mond, und das ist ein echter Abstieg.

Denn als Mond ist man in unserem Universum keine große Nummer. Man stammt entweder von einem Planeten ab oder ist gleichzeitig mit ihm entstanden oder durch ihn, aber viel kleiner geblieben und bleibt dauerhaft von ihm abhängig. Selbstständigkeit ist keine Option, wer den Titel Mond tragen möchte, muss alle Faxen des vorgesetzten Planeten ertragen, denn ein Mond ohne Planet ist kein Mond mehr, sondern nur mehr ein Asteroid. Unser Erdenmond ist dabei noch vergleichsweise gut dran, er ist Einzelkind und genießt die gesamte Aufmerksamkeit des Mutterplaneten, aber wenn man nur einer unter Dutzenden Monden ist, dann muss man sich was einfallen lassen als USP. Enceladus jedoch ist das nach einigen Anstrengungen mit viel Geduld schließlich gelungen. Nach Jahrmilliarden der Bedeutungslosigkeit wurde er Ende des 18. Jahrhunderts zwar entdeckt, aber nicht weiter groß beachtet. Er bekam vom britischen Astronomen Wilhelm Herschel einen Namen, und das war's dann auch schon für weitere 200 Jahre. Erst als 2004 die Raumsonde Cassini der NASA ihre Aufwartung machte, warf sich der kleine Trabant in die Brust. Eigentlich war Cassini nicht wegen Enceladus gekommen, sondern wegen Saturn, der als der Schönste im ganzen Land gilt, vor allem wegen seiner prächtigen Ringe.

Wie weit war der Weg der Sonde in die Arbeit? Saturn ist von der Sonne aus gezählt der sechste Planet – der Sonntag aus „MeinVaterErklärtMirJedenSonntagUnserenNachthimmel", wenn Sie so wollen – und 9 Astronomische Einheiten (AE) von ihr entfernt. Das entspricht im Mittel 1,43 Milliarden Kilometern. Falls Ihnen der Jakobsweg zu kurz und unbeschwerlich ist, hier fänden Sie eine neue Herausforderung. Weil Saturn so weit weg von der Sonne seine Bahnen dreht, ist es dort auch entsprechend kälter. Als Durchschnittstemperatur hat er −139 °C zu bieten und seine Umgebung nicht viel mehr. Dort aber finden wir Enceladus, den sechstgrößten von bislang 62 anerkannten Saturnmonden. Bei einem alpinen Schirennen ergäbe Platz sechs immerhin noch 40 Weltcuppunkte, aber das ist es gar nicht, womit Enceladus die Aufmerksamkeit der intelligentesten Weltallbewohnerinnen und -bewohner, die wir kennen, erregt hat, nämlich unsere.

Enceladus gilt als einer der vielversprechendsten Kandidaten in unserem Sonnensystem, was die Entdeckung von außerirdischem Leben betrifft. Was prädestiniert ihn dafür, wie ist das Wetter dort? Es handelt sich um einen sogenannten Eismond. Was hat er äußerlich zu bieten? Er ist schneeweiß, das hellste Objekt im Sonnensystem, was seine Albedo betrifft. Albus heißt auf Lateinisch weiß, die Albedo gibt an, wie viel Licht ein Objekt reflektiert bzw. eben absorbiert, und Enceladus hat in Albedo eine Eins. Was so viel bedeutet wie, dass er praktisch alles Licht, das ihn trifft, wieder reflektiert. Er ist komplett zugefroren, mit Oberflächentemperaturen von etwa −200 °C. Klingt nicht gerade nach einem idealen Ort für Leben, sondern eher nach einem Urlaubsparadies für Gefrierbrand. Enceladus ist auch nicht besonders groß, mit 500 Kilometern hat er nur ein Siebtel des Monddurchmessers zu bieten, diese Entfernung entspricht in etwa der Luftlinie der Strecke Wien–Feldkirch, es handelt sich also um eine durchgehende Schischaukel vom Neusiedlersee bis zum Bodensee. Und alles praktisch flach, nur Blaue Piste. Muss man mögen. Das alles weiß man durch die Raumsonde Cassini, die seit dem Jahr 2004 mehrfach an Enceladus vorbeigeflogen ist und Erstaunliches herausgefunden hat. An seinem Südpol unter einer 30 bis 40 Kilometer dicken Eisdecke liegt wahrscheinlich ein bis zu 10 Kilometer tiefer Ozean. Den hat man entdeckt, weil der Mond dort leckt. An ganz bestimmten Stellen im Eis dringt Wasser an die

Oberfläche. Und zwar in vier parallelen, 500 Meter tiefen Gräben. Diese Stellen nennt man Tigerstreifen, weil sie sich durch ihre dunklere Farbe deutlich von der weißen Umgebung abheben. Im Speckgürtel des Saturns wird also eine veritable Raubtiernummer gezeigt. Die Streifen sind der einzige Bereich mit Roter oder Schwarzer Piste, 500 Meter Höhenunterschied ist gar nicht so kurz, da geht es steil hinunter, da ginge sich ein Riesentorlauf aus. Dunkler sind die Streifen übrigens vermutlich deshalb, weil dort die Oberfläche durch das austretende Wasser vereist ist und das Licht anders reflektiert als der weiße Schnee rundherum. Denn um einen solchen handelt es sich, um weißen Pulverschnee. Wo kommt der her, kann es dort schneien, hat Enceladus eine Atmosphäre? Weiß man, nein und nein. Die Meldungen im Einzelnen. Mit einer Masse von etwa $1{,}08 \cdot 10^{20}$ kg ist an ein Festhalten einer nennenswerten Lufthülle nicht zu denken. Woher dann aber der Schneefall? Der Schnee kommt aus gezählten 101 Geysiren in den Tigerstreifen. Das bedeutet, dass sich 10 Prozent aller Geysire, die wir im Sonnensystem bislang kennen, auf Enceladus befinden. Nicht schlecht für einen Mond mit gerade einmal 500 Kilometer Durchmesser. Diese Fontänen aus heißem Wasser werden in der Nähe des Südpols durch enge, kaminähnliche Schlote bis zu 500 Kilometer hoch nach oben geschleudert oder nach unten, je nachdem, von wo man schaut. Kryovulkane nennt man solche Düsen, die anders als Vulkane etwa auf der Erde nicht flüssiges Gestein ausspucken, sondern im vorliegenden Fall Wasser. Außerplanetarische Schneekanonen, wenn man so will, denn das Wasser friert sofort und beschneit den ganzen Mond. Jeden Tag Tiefschnee, bis 100 Meter Höhe. Und der Schnee bedeckt nicht nur Enceladus selber, sondern fällt auch auf Saturn und seine Ringe, vor allem den, der auf den Namen E hört, weshalb man den besonders gut sehen kann. Bzw. fallen die Flocken nicht auf den Ring, sie sind der Ring, den

Enceladus
(Herr über die Tigerstreifen)

Saturn
(Herr der Ringe)

Diamantplanet
(PSR J1719-1438b)

es ohne diese Schnee- und Eisflocken gar nicht gäbe. Oder die kleinen weißen Racker verschwinden, wie der Herr, auf Nimmerwiedersehen ins All. Aber wieso gibt es bei der Schweinekälte flüssiges Wasser, und gefährdet die Beschneiung nicht das Grundwasser? Dazu muss ich etwas ausholen. Wir machen davor schnell eine kurze Unterbrechung für Kunstschnee und sind gleich wieder bei Ihnen. Bleiben Sie dran.

→ **FACT BOX** | *Kunstschnee* ←

Wie unterscheidet sich Kunstschnee von Naturschnee?

Die Kristallisation von Eiskristallen hängt von verschiedenen Parametern ab. Dabei sind die Zeit, die Luftfeuchtigkeit und der Luftdruck relevant. Eine „natürliche" Schneeflocke ist sechseckig und hat einen Durchmesser von rund 0,05 bis 0,1 mm, während die künstlichen Eiskristalle kugelrund sind und eine Größe von bis zu 0,35 mm haben. In den Schneeflocken befindet sich viel Luft. Das führt dazu, dass ein Kubikmeter natürlicher Schnee (frisch gefallen) ungefähr 50 kg wiegt, während die Masse des künstlich erzeugten Schnees mit rund 400 kg zu Buche schlägt.

Wie funktioniert eine Schneekanone?

*Es gibt verschiedene Systeme. Das Grundprinzip besteht darin, dass man versucht, Wasser mit Luft in die Luft zu blasen. Dies geschieht dadurch, dass man Wasser und Luft durch ein Rohr presst. Gelangt dann das Wasser-Luft-Gemisch ans Freie, so wird einerseits das Wasser stark zerstäubt, andererseits die Luft sich ausdehnen und abkühlen. Durch das Ausdehnen der Luft beginnen die Wassertröpfchen ebenso ab-*zukühlen, und wenn Druck und Geschwindigkeit passen, dann frieren diese Tröpfchen aus. Es bilden sich winzige Eiskristalle. Das funktioniert unter bestimmten Bedingungen sogar bei einer Umgebungstemperatur von über 0 °C. Tatsächlich darf es aber nicht zu warm sein, denn sonst würden diese kleinsten Eiskristalle noch in der Luft zu Regen werden.*

Die expandierende Luft mit kleinsten Wassertröpfchen kann man über verschiedene Systeme herstellen: über Druckluft, über ein komplexes Propellersystem (am häufigsten verwendet), per Vakuum und sogar mit flüssigem Stickstoff (−196 °C). Neuere Modelle mit großen Ballons, sogenannten Wolkenkammern, die bedeutend weniger Wasser verbrauchen würden, befinden sich noch in der Testphase.

„Rechtsdrehender Schnee"

Von manchen Firmen, wie ERSO Austria, wird behauptet, es gäbe neue Technologien, die durch „Absorbierung von Elektrosmog" die „negativen Einflüsse von elektromagnetischen und geopathischen Störfeldern" abbauen und über „Wasser- und Luftaktivierung" Kunstschnee herstellen ließen, der nicht nur bereits bei höheren Außentemperaturen hergestellt werden könne, sondern auch beständiger sei. Diese Errungenschaft wird „rechtsdrehender" Schnee genannt, obwohl niemand weiß, was hier rechtsdrehend bedeuten soll. Ein Schneekristall ist ein hexagonaler Kristall. Bei einer solchen Symmetrie gibt es weder Rechts noch Links. Auch soll das Schifahren auf „rechts- *drehendem" Schnee gesünder sein als auf herkömmlichem Schnee. Für keine dieser Behauptungen gibt es den Hauch eines Beweises, es handelt sich vielmehr um den üblichen esoterischen Schmonzes, der im Zusammenhang mit Wasserbelebung, -aktivierung und dergleichen mehr gerne und in der Regel zu überhöhten Preisen kredenzt wird.*

So, herzlich willkommen zurück bei Enceladus live, dem Mond mit dem heißesten Ozean im äußeren Sonnensystem. Wie heiß? Bis zu 200 °C plus. Wahnsinn, und das bei *der* Umgebungstemperatur! Woher aber stammt die Hitze, wenn die Oberflächentemperatur auf Enceladus nur rund −200 °C beträgt, warum ist dann das Wasser unter dem Eis überhaupt flüssig? Die korrekte Antwort lautet wie so oft: Das ist noch nicht endgültig geklärt. Was sich aber sagen lässt, ist, dass dafür vermutlich mindestens drei Mechanismen verantwortlich sind. Zum einen vermutet man am Grunde des Meeres einen Gesteinskern, und wie in allen Himmelskörpern mit Gestein gibt es im inneren radioaktiven Zerfall. Und dabei wird Wärme produziert. Das würde aber bei Weitem nicht reichen. Ein viel größerer Anteil der Energie, die das Wasser im Ozean flüssig hält, stammt vermutlich von Gezeitenkräften.

Die Bahn, auf der Enceladus Saturn umkreist, ist asymmetrisch, eher elliptisch. Dadurch wird der kleine Mond vom viel größeren Planeten einmal stärker, einmal weniger stark angezogen und dabei regelrecht durchgewalkt. Man kann sich das so vorstellen wie bei einem Autoreifen. Am Beginn einer Autofahrt ist die Luft im Reifen noch kalt. Aber wenn man nach geraumer Zeit, etwa beim Nachtanken, den Reifen berührt, so fühlt er sich warm an. Die Reibungskräfte zwischen Straße und Reifen haben die Luft erwärmt. Und dieselben Reibungskräfte kneten Enceladus durch und sorgen so dafür, dass sein unterirdischer Ozean flüssig bleibt. Das allein würde aber noch immer nicht reichen, man hat berechnet, dass mindestens 5.000 Megawatt Heizleistung notwendig sind, um die Wärmeabgabe von Enceladus zu erklären, das wäre aber fünfmal mehr, als durch das Gezeitengewalke erklärt werden kann. Also muss es noch eine andere Quelle geben, und die vermutet man am Grund des Meeres.

Raucherbereich

Um zu verstehen, was sich unter der Eisschicht im Meer auf Enceladus abspielen könnte, müssen wir einen Blick in unsere eigene Tiefsee werfen. In vielen Ländern der Erde sind schon ganz gute Nichtraucherschutzgesetze in Kraft, in Österreich noch nicht, da wird gerne der weniger verrauchte Teil eines Lokals Nichtraucherbereich genannt, aber das ist gar nichts im Vergleich zu dem, wie viel am Ozeangrund gepofelt wird. Auf der Erde ist es gut, wenn nicht geraucht wird, aber am Grund des Meeres wäre es fatal. Am Ozeanboden, in Tiefen bis zu 5.000 Meter, gibt es Schlote, aus denen ununterbrochen heißes Wasser strömt. Man nennt diese Schlote je nach Farbe des sogenannten Rauches weiße oder schwarze Raucher.

Woher kommt der Rauch? Es handelt sich dabei nicht um Rauch, sondern um Meerwasser. Durch Risse und Spalten im Grund des Meers versickert permanent Wasser, man kann sagen, das Meer ist undicht. Für die Lebewesen am Meeresboden ist das natürlich sehr gut. Denn wenn das Wasser unter dem Meer in unterirdischen Vulkanen auf glühendes Magma trifft, dann reagiert es dort mit dem Basalt-Gestein und heizt sich auf bis zu 450 °C auf. Dächte man sich, bei den Temperaturen müsste es doch längst verdampft sein, dächte man falsch. Der Druck in diesen Tiefen ist so enorm, dass das Wasser trotz der hohen Temperatur flüssig bleibt. Was holt das

Wasser aus dem Keller des Meeres? Auf dem Weg zurück ins Meer verwandelt sich das Wasser in eine Säure, die löst Mineralien aus dem Gestein und sprudelt an bestimmten Zonen des Meeres wieder ins Meer zurück. Es kommt beladen mit Metallen und bringt auch Schwefelwasserstoff als Gastgeschenk mit.

Schwefelwasserstoff ist das, was so gut nach faulen Eiern riecht. Das heißt, es stinkt dort einigermaßen, aber man kann kein Fenster aufmachen. Das Meerwasser außerhalb dieser Schlote ist nur wenige Grad Celsius warm. Wenn sich das heiße und kalte Wasser treffen, dann flocken sofort Mineralien aus, was aussieht wie Rauch. Ein Teil dieser Mineralien lagert sich schichtweise ab, und so wachsen die Schlote in die Höhe. Wie hoch kann so ein Schlot werden? In der Regel sind diese rauchenden Schlote 20–25 Meter hoch, in der Ausnahme können sie auch viel höher werden. Einer der größten bislang beobachteten Schlote namens Godzilla ist etwa 45 Meter hoch geworden, ungefähr so hoch wie ein 15-stöckiges Hochhaus. Cool, und alle Zimmer mit Meerblick. Wo findet man Godzilla? Gar nicht, diesen Raucher gibt es schon nicht mehr. Aber nicht Lungenkrebs hat die imposante Unterwasserechse dahingerafft, Godzilla ist vielmehr so schnell gewachsen, nämlich bis zu 6 Meter pro Jahr, dass er bald seinem eigenen Gewicht nicht mehr standhalten konnte. Das heißt, es gibt zwar einen Bauboom am Meeresgrund, aber leben kann man in den Gebäuden nicht. Was aber offenbar nicht so schlimm ist, denn die Lebewesen, die es dort gibt, scheinen sich ohnedies viel lieber im Freien aufzuhalten. Rund um die Raucher wimmelt es nur so von Leben. Das

hat man lange nicht für möglich gehalten. Warum? Dafür gibt es
mehrere Ursachen, und zwar ausschließlich menschliche. Auch in
der Wissenschaft gibt es Mode und Mainstream. Es gibt Forsche-
rinnen, früher hauptsächlich Forscher, oder Institutionen, die maßgeblich bestimmen, was Stand der Dinge ist. Das ist auch heutzutage
mitunter noch so, trotz Peer-Review und all der Kontrollmechanis-
men, aber früher war es zum Teil deutlich drastischer.

Beispielsweise gilt der hervorragende britische Naturforscher
Edward Forbes zu Recht als einer der Begründer der Tiefseefor-
schung.[47] Zu seiner Zeit hatte man angenommen, dass es Leben
im Meer nur in der Nähe der Meeresoberfläche gibt. Wann war
seine Zeit? Mitte des 19. Jahrhunderts. Er aber konnte einen See-
stern aus etwa 400 Metern Tiefe bergen und so beweisen, dass
weiter unten auch noch Lebewesen existieren. Aber derselbe Edward Forbes hat leider durch eine Fehleinschätzung auch die azo-
ische Zone eingeführt. Unter anderem aufgrund mangelhafter
Apparaturen hat er berechnet, dass unterhalb von 500 Metern
kein Leben mehr existieren könne. Dass das nicht ganz stimmen
kann, war schon zu seinen Lebzeiten manchen klar, aber weil Forbes bis dahin so einfluss- und erfolgreich war, hat er sich trotzdem mit der azoischen Zone durchgesetzt. Außerdem hat es damals dem sogenannten gesunden Menschenverstand entsprochen,
dass es im Dunkeln, unter hohem Druck und ohne Fotosynthese
kein Leben geben kann. Sie wissen heute natürlich aus den vielen
Tiersendungen im Fernsehen zur besten Sendezeit, dass das nicht
stimmt, aber damals war vieles noch nicht bekannt, und deshalb
kam es zu Fehleinschätzungen.

Wir wissen heute, dass es Fotosynthese im Dunkeln der Tiefsee
gibt, obwohl man lange davon ausgegangen ist, dass Leben, wie wir
es kennen, auch Stoffwechsel im Beisein von Sonnenlicht bedeutet.
Und der Meeresgrund ist die zweite berühmte Stelle, wo die Sonne

nie hinscheint. Dort ist es stockdunkel. Das stimmt fast, aber nicht ganz. Ein bisschen Licht gibt es, und somit ist auch Fotosynthese möglich. Unter Fotosynthese versteht man normalerweise die Erzeugung von energiereichen organischen Verbindungen mithilfe von Licht. Zum Beispiel entstehen Kohlehydrate aus energiearmen anorganischen Stoffen wie Kohlendioxyd mithilfe von Sonnenlicht. Dass Fotosynthese nur mit Sonnenlicht funktionieren kann, gehört auf den Müll der Geschichte der Wissenschaft. Da Sonnenlicht nicht bis zum Meeresboden reicht, haben sich längst andere Möglichkeiten entwickelt, wie mit zugegeben sehr wenig Licht doch Fotosynthese am Meeresgrund stattfinden kann. Drei wollen wir hier besprechen.

The Hoff

Am Meeresgrund gibt es, wie wir wissen, in gewissen Gebieten weiße und schwarze Raucher, also Schlote, die bis zu 450 °C heißes, unter anderem schwefelhaltiges Wasser ausspeien. Dort leben auch sogenannte Grüne Schwefelbakterien, und die nutzen die tiefrote und sogar infrarote Wärmestrahlung, die die Schlote abgeben, zur Fotosynthese. Quasi eine Tiefensonne statt einer Höhensonne. Für diese Bakterien sind die Schlote tatsächlich wie schwache rötliche Sonnen, und sie nutzen das Licht zur Fotosynthese eben so, wie Pflanzen auf der Erdoberfläche die Sonne zur Fotosynthese verwenden. Gibt es dort auch romantische Sonnenuntergänge? Für die Bakterien vielleicht, das weiß man nicht, aber für uns Menschen ist es dort unten stockdunkel, ohne jede Schattierung. Die Bakterien aber sind dadurch in der Lage, aus Schwefelwasserstoff und Kohlendioxid mithilfe der Wärmestrahlung Biomasse aufzubauen, von der dann größere Lebewesen leben können.

Die anderen beiden Sonnensubstitute heißen Chemolumineszenz

und Sonolumineszenz. An sich beides selbsterklärend, aber reden wir trotzdem noch kurz drüber. Das bis zu über 400 °C heiße Wasser der weißen und schwarzen Raucher am Meeresgrund trifft ja bekanntlich im Meer auf das nur 2 °C kalte Wasser des Ozeans. Wegen des enormen Drucks ist das Wasser noch flüssig. Wenn sich nun heißes und kaltes Wasser im Dunkeln treffen, so werden durch chemische Reaktionen verschiedene Mineralien ausgefällt. Dabei entsteht auch Licht, und diesen Vorgang nennt man Chemolumineszenz. Dabei wird durch den Übergang eines Elektrons aus einem angeregten Zustand in einen energetisch tiefer liegenden Zustand Licht erzeugt. Das kennen wir bereits vom Leuchten der Sternschnuppe.

Zu Sonolumineszenz kommt es, weil durch das heiße Wasser, das aus dem Ozeanboden herausschießt, Vakuumbläschen erzeugt werden, sogenannte Kavitationsblasen. Wenn so eine Blase dann kollabiert, entstehen ein Knall und ein sehr kurzer Lichtblitz. Und das sind in alphabetischer Reihenfolge die drei Möglichkeiten am Meeresgrund, die Sonne scheinen zu lassen, sozusagen für die Fotosynthese des kleinen Mannes: Chemolumineszenz, Sonolumineszenz und Wärmestrahlung. Viel Licht ist das aber auch zusammengerechnet nicht. Die Schwefelbakterien, die das nutzen, brauchen für eine Zellteilung deshalb auch drei Jahre.

Das ist nicht sehr schnell für Bakterien. Coli-Bakterien in unserem Darm schaffen das in einer guten Viertelstunde. Das heißt, wenn so ein Schwefelbakterium sagt: „Kleinen Moment, ich muss mich nur noch kurz teilen", dann besteht noch kein Grund zur Eile. Die Bakterien, die unter diesen Bedingungen Stoffwechsel aufrechterhalten können, ermöglichen vielen anderen Lebewesen auch ihr Tiefseedasein. Menschen hätten in mehreren Kilometern Tiefe im Meer ohne Tauchboot keine Überlebenschance, die Luft würde aus den Lungen gepresst, und nach ein paar Mal Wasser einatmen stünde einer Karriere als Wasserleiche nichts mehr im Weg. Andere Lebewesen lässt das unbeeindruckt, die wohnen sogar neben diesen rauchenden, brennheißen, Schwefelverbindungen spuckenden Schloten, als ob sie nie was anderes gemacht hätten. Was wahrscheinlich auch so stimmt. Man fand Fische, Krabben, Würmer und auch den Namensvetter eines TV-Weltstars, nämlich eine Tiefseekrabbe, die man nach David Hasselhoff benannt hat. Was macht „The Hoff" in der Tiefsee, und hat er dort auch ein sprechendes Auto? Nein. Aber die Hoff-Krabbe, wissenschaftlich seit Sommer 2015 auf den Namen *Kiwa tyleri*[48] getauft, kann andere tolle Sachen. Sie hat eine Größe von 15 cm und sieht aus wie ein Totenkopf. Lebt aber noch. Und wie überlebt man in über 2.000 Meter Tiefe? Indem man nicht mit vollem Magen ins heiße Wasser geht? Sozusagen. Man überlebt etwa von eben diesen Bakterien, die sich von Schwefelverbindungen ernähren. Die Hasselhoff-Krabbe frisst aber keinen Schwefel, sondern die Krabbe hat ihren Namen aufgrund ihrer üppigen Brustbehaarung.

So wie David Hasselhoff. Wenn man genau schaut. Für europäische Verhältnisse ist das nicht so viel, wer beispielsweise schon einmal in einem türkischen Bad war, hat möglicherweise schon Eindrucksvolleres gesehen, aber für US-amerikanische TV-Gewohnheiten war das damals in *Baywatch* haarig. Und was macht die Hasselhoff-Krabbe mit den Brusthaaren? Essen? Nein, in den Brusthaaren von „The Hoff" wachsen Bakterien. Das kommt aber nicht daher, weil die Krabbe denkt: „Warum waschen, ich bin eh dauernd im Wasser", sondern sie betreibt mit den Brusthaaren Viehzucht. Die Bakterien profitieren davon, dass sie auf einem größeren Tier vergleichsweise besser geschützt sind. Und die Krabbe weidet die Bakterien mit ihren Scheren ab, um sie dann zu fressen. Das heißt, das, was bei uns Body Waxing heißt, bedeutet dort Dinner Cancelling.

Volldampf

Auch auf dem Grund des Enceladus-Ozeans werden hydrothermale Quellen wie weiße und schwarze Raucher vermutet. Und die Wärme, die nicht allein mit Radioaktivität und Gezeitenkraft erklärt werden kann, könnte durch chemische Prozesse am Meeresboden zustande kommen. Manches deutet darauf hin, dass dort Serpentinisierung stattfindet.

Darunter kann man sich, außer man kennt sich mit Geologie ein bisschen aus, vermutlich gar nichts vorstellen. Wird dort eine Gebirgestraße gebaut mit schlangenförmiger Streckenführung? Mitnichten. Wenn man es ganz genau wissen möchte, ist es, wie vieles, ziemlich kompliziert, aber im Groben lässt es sich so beschreiben: Es kommt zu einer Reaktion von Gestein mit Wasser, wodurch aus Olivin, das ist ein Silikatgestein, sogenannte Serpentinminerale entstehen. Die findet man typischerweise am Meeresgrund, beispielsweise im Atlantik. Dabei wird viel Wärme frei. Möglicherweise die „fehlende" Wärme, die man in Enceladus' Tiefsee vermutet.[49]

Das ist entscheidend, denn Leben, so wie wir es kennen, braucht unbedingt flüssiges Wasser als Existenzgrundlage. Und im Meer von Enceladus finden sich tatsächlich organische Substanzen, und zwar zwanzig Mal häufiger, als man erwartet hätte. Auch das hat die fleißige Sonde Cassini herausgefunden. Heißt das, auf Enceladus gibt es Fische? Die gespritzteste Sushibar des Sonnensystems? Eher nein. Wenn sich dort Leben entwickelt haben sollte, dann dürfte es sich um Mikroben handeln. Ausgeschlossen ist das keineswegs, auch nicht in der dunklen Tiefe eines unter einer Eisdecke verborgenen Meeres. Denn während man früher eben auch bei uns angenommen hatte, dass Leben nur mithilfe von Sonnenlicht existieren könne, weiß man mittlerweile: Leben existiert fast überall auf der Erde.

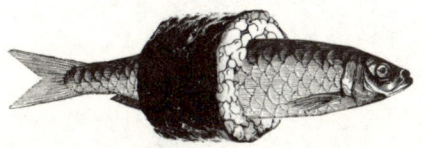

Es gibt wissenschaftliche Meinungen, die davon ausgehen, dass irdisches Leben sogar am Boden der Tiefsee entstanden sein könnte. Warum sollte das auf Enceladus nicht möglich sein? Eben. Noch wissen wir die Antwort nicht, noch weiß sie vielleicht nur der Herrgott. Aber er verrät sie uns nicht. Vielleicht weil er ein Streber ist und Vorsagen unfair findet, vielleicht weil es ihn gar nicht gibt. Aber wenn es ihn gibt und er sich jemals mit unserem Sonnensystem beschäftigt hat, dann hat er zum Saturn und seinem kleinen Freund Enceladus eine ganz besondere Beziehung. Denn als im Jahre 1610 die Ringe des Saturn entdeckt wurden, hat sich der Theologe und Kurator der Vatikanischen Bibliothek Leone Allacci in seinem Aufsatz *De Praeputio Domini Nostri Jesu Christi Diatriba* dem unbekannten Aufenthalt der Vorhaut Christi ausführlich gewidmet[50] und soll in den (Welt)Raum gestellt haben, dass nicht nur Jesus auferstanden sei, sondern auch seine Vorhaut, er wäre aber schneller und schon weg gewesen, sie habe ihn nicht mehr eingeholt. Deshalb seien seitdem die Ringe des Saturn die auferstandene Vorhaut Christi. Grob zusammengefasst.

→ **FACT BOX** | *Schäferhundmonde* ←

Die Saturnringe wurden von Galileo Galilei 1610 mit einem der ersten Teleskope entdeckt. Er sah aber noch nicht die Ringstruktur des Saturns, sondern deutete sie als zwei Henkel. Aber schon 65 Jahre danach erkannte man die Ringstruktur und dass die Ringe aus einzelnen Partikeln bestehen. Man weiß heute, dass die Saturnringe aus Eis- und Gesteinspartikeln zusammengesetzt sind, die den Saturn umkreisen. Und dass die Größe dieser Partikel winzig ist, sie aber auch groß wie ein Heustadel sein können. Es gibt mehr als 100.000 dieser Ringe mit Lücken dazwi-

schen rund um den Saturn. Der Durchmes-
ser der Ringe um den Saturn beträgt zwar
eine Million Kilometer, die Ringe sind aber
in weiten Bereichen nur wenige hundert
Meter dick. Die Schäferhundmonde sorgen
durch ihre Schwerkraft dafür, dass die Ge-
steinstrümmer und Eisbrocken in den Rin-
gen bleiben und nicht in die Lücken wan-
dern. Ähnlich wie ein Schäferhund, der
seine Schafe zusammenhält. Diese „Wach-
patrouille" beruht auf simpler Physik. Ge-
langen ein Staubteilchen oder größere Bro-
cken aus einem Ring in die Nähe der
Umlaufbahn eines Schäfermondes, gibt es
zwei Möglichkeiten:
1) Das Teilchen befindet sich vor dem Schä-

ferhundmond: Dann wird es durch die
Schwerkraft des dahinter liegenden Monds
abgebremst. Dadurch wird es langsamer,
und wegen der geringeren Fliehkraft fällt es
in den unterhalb liegenden Ring.
2) Das Teilchen befindet sich hinter dem
Schäferhundmond: Dann wird es durch die
Schwerkraft des davor liegenden Monds
beschleunigt. Dadurch wird es schneller,
und wegen der größeren Fliehkraft steigt
es in den oberhalb liegenden Ring.
Man hat einige dieser Schäferhundmonde
im Ringsystem des Saturn gefunden, wel-
che die Hauptringe auf diese Weise stabili-
sieren und die Lücken dazwischen erklären
können.

Während also Enceladus in den letzten Jahren zum Liebling der Astrobiologie-Community avanciert ist und als winziger Mond auf hohen Besuch einer eigenen Weltraummission von der Erde hoffen darf, kann sein mythologischer Vater Uranos nur von der Ferne und eifersüchtig zusehen, wie sein Kegelkind Karriere macht. Der wird praktisch nie eingeladen, wenn die Weltraumagenturen ihre Save-the-dates ausschicken. Zu wundern braucht er sich darüber aber nicht.

Uranus Heep

Unser Sonnensystem hat acht Planeten. Die Erde kennt jeder, denn wir wohnen schließlich alle hier, wenn man die Besatzung der internationalen Raumstation dazuzählt, wogegen eigentlich nichts spricht. Unsere Nachbarn Venus und Mars sind ebenfalls recht prominent, Jupiter ist der Platzhirsch, und Saturn lieben alle, allein wegen der Ringe. Obwohl alle Gasriesen Ringe vorzuweisen haben, auch Uranus und Neptun, aber dort sagt niemand: „Ah!" und „Oh!", die Instandhaltungskosten für ihre Ringe könnten sich die beiden gleich ganz sparen. Wenn Menschen irgendwas über Uranus wissen, außer dass er ein Planet und relativ weit weg von uns ist, dann haben sie vielleicht das von seinen Diamanten gehört, die es aber wahrscheinlich gar nicht gibt. Und dass er bläulich leuchtet, ein bisschen so wie ein weißer Tischtennisball, den man irrtümlich mit neuen Blue-Jeans mitgewaschen hat. Ist das ungerecht? Nicht unbedingt. Uranus ist genauso unwirtlich wie seine Nachbarn, kein Wunder, dass Sonden im Vorbeiflug maximal Schwung holen und dann schauen, dass sie wieder wegkommen.

Uranus ist im Durchschnitt 19 Mal weiter von der Sonne entfernt als die Erde und braucht für einen Umlauf um die Sonne 84 Jahre. Seit seiner Entdeckung hat er also noch nicht einmal drei komplette Runden geschafft! Ein Tag auf Uranus ist dagegen viel kürzer als auf der Erde und dauert nur 17 Stunden und 14 Minuten. Das heißt er kommt spät, geht früh und bringt auf der Arbeit nichts voran. Mit andere Worten. ein richtiger Owezahra, wie man in Wien zu solchen Tachinierern* auch noch sagt, obwohl es nicht dasselbe ist.

→ **FACT BOX** | *Tage auf Uranus* ←

Ein Tag auf Uranus kann mit 17 Stunden und 14 Minuten viel kürzer als auf der Erde sein, aber auch viel, viel länger. Genauer gesagt, dauert er so lange, wie Uranus um seine eigene Achse rotiert. Wobei das natürlich auch nicht sehr viel genauer ist. Uranus weist eine einzigartige Besonderheit auf. Er rollt quasi um die Sonne ... Unsere Erde kann man sich ja wie einen Kreisel vorstellen, der sich um die Sonne herum bewegt. Die Drehachse des Erdkreisels steht dabei fast senkrecht auf der Bahnebene; sie ist bei uns nur um 23 Grad aus der Senkrechten geneigt. Uranus dagegen ist um gleich 98 Grad aus der Senkrechten gekippt! Seine Rotationsachse zeigt zur Sonne hin, und wenn er um diese Achse rotiert, hat er darum keinen Einfluss auf die Lichtverhältnisse auf dem Planeten. Die ändern sich nur durch die Bewegung des Planeten um die Sonne herum. Während einer Hälfte des 84-jährigen Umlaufs ist die Nordhalbkugel des Uranus auf die Sonne gerichtet, und dort ist immer Tag; in der anderen Hälfte ist die Südhalbkugel

* Wienerisch für Faulenzer.

ständig beleuchtet. Die Situation ist ähnlich wie bei den Polartagen und -nächten in der Arktis und Antarktis auf der Erde, nur noch viel extremer. Es ist auch noch unklar, wieso Uranus so stark gekippt ist. Man geht davon aus, dass er in der Frühzeit des Sonnensystems während seiner Entstehung mit mindestens zwei anderen großen Pla- *neten zusammengestoßen ist. Anders kriegt man so einen großen Planeten wohl auch gar nicht gekippt. Und Uranus ist groß. Er ist der drittgrößte Planet des Sonnensystems; mit einem Volumen, das 65 Mal so groß ist wie die Erde. Der Planet ist 14,5 Mal schwerer als die Erde – also ein ziemlicher Brocken!*

Uranus wird zwar in einem Atemzug mit anderen Gasriesen genannt, ist aber genau genommen keiner. Er besteht aus einer dichten Gashülle, die über einem Kern aus Eis und Metall liegt, und sollte deshalb eigentlich „Eisriese" auf der Visitenkarte stehen haben.

Sonst geht es ähnlich zu wie auf Jupiter und Saturn. Es gibt keine Oberfläche zum Draufstehen, in den verschiedenen Luftschichten ist es unterschiedlich kalt und druckreich, und die Atmosphäre kann man nicht einatmen. Also zwei, drei Mal schon, aber danach ist man ein Ex-Mensch. Im Zentrum des Uranus misst man 5.000 °C, was zwar für einen derartig großen Planeten nicht sehr viel, für solche wie uns trotzdem unangenehm ist. Selbst mit ausgesprochenen Schweißfüßen kann man da nicht mehr als einmal auftreten, eher nur keinmal. Dann wird es auf dem Weg aus dem Planeten hinaus erst eine Zeit lang deutlich kälter, am Rande der Gashülle jedoch können Methan und die anderen Kohlenwasserstoffe in der Atmosphäre die Strahlung der Sonne absorbieren, weshalb es dort auch viel wärmer als weiter unten ist. Klingt cosy, heißt aber, die Temperaturen erreichen mehrere 100 °C. Und blau ist er auch wegen des Methans. Das Sonnenlicht wird an den obersten Wolkenschichten reflektiert, muss aber dazu erst mal durch die darüber liegende Methanschicht dringen. Der rote Teil des Lichts wird dabei absorbiert, und nur der blaue Anteil des Sonnenlichts kommt zurück. Aber wenn Sie glauben, Uranus sei ein richtiger Schlumpfplanet, dann haben Sie Neptun noch nicht gesehen. Dagegen ist Uranus

Gargamel, wenn Sie mich fragen. Auch die Erde wird gerne als Blauer Planet bezeichnet, was aber bekanntlich vom vielen Wasser kommt, das die Oberfläche bedeckt, und nicht von den Bewohnern selber, die durch übermäßigen Silberkonsum blau machen.

→ **FACT BOX** | *Kolloidales Silber* ←

Zur Vorbeugung von Hautinfektionen werden Brandwunden mit kolloidalem Silber versorgt. Dabei handelt es sich um eine flüssige Dispersion elementaren Silbers oder einer Silberverbindung. Gemeinsam mit Antibiotika kann es den Angriff von Keimen – Bakterien, Viren und Pilzen – abwehren. Das kann erwünscht sein.

Manche Vertreter der sogenannten Alternativ-„Medizin" ziehen fälschlich daraus den Schluss, dass kolloidales Silber die gleiche Wirkung auch im Körperinneren erzielen könnte, und bewerben das Mittel zur Behandlung einer Vielzahl von Erkrankungen – von Schnupfen und Grippe bis zu Magen-Darm-Infekten. Ein Kurzschluss: Nur zehn Prozent des Mittels werden im Körper aufgenommen und geraten ins Blut, der Rest – 90 Prozent – wandert durch den Verdauungskanal in die Toilette. Wenn man Wertloses teuer an den Mann bringt, nennt man das in Wien „einen Schas vergolden", bei anderen Ausscheidungen ist das offenbar zu kostspielig, da muss Silber reichen. So werden bei geringer Dosierung meist nur geringe Konzentrationen erreicht, die gar keinen keimtötenden Effekt haben, sondern lediglich eine Sightseeing-Tour durchs Körperinnere unternehmen. Manche Anbieter empfehlen jedoch – nach dem Prinzip „viel hilft viel" – höhere Dosierungen. Diese Milchmädchenrechnung kann
drastische Folgen haben. Einerseits für das Konto des Verkäufers, es füllt sich mit Geld, andererseits für die Körper der Patientinnen und Patienten. Denn hohe Dosen Silber können toxisch sein oder zur Argyrie führen, einer nicht heilbaren, unumkehrbaren bläulich-grauen Verfärbung der Haut, die Verfärbung bleibt lebenslang bestehen. Anders als die Anbieterwerbung suggeriert, können Keime nach dem Kontakt mit Silber schlimmstenfalls sogar resistent werden – und das kann gleichzeitig Antibiotikaresistenzen fördern. Diese „alternative" Methode hat somit keinen Nutzen, sondern nur Nebenwirkungen, und ist somit noch schlimmer als die üblichen Aberglaubenstherapien wie Bachblüten oder Homöopathie oder Aura-Chirurgie und dergleichen mehr, die in der Regel gar keine Wirkung oder Nebenwirkungen zeitigen. (Wenn sie nicht gerade eine notwendige medizinische Behandlung verzögern, dann können auch sie gefährlich sein.) Es existiert kein einziger unabhängig bestätigter Bericht über eine positive Wirkung, und das Schweizerische Bundesgesundheitsamt warnt vor Geräten zur Selbstherstellung. Empfohlen werden kann eine umfangreiche Behandlung mit kolloidalem Silber also nur jenen, die sich nach einem lebenslangen Fasching sehnen, in dem sie immer als Schlumpf gehen.

1, 2, 3 – Neptun frei

Kennen Sie den? Sagt Neptun zu einem Kontrahenten: Leg dich nicht an mit mir, ich habe den Kuipergürtel in KBO und TNO! Dafür dass wir überhaupt von seiner Existenz Kenntnis haben, kann sich Neptun bei Uranus bedanken, er hat ihn nämlich verpetzt. Uns Menschen wäre er bis zu dem Zeitpunkt nicht abgegangen, den Homo sapiens hat es damals bereits 150.000 Jahre gegeben, und Neptun war auch schon gute 4,5 Milliarden Jahre ohne uns tadellos klargekommen. Aber weil Uranus die ganze Zeit so komisch herumgewackelt und wie ein ausgelassenes Kindergartenkind gerufen hat: „Hinter mir, Klopapier!", haben wir Menschen den achten Planeten unseres Sonnensystems im Jahr 1846 gleich nach Herbstbeginn, also am 23. September, entdeckt.

Und war das der Beginn einer wunderbaren Freundschaft? Eher nein. Neptun ist den Menschen seitdem ungebrochen ziemlich egal und bekam folgerichtig auch den Namen eines Gottes, der nicht als der Schlaueste gilt. Die Menschen haben also sofort begonnen, Neptun zu mobben. Poseidon, wie Neptun geheißen hat, als er noch Grieche war, hat einen Minderwertigkeitskomplex, neigt zum Trübsalblasen und wird in der Götterwelt nie als Telefonjoker nominiert. Im Kampf mit anderen Gottheiten unterliegt er in der Regel, und wenn man, wie Delphinos, was mit ihm ausmacht, dann haut er einen übers Ohr.[51]

Seit seiner Entdeckung hat Neptun gerade einmal eine Sonnenumrundung zusammengebracht, für die er schlappe 164 Jahre und 288 Tage benötigt. Dem kann man quasi beim Gehen die Schuhe zubinden. Noch nie hat es eine Erkundungsmission von der Erde speziell zu Neptun gegeben, und es ist auch keine geplant. Warum? Allein der Flug dorthin würde zwischen acht und zwölf Jahre dauern, Neptun ist immerhin 30 Mal weiter von der Sonne entfernt als die Erde. Allein das wissenschaftliche Team so lange zusammen-zuhalten, bis die Sonde vielleicht gut ankommt, wäre eine Herku-lesaufgabe. Dann scheint das Sonnenlicht dort bereits so schwach, dass man auch mit einer Radionuklidbatterie würde arbeiten müs-sen, damit die Mess- und Steuerungsinstrumente überhaupt eine Chance haben zu funktionieren. Und kalt ist es dort draußen auch noch, und zwar ordentlich. In Neptuns Atmosphäre können die Temperaturen bis auf –218 °C sinken. Kälter wird es im Sonnensys-tem kaum irgendwo anders. Kein Wunder, dass die Sonde Voyager 2 im Jahr 1989 nur kurz vorbeigeschaut hat bei diesem ungeliebten Verwandten, um dann auf Nimmerwiedersehen ins Weltall zu ver-schwinden. Nicht einmal Schwung geholt hat sie, so wenig wollte sie mit ihm zu tun haben, dabei ist ein Swing-by-Manöver quasi eine Selbstverständlichkeit für eine Sonde, wenn sie an einem Plane-ten vorbeikommt. Die weltberühmte Sonde Rosetta hat auf ihrem Weg zu einem Kometen, und nicht zu einem Planeten wie Neptun – sie wird schon wissen, warum sie dorthin fliegt und nicht dahin! –, allein um die Zwutschkerlplaneten Mars und Erde viermal Schwung geholt. Wie viel sinnvoller wäre es, Schwung zu holen bei einem Eis-riesen wie Neptun, der 17 Mal schwerer ist als die Erde! Aber nein, nur nicht anstreifen, sondern schnellstens wieder weg.

————————————— ➤ **FACT BOX** | *Swing-by-Manöver* ←

Unter Swing-by oder Slingshot versteht man die Veränderung der Bahn einer Raum-sonde durch den Vorbeiflug bei einem Pla-neten. Dabei wird sowohl die Geschwin-digkeit als auch die Richtung der Raum-sonde verändert. Ein solcher Vorbeiflug kann zu einer Beschleunigung oder Abbrem-sung der Raumsonde führen. Wie viel an Geschwindigkeitsänderung möglich ist, hängt natürlich von der Masse des Planeten

ab. Am meisten wird sich die Geschwindig-keit bei einem Vorbeiflug am massereichs-ten Planeten im Sonnensystem, Jupiter, verändern.

Der größte Vorteil eines Swing-by: dass man auf diese Weise die Geschwindigkeit der Raumsonde verändern kann, ohne Treib-stoff zu verbrauchen. Man braucht dann für eine Raumsonde im Wesentlichen nur Treibstoff für geringe Bahnkorrekturen und erspart sich den Sprit zur Erhöhung der Geschwindigkeit, um dadurch auf eine Bahn weiter draußen im Sonnensystem zu kommen. Die Energie kommt in diesem Fall vom Planeten, dessen Bahngeschwindigkeit um die Sonne etwas verringert wird. Aber weil ein Planet eine so viel größere Masse hat als eine Raumsonde, ist die Geschwindigkeitsänderung für den Planeten nur minimal. Wie wenn bei uns Menschen eine Mücke vorbeifliegt, das bringt uns auch nicht aus dem Gleichgewicht. Außer es handelt sich um eine Gelse, die in der Nacht keine Ruhe gibt, da kommen manche ganz schön in Bewegung. Aber das ist auch kein Swing-by, die will ja landen und Bodenproben nehmen.

Man kann sich ein Swing-by am besten mit einer Drehscheibe ähnlich einem Kinderkarussell auf dem Spielplatz veranschaulichen. Im Zentrum der Drehscheibe befindet sich die Sonne, und der äußere Rand der Drehscheibe stellt die Kreisbahn eines Planeten um die Sonne dar. Als Raumsonde läuft man tangential in der Drehrichtung auf die Drehscheibe zu. Das heißt, nicht frontal, sondern in einem bestimmten Winkel. Dann springt man auf diese hinauf, läuft ganz kurz am Rand der Drehscheibe entlang, springt wieder hinunter und läuft weiter. Durch den zusätzlichen Schwung der Drehscheibe läuft man nach dem Verlassen der Drehscheibe schneller als vorher. Man hat also wie beim Swing-by einer Raumsonde an einem Planeten an Geschwindigkeit zugelegt. Dasselbe passiert, wenn man auf einem Flughafen auf dem Förderband nicht nur steht, sondern mit derselben Geschwindigkeit geht, wie man auch daneben am Boden ohne Förderband gegangen

wäre. Dann bekommt man am Ende, beim Verlassen auch die Geschwindigkeit des Förderbandes mit. Oder, noch ein Bild, diesmal sind wir großzügig, wenn Sie einen kleinen Ball in Fahrtrichtung auf einen vorbeifahrenden Zug werfen, so wird er nach dem Abprall ein bisschen Geschwindigkeit vom Zug mitbekommen haben. Fährt der Zug in die Gegenrichtung, wird der Ball abgebremst.

Das ist nicht nur ein theoretisches Konzept, sondern man kann tatsächlich auf diese Weise sehr viel an Geschwindigkeit gewinnen oder verlieren. Zwei aktuelle Beispiele sollen dies veranschaulichen:

Raumsonde Rosetta:

Die Raumsonde Rosetta der ESA mit einem Startgewicht von etwa 3.000 kg flog mehr als zehn Jahre lang von der Erde zum Kometen Tschurjumow-Gerassimenko, kurz genannt „Tschuri". Dort schwenkte sie am 10.9.2014 in eine Umlaufbahn um den Kometen ein. Am 12.11.2014 setzte sie dann noch die Landeeinheit Philae auf der Oberfläche des Kometen ab. Bei der Reise absolvierte Rosetta insgesamt vier Swing-bys, drei Mal an der Erde und einmal am Mars. Ohne diese vier Swing-bys hätte Rosetta niemals die notwendige Geschwindigkeit erreicht, um bis zum Kometen Tschuri zu kommen.

Die Daten der Swing-bys von Rosetta mit der erreichten Geschwindigkeitszunahme:

Erde-1, 4.11.2005:	5,9 km/s
Mars-1, 25.2.2007:	2,3 km/s
Erde-2, 13.11.2007:	5,3 km/s
Erde-3, 13.11.2007:	6,3 km/s
Summe aller Fly-bys:	
19,8 km/s = 71.280 km/h	

Raumsonde New Horizons:
Etwas weniger als neun Jahre brauchte die Raumsonde New Horizons mit einem Startgewicht von etwa 500 kg von der Erde zum Zwergplaneten Pluto. Auf dem Weg vollführte sie einen Swing-by am Jupiter und gewann dadurch an Geschwindigkeit.

Am 14.7.2015 passierte sie wild fotografierend den Zwergplaneten Pluto und seine fünf Monde. Die Daten des Swing-bys von New Horizons mit der erreichten Geschwindigkeitszunahme:
Jupiter, 28.1.2007: 3,9 km/s = 14.040 km/h

Äußerlich ist Neptun ein fescher Kerl, das immerhin kann man sagen. Er zeigt ein viel kräftigeres Blau als Uranus. Zu einem Teil wird ebenfalls Methan in seiner Atmosphäre dafür verantwortlich sein, zu einem anderen Teil ein anderes Element, das die stärkere Färbung verursacht, welches, weiß man aber nicht. Von Neptun weiß man so wenig, dass man sich noch nicht einmal richtig erklären kann, warum es ihn eigentlich gibt. Seit fast 170 Jahren kennt man ihn jetzt, aber noch nie war es wichtig genug, ihn zu fragen, wo er eigentlich herkommt.

Denn vor 4,5 Milliarden Jahren, als die Planeten sich aus dem Gas und Staub gebildet haben, die die junge Sonne umgaben, war so weit draußen eigentlich zu wenig Material vorhanden, um daraus einen großen Brocken wie Neptun zu bauen. Bei Uranus gab es das gleiche Problem. Deswegen geht man heute davon aus, dass sich beide viel näher an der Sonne gebildet haben und dann erst später weiter nach draußen gewandert sind. Computersimulationen legen sogar nahe, dass Neptun und Uranus während ihrer Wanderung die Plätze getauscht haben! Aber das sind Spekulationen, die offenbar schön genug sind, dass sie nicht durch Wissen ersetzt werden müssen.

Was man immerhin weiß, ist, dass der Planet einen starken Einfluss auf den Kuiper-Asteroidengürtel ausübt. Das ist der mittlere von drei Asteroidengürteln, die unser Sonnensystem zu bieten hat. Zwischen Mars und Jupiter liegt der Asteroiden-Hauptgürtel, den kennen wir schon, ganz außen gibt es (höchstwahrscheinlich) die

Oortwolke, und dazwischen, gleich hinter der Bahn des Neptun, beginnt der Kuipergürtel. Die vielen Objekte dort, genannt Kuiperbelt Objects (KBO) oder Transneptunische Objekte (TNO), bilden Gruppen, die in Bahnresonanzen zu Neptun stehen. Das prominenteste Beispiel ist sicherlich der ehemalige Planet Pluto. In PR-Verlautbarungen rund um die Mission New Horizons, die übrigens zu dem Winzling Pluto geflogen ist und auch nicht zu Neptun, wurde Pluto bezeichnet als *The King of Kuiperbelt*. Das wäre schon einmal nichts Besonderes, wenn man dort, wo ohnedies niemand sein möchte, König ist, darauf braucht man sich nichts einzubilden. Aber es stimmt auch nicht. Pluto ist höchstens der Größte der Sklaven von Neptun, denn ohne den geht im Äußeren Asteroidengürtel, wie der Kuiperbelt auch genannt wird, gar nichts. Während Pluto sich zweimal rund um die Sonne bewegt, absolviert Neptun genau drei Runden. Die Bewegungen von Pluto und Neptun sind gekoppelt, und das gilt auch für eine ganze Familie von Asteroiden, die sich in der Nähe von Pluto befinden und alle annähernd gleich schnell um die Sonne kreisen. Sie bilden die sogenannten „Plutinos" und müssen im Wesentlichen das machen, was Neptun ihnen anschafft.

Schon beim Namen Kuipergürtel sieht man, dass niemand so genau schaut, weil es allen wurscht ist, was da draußen los ist. Sollen sie sich doch die Köpfe einschlagen, die Transneptunischen Objekte, interessiert bei uns keine Sau. Gerard Kuiper war zwar ein hervorragender Astronom, aber den Kuiperbelt hat er eben gerade nicht entdeckt. Er hat vielmehr das Gegenteil behauptet, nämlich dass Pluto gravitativ so ein Chef sei, dass er mit seiner Schwerkraft alle Objekte raus zur Oortschen Wolke schickt. Das bedeutet, er hat postuliert, dass es dort, wo heute bekanntermaßen der Kuiperbelt liegt mit geschätzten mehr als 70.000 Objekten mit einem Durchmesser von mehr als 100 Kilometern und noch zigtausendmal mehr kleineren, gar nichts gibt. Er hat also die Nichtexistenz eines Kuipergürtel vorhergesagt, und deshalb wurde folgerichtig der Kuipergürtel nach ihm benannt. Spitze! Richtiggelegen sind andere, aber deren Namen trägt der Gürtel nicht. Weil es eben offenbar nicht so wichtig ist.[52]

Für Neptun hat das immerhin den Vorteil, dass er sich eine Heerschar von Unterläufeln halten kann, ohne dass sich wer beschwert. Er hat mindestens 14 Monde, und neben der Familie der Plutinos gibt es im Kuipergürtel noch weitere Asteroidengruppen, die in Resonanz zu Neptun stehen. Neptun hat seine ganz eigene Asteroidengruppe. Neben Jupiter, Uranus, Mars und der Erde ist er der einzige Planet im Sonnensystem, bei dem sogenannte Trojaner entdeckt worden sind. Also Asteroiden, die sich auf genau der gleichen Bahn um die Sonne herum bewegen wie Neptun selbst, aber immer ein Stückchen vor beziehungsweise hinter ihm. Gut, Jupiter, der Oberprotz, hat natürlich mit 6.231 Exemplaren am meisten bekannte Trojaner am Start, Neptun am zweitmeisten, nämlich 12. So viele hat er zumindest bei der Steuer angegeben, denn existieren dürften deutlich mehr, man geht von einigen Hunderttausend Trojanern im Bannkreis von Neptun aus. Was machen nun solche Trojaner, wie kommen sie dorthin, und warum bleiben sie dort?

Timeo Danaos

Der Kampf um Troja gehört zu den großen Erzählungen unseres Kulturkreises, und am bekanntesten ist wohl die Kriegslist des Odysseus, der als vermeintliches Gastgeschenk ein riesiges Holzpferd bauen ließ, mithilfe dessen sich die Griechen nach jahrelanger Belagerung Zutritt in die Stadt Troja verschafft haben, um sich dann dort sehr schlecht zu benehmen. So war das in der Antike. Bei uns in der Gegenwart nennt man ungebetene Gäste, die sich heimlich auf die Computerfestplatte schleichen und dort Schaden anrichten, fälschlicherweise deshalb Trojaner. Obwohl eigentlich im vorliegenden Fall die Griechen die Schweinebacken waren. Im Weltall gibt es auch Trojaner, die wiederum haben aber mit dem Pferdetrick gar nichts zu tun. Um allerdings über Trojaner im Weltall zu sprechen, muss man sich erst einmal mit den Mathematikern Joseph-Louis Lagrange und Leonhard Euler beschäftigen, zwei einschlägigen Koryphäen aus dem 18. Jahrhundert, und dem Dreikörperproblem.

Fangen wir mit dem Dreikörperproblem an. Wenn man drei Himmelskörper gegeben hat, wie zum Beispiel die Sonne, die Erde und den Mond, dann möchte man ja berechnen, wie die Bahnen dieser drei Himmelskörper ausschauen. Also jetzt vielleicht nicht unbedingt Sie und ich persönlich, aber Wissenschaftlerinnen und Wissenschaftler im Dienst der Menschheit. Und dadurch eigentlich Sie und ich auch, auch wenn wir es nicht immer wissen. Warum? Weil, ohne die Lösung des Dreikörperproblems kann man keine Bahn für die ISS berechnen, keine Ziele für Weltraumteleskope, keine Satellitenbahnen, keinen Termin für eine Sonnenfinsternis und, und, und. Das Dreikörperproblem der Himmelsmechanik heißt deshalb so, weil die Bahnen von drei Himmelskörpern mathematisch eigentlich nicht exakt berechenbar sind. Man möchte eine Lösung für die Bahn von drei Körpern unter dem Einfluss ihrer gegenseitigen Anziehung durch die Schwerkraft finden, aber das muss misslingen.

Aber hat es nicht eben noch geheißen, dass wir durch die Lösung des Dreikörperproblems genau solche Sachen heute schaffen, und es gibt ja Satelliten im All, und man kann den Termin von Sonnenfinsternissen berechnen? Das stimmt, denn man nimmt heute Computer zuhilfe. Und die können was, was eigentlich nicht geht?

Quasi. Damit kann man sich fast beliebig annähern an die Lösung, und das reicht für die Praxis. Aber exakt lösbar ist das Problem nicht. Und das haben Lagrange und Euler herausgefunden, bzw. eigentlich ist Euler daran gescheitert und hat der französische Mathematiker Henri Poincaré erst Ende des 19. Jahrhunderts bewiesen, dass das Dreikörperproblem niemals exakt mathematisch lösbar sein wird. Aber Lagrange hat für einen besonderen Fall des Dreikörperproblems eine Lösung gefunden und die nach ihm benannten Lagrange-Punkte. Die uns heute noch gute Dienste leisten. Obwohl es diese Lösung aber eigentlich gar nicht gibt, außer man weiß, wie man es doch anstellen kann, und zwar auch ohne Computer damals. Denn Lagrange ist bereits seit 1813 mausetot.

Vor Lagrange haben ein paar der berühmtesten Mathematiker, Astronomen, Physiker sich daran versucht. Nikolaus Kopernikus, Johannes Kepler und vor allem Leonhard Euler, der vierzig Jahre daran gerechnet hat. Und dann verzweifelt aufgegeben hat und kurz darauf gleich gestorben ist. Keine halben Sachen also. Aber sein Schüler, Joseph-Louis Lagrange, hat das Problem mit einem Supertrick gelöst. Und wie? Die vereinfachte Erklärung klingt wirklich ziemlich einfach. Wenn man drei Körper hat, aber einer ist verhältnismäßig klein, beispielsweise Sonne, Erde und ein Satellit, dann kann man den dritten Körper vernachlässigen und ein Zweikörperproblem draus machen. Und ein Zweikörperproblem oder, wie man genauer sagen müsste, das eingeschränkte Dreikörperproblem, kann man ohne Probleme lösen. Zweikörperprobleme lösen konnte nämlich schon Newton. Und warum hat Lagrange das dem Euler nicht gesagt? Weiß man nicht ganz genau, aber die beiden hatten ein komisches Verhältnis.

Lagrange war extrem beeindruckt von seinem Lehrer, Leonhard Euler, hat ihn aber nie besucht. Sie haben sich sogar zeitlebens nie getroffen. Einer hat zwar von der Arbeit des anderen in den höchsten Tönen geschwärmt, aber sie haben nur brieflich miteinander verkehrt. Bis es zu spät war und Euler nicht mehr unter den Lebenden. Und dann hat Lagrange auf seine Weise Lösungen für manche

Fälle des Dreikörperproblems gefunden und die so nach ihm benannten Lagrange-Punkte definiert. Zu behaupten, Lagrange habe gewartet, bis sein Chef stirbt, und dann erst ist er mit der Lösung herausgerückt, um den ganzen Ruhm selber abzusahnen, wäre aber nicht richtig. Er hat es nicht mit Absicht gemacht, sondern die Lösung einfach erst danach entdeckt.

→ **FACT BOX** | *Graz-Potenzial* ←

Heinz Oberhummer hat während seiner Studienzeit in Graz ein Dreikörperproblem gelöst. Anlässlich seiner Doktorarbeit in Physik sollte er die Kräfte berechnen, mit denen sich drei Elementarteilchen anziehen. Eine noch um einiges kompliziertere Angelegenheit, als das Verhältnis zwischen Sonne, Erde und Mond auszubaldowern. Er rechnet heute nicht mehr dran, lebt aber noch immer, was ist passiert? Nachdem die

Unlösbarkeit des Problems für ihn bald klar war, er aber nicht ewig rechnen wollte, hat er einfach die Kräfte so verändert, dass die Aufgabe exakt lösbar wurde.
Er hat also einfach die Angabe so lange verändert, bis das Ergebnis gestimmt hat. Hat er damit promovieren dürfen? Ja, und nicht nur das, diese Methode hat auch noch einen eigenen Namen bekommen, nämlich Graz-Potenzial, und sie wurde und wird zur Lösung dieses Problems herangezogen.[53] Sie sehen also, wenn man bei der Doktorarbeit schwindelt, dass es kracht, dann muss das nicht immer nachteilige Konsequenzen haben wie einst beim deutschen Politiker Karl-Theodor zu Guttenberg, sondern man kann auch ein Standardverfahren entwickeln und als Universitäts-Professor in Pension gehen.

Nachdem nun die wesentlichen Fragen rund um das Dreikörperproblem in der Himmelsmechanik beantwortet sind, können wir uns den Trojanern im Weltall zuwenden. Trojaner im Weltall sind einfach kleine Himmelskörper, in der Regel Asteroiden, die einem größeren Himmelskörper auf seiner Bahn vorauseilen oder nachfliegen. Um die Lage und Bahnen von drei Himmelskörpern zueinander zu bestimmen, braucht man die Lagrange-Punkte. Das sind fünf Punkte im Weltraum, die der Mathematiker Lagrange als mögliche Lösungen des Dreikörperproblems gefunden hat. Das Besondere an diesen Punkten ist, dass sich dort für den kleineren Himmelskörper die Schwerkräfte von Sonne und Erde sowie die Fliehkräfte aufheben. Das bedeutet, dass auf Körper, die sich in der Umgebung dieser sogenannten Lagrange-Punkte befinden, praktisch keine Kraft wirkt. Wenn sie einmal dort sind, dann bleiben sie immer dort. Und dort findet man auch Trojaner. Lagrange-Punkte darf man sich aber nicht so vorstellen, dass die immer im All herumfliegen, und manchmal parkt dort was. Erst durch die Beziehung von zwei großen Himmelskörpern wie Sonne und Neptun und einem kleinen wie einem Asteroiden ergeben sich aus der Berechnung Lagrange-Punkte. Neptun-Trojaner gibt es zwölf Stück, die auf derselben Bahn wie Neptun die Sonne umkreisen und auf Punkt 4 entweder voraus- oder auf Punkt 5 hinterhereilen.

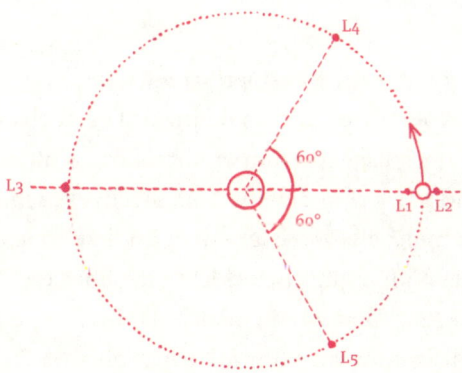

Wenn man die Neptunbahn um die Sonne mit 360° annimmt, dann sind die Trojaner im Mittel entweder 60° vor Jupiter oder 60° dahinter unterwegs, aber immer stabil im Abstand. Das ist das Besondere an diesen Lagrange-Punkten, dass Objekte, die sich dort befinden, sich im selben Abstand wie eben Neptun um die Sonne mitdrehen. Und wie kommen diese Trojaner dorthin? Mit dem Pferd? Nein, Trojaner im Weltall sind anders als ihre Namensvetter auf der Erde keine Schädlinge. Außerdem sind, wie wir wissen, die Griechen mit dem Pferd nach Troja. Warum heißen sie dann Trojaner? Ganz einfach, der deutsche Astronom Max Wolf, der 1906 den ersten Jupiter-Trojaner entdeckte, hat ihn Achilles genannt. Jetzt kommen wir zwar ohne equestrischen Einschleichtrick aus, aber Achill hat genau genommen für die Griechen und gegen Troja gekämpft. Der war überhaupt kein bisschen Trojaner. Seien Sie nicht so pedantisch, das mit den Trojanern hat sich halt so ergeben, und Sie wissen ja, wie das so ist mit der Namensgebung in der Astronomie, fragen Sie einmal den Kuipergürtel.

Genaue Oortsangabe

Wenn man es von der Erde aus betrachtet, dann folgt auf die Neptunbahn der Kuipergürtel, und ab dann wird es noch einsamer als davor. Die Gesamtmasse des Kuipergürtels ist nicht größer als die achtfache Mondmasse. Eher kleiner, man weiß es nicht genau. Das ist zwar etwas mehr als im Asteroidengürtel zwischen Mars und Jupiter, aber der Kuipergürtel erstreckt sich über eine Fläche von mehr als 3.000 AE²! Und wie man sich da die Dichte ausrechnen kann, wissen Sie ja noch von vorhin. Ab hier bis zum Ende der Oortschen Wolke ist es, gemessen am Volumen, ziemlich leer. Wenn Sie zuhause Stauraum suchen, hier gäbe es ihn. Irgendwo zwischen dem Kuipergürtel, dessen äußerste Regionen nur 50 Mal weiter von der Sonne entfernt sind als die Erde, und der Oortschen Wolke und deren Ende, das man erst in über eineinhalb Lichtjahren vermutet, befindet sich die Voyager 1. In ziemlich genau 125 AE Entfernung, also 125-mal so weit entfernt wie die Erde von der Sonne. Sie ist damit ohne jeden Zweifel das von Menschen gemachte Objekt, das sich am weitesten von der Erde losgesagt hat. Das macht offenbar viele so stolz, dass sie behaupten, die Raumsonde habe bereits unser Sonnensystem verlassen. Woher wissen sie das, gibt es dort ein Schild „Sonnensystem Ende"? Nein, und das Sonnensystem endet dort auch überhaupt nicht, das ist völliger Quatsch, da würde es sich schön bedanken, wenn Sie ihm den Großteil seines Grundbesitzes einfach wegkürzen würden.

Wie kommt es trotzdem dazu, dass sogar naturwissenschaftliche Fachkräfte so etwas, teilweise jahrelang, behaupten? Dafür gibt es mehrere mögliche Erklärungen, drei besonders stichhaltige lauten: Die Menschen wissen es nicht besser und sind zu faul, um nachzuschauen, oder sie verwenden eine Nomenklatur, die sich eingebürgert hat, so wie ja mittlerweile Olympiade und Olympische Spiele synonym verwenden werden, obwohl es sich um verschiedene Dinge handelt, oder, Nummer drei, sie wollen es so haben und sagen es so lange, bis es stimmt.

Es gibt im äußeren Sonnensystem nicht mehr viele Landmarken. Neptun ist etwa 30 AE weit weg von der Sonne und mit freiem Auge höchstens als matte Scheibe zu erkennen, und alles andere sehen wir nur mit Teleskopen. Die Sonne schickt einen ständigen Strom geladener Teilchen ins All. Den sehen wir zwar nicht, aber dieser Sonnenwind verliert irgendwann hinter Neptun an Schwung und lässt sich kaum mehr von den ganz normalen interstellaren Teilchen unterscheiden, die von anderen Sternen stammen und sich überall im Raum zwischen den Sternen befinden. Diese Grenzregion, in der quasi der Zuständigkeitsbereich des

Sonnenwindes endet, nennt man Heliopause, sie befindet sich etwa in 110 bis 150 AE Entfernung, je nachdem, das hängt immer auch ein bisschen von der Stärke des Sonnenwindes ab. Unsere Sonne bläst ja in 11-Jahres-Zyklen einmal stärker, dann wieder weniger kräftig, und das sorgt für die unterschiedliche Grenzziehung. Und ungefähr dort fliegt aktuell Voyager 1 des Weges. Nur endet das Sonnensystem dahinter definitiv nicht. Denn es gibt nicht nur den Sonnenwind, sondern auch die Gravitation. Jede Menge Himmelskörper sind gravitativ an die Sonne gebunden und befinden sich sehr viel weiter weg als Voyager 1. Zum Beispiel der Asteroid Sedna, dessen mittlerer Abstand von der Sonne ungefähr 544 AE beträgt. Das ist sehr viel weiter von der Sonne weg als die Heliopause, aber Sedna gehört ganz eindeutig zum Sonnensystem. Genauso wie Milliarden und Billionen andere Asteroiden der Oortschen Wolke, die sich noch viel weiter entfernt von der Sonne bewegen, aber weiterhin an sie gebunden sind. Die würden ja einfach ins Weltall verschwinden, wenn sie könnten, aber die Sonne hält sie fest, in ihrem System. Das Sonnensystem geht also nach der Heliopause noch ein ganzes Stück weiter. Und zwar noch etwa eineinhalb Lichtjahre weiter. Wenn man es maßstabsgetreu zeichnen würde, dann befände sich Voyager 1 etwa einen halben Millimeter neben der Sonne, und bis zum Ende des Sonnensystems am äußeren Rand der Oortschen Wolke sind es noch zirka 30 Zentimeter.

Warum wollen die Menschen dann, dass es schon so viel früher aufhört? Sagen wir es so: Die Geschichte der Voyager-Sonden ist eine außerordentlich spektakuläre Erfolgsgeschichte, und wenn sich die Menschheit darauf was einbilden möchte, hat sie alles Recht dazu. Die Sonden werden auch noch zwei, drei Jahrzehnte lang weiter funktionieren und Daten zur Erde senden, aber dann ist Schluss, dann sind die Radionuklidbatterien endgültig am Ende. In zwei, drei Jahrzehnten sind aber die allermeisten, die die Mission damals in den 70er-Jahren gestartet haben, nicht mehr am Leben, und es gibt dann aus der Umgebung der Sonde auch nichts Spektakuläres mehr zu berichten. Denn bis Voyager 1 den Beginn der Oortschen Wolke erreicht haben wird, werden etwa 300 Jahre vergehen, wer weiß, ob sich dann noch irgendjemand an diese Mission erinnern kann. Außerdem ist ein First immer gut, auch um Öffentlichkeitsarbeit zu machen und zu versuchen, ausreichend Geld für künftige Projekte zusammenzukriegen. Und wenn man verlautet, eine der eigenen Sonden werde bald das Sonnensystem verlassen, zum ersten Mal in der Geschichte der Menschheit, dann klingt das sehr gut und kommt weltweit in die Nachrichten. Zu Recht, denn es ist deutlich spektakulärer als Berichte von einem von unzähligen Siegen in irgendeiner Sportart oder den Drogendelikten von Schlagersängern oder den Zusammenkünften von abertausend Abergläubigen, bekannt als Papstmesse.

Wenn man es aber *Eintreten in den interstellaren Raum mit möglichem Erreichen der Heliopause* nennt, dann werden die Nachrichten eher nicht damit titeln. Es ist also für einen guten Zweck, nämlich dafür, die Voyager-Sonden hochleben zu lassen und die Menschen hinter ihnen, und dafür kann man schon einmal für ein paar Jahre die Grenze des Sonnensystems neu ziehen. Angesichts von 4,5 Milliarden Jahren Bestehen fällt das wirklich nicht ins Gewicht. Und die Menschen werden in den Nachrichten einmal weniger behelligt mit Berichten von einem von unzähligen Siegen in irgendeiner Sportart oder den Drogendelikten von Schlagersängern oder den Zusammenkünften von abertausend Abergläubigen, bekannt als Papstmesse. Also Win-Win für alle.

Unser Sonnensystem hat mehrere Bereiche mit Asteroiden im Programm. Wahrscheinlich. Vom äußersten hat man nur eine ungefähre Vorstellung. Im Jahre 1950 schlug der holländische Astronom Jan Hendrik Oort vor, dass Kometen mit einer Periode von Hunderten bis Tausenden Jahren aus einem riesigen, extrem weit entfernten schalenförmigen Bereich um die Sonne kommen. Ein bisschen so wie aus der knusprigen Hülle, die beim Knabbergebäck namens Nic-Nacs die Erdnuss umhüllt. Aber viel weniger dicht natürlich, in der Oortschen Wolke gibt es unfassbar viel Platz, Himmelskörper, die dort herumfliegen, treffen sich auch in Tausenden von Jahren nie. Jan Hendrik Oort hatte Kometenbahnen untersucht, um herauszufinden, woher diese Brocken kommen, die wir manchmal als Kometen beobachten können und bei denen es sich im Wesentlichen um gefrorene Dreckklumpen handelt, die sehr lange durchs Weltall kurven.

Als deren Lagerungsort, von dem aus sie starten, hat er die Oortsche Wolke vorgeschlagen, die dann später nach ihm benannt wurde. Was nicht ganz fair ist, denn der estnische Astronom Ernst Öpik hatte dafür schon zwei Jahrzehnte früher maßgebliche Vorarbeiten auf dem Gebiet geleistet, auf die sich Oort auch bezogen hat. Im Gegensatz zu Kuiper hat Oort aber das Richtige gemeint damit, die Benennung geht also in Ordnung, auch wenn die Wolke besser Öpik-Oortsche Wolke heißen sollte.

Woraus besteht diese Wolke nun? Aus einem gigantischen Schwarm von eisigen Himmelskörpern, von denen man annimmt, dass sie bei der Entstehung des Sonnensys-

tems übrig geblieben sind. Also quasi Bauschutt unseres Sonnensystems, der nach Abschluss der Bauarbeiten in äußeren Bereichen weit abseits der Planeten gelagert wurde.

Die Oortsche Wolke ist 5.000 bis 100.000 Mal weiter von der Sonne entfernt als die Erde. Von dort aus wäre unsere Sonne nur mehr als ein punktförmiger Stern sichtbar. Und weil die Sonne von dort so weit entfernt ist, ist auch die Anziehung durch die Schwerkraft der Sonne nicht sehr viel größer als die von benachbarten Sternen.

Deshalb bleiben die Kometen genannten Eisklumpen im Wesentlichen auch sehr lange dort. Aber im Unwesentlichen kann ein solcher eisiger Himmelskörper in seiner Bahn durch die Schwerkraft von nahe an der Oortschen Wolke vorbeiziehenden Sternen aus der Nachbarschaft unseres Sonnensystems gestört werden.

Dadurch kann er in das innere Sonnensystem abgelenkt werden und Karriere als Komet machen. Kann man die Oortsche Wolke beobachten? Nein. Die eisigen Himmelskörper sind einfach zu klein und zu weit entfernt, um sie direkt beobachten zu können. Woher weiß man dann, dass es sie gibt? Gar nicht. Aber es gibt indirekte Anzeichen, dass es sie geben muss. Oder sollte. Denn kurzperiodische Kometen mit Umlaufbahnen um die Sonne kürzer als 200 Jahre sollten sich im Laufe der Zeit längst aufgelöst haben nach mehreren Passagen in der Nähe der heißen Sonne. Wir sollten daher gar keine Kometen mehr beobachten können, tun dies aber trotzdem. Also muss von irgendwoher Nachschub kommen. Und *als dieses Reservoir hat man die Oortsche Wolke im Verdacht bzw. postuliert. Das heißt quasi, aufgrund der Tatsache, dass jeden Tag in der Früh, wenn man das Haus verlässt, auf dem Gehsteig vor dem Haustor immer wieder frische Hundstrümmerl liegen, geht man davon aus, dass es einen Hund geben muss, aus dem sie kommen. Auch wenn man den edlen Spender nie sieht.*

Der bekannteste Komet der Menschheitsgeschichte dürfte der Halleysche Komet sein. Zum einen, weil man ihn schon lange kennt, was zum anderen damit zu tun hat, dass er alle 75 bis 76 Jahre vorbeischaut. Wenn man also lange genug lebt, dann erlebt man ihn mit Glück sogar zweimal, es gibt aber vermutlich immer wen in der Verwandtschaft, der ihn bereits gesehen oder seinen letzten Vorbeiflug mitbekommen hat. Der Schriftsteller Mark Twain wurde 1835 geboren und meinte noch zu Lebzeiten, ein Jahr bevor der Komet sich wieder zeigen sollte, er sei mit dem Kometen auf die Welt gekommen, und sollte er nicht auch wieder mit ihm von der Erde gehen, wäre das die größte Enttäuschung seines Lebens. Und tatsächlich starb Twain im Jahr 1910. Wiewohl er, wenn es sich um eine Wette gehandelt hätte, deren Ausgang im Bedarfsfall beeinflussen hätte können.

Das letzte Mal hat er sich 1986 gezeigt, das nächste Mal, falls Sie ihn in Ihre Lebensplanung einbinden wollen, kommt er im Jahr 2062. Das dauert noch ein bisschen, und diese Lücke hat unlängst ein anderer Komet genützt, um sich Bekanntheit zu verschaffen.

Philae-Stück

Stellen Sie sich vor, Sie sind ein Komet und fliegen seit ein paar Milliarden Jahren in der Gegend herum, ohne Freunde in irgendwelchen sozialen Netzwerken, und umkreisen in aller Ruhe alle sechseinhalb Jahre weit entfernt von der Erde einmal die Sonne. Und wie aus heiterem Himmel nähert sich ein tonnenschweres, glänzendes Trumm mit Flügeln und geht nicht mehr weg. Was würden Sie sich denken?

1) Rosetta gibt es wirklich
2) Scheiße, Planquadrat
3) Gott habe ich mir deutlich größer vorgestellt

Die gewählte Antwort gibt möglicherweise einigen Aufschluss über Sie als Mensch, und wie Sie sich die Entstehung und Bewirtschaftung des Sonnensystems vorstellen, über Kometen und ihre Beschaffenheit gibt sie aber wenig Auskunft. Kometen haben leider keinerlei Ehrgeiz, ihre Geheimnisse zu posten, deshalb muss man sie besuchen und ihnen jedes Wort aus der Nase ziehen. Genau das war am 12.11.2014 geglückt. Nach rund zehn Jahren Flugzeit hatte die Sonde Rosetta den mittlerweile weltberühmten Kometen 67P/ Tschurjumow-Gerassimenko erreicht. Nicht nur das wissenschaftliche Team der ESA, der europäischen Raumfahrtbehörde, starrte gebannt auf Monitore, wie das Landemodul Philae auf dem Kometen Platz nahm. Es war das erste Mal seit Menschengedenken, dass ein Komet besucht werden konnte, mit Landung. Weil dessen Name für unsere Ohren wie ein Zungenbrecher klingt, wurde er mit dem Spitznamen „Tschuri" versehen. Da hat es sich wieder einmal gerächt, dass Österreich zwei Weltkriege hintereinander verloren hat und u.a. deshalb keine große Raumfahrtnation ist. Denn für Wiener Ohren klingt Tschuri sehr einschlägig. Die Älteren werden sich vielleicht noch an Georg Danzer und seine Ballade vom Tschurifetzen erinnern, der dort nach dem Geschlechtsakt seinen Dienst antritt.

Aber wenn wir schon dabei sind, was bedeutet eigentlich das 67P/ vor Tschurjumow-Gerassimenko? Ist das auch was Ordinäres? Darüber spricht wieder einmal niemand. Das stimmt, liegt aber sicher daran, dass es für diejenigen, die es wissen, banal ist, und für

die anderen offenbar nicht so wichtig. Na ja, hier einmal die scheinbar naheliegende Auflösung: P67/ scheint ganz leicht zu entschlüsseln zu sein. Um Kometen leichter einordnen zu können, werden ihr
Entdeckungsjahr festgehalten, und ihre Umlaufbahnen um die Sonne
mit Buchstaben bezeichnet. P heißt, es handelt sich um einen Kometen, der periodisch wiederkehrt, und zwar mit einer Umlaufzeit
von weniger als 200 Jahren. Wenn er länger unterwegs ist, bekommt
er ein C. Bei X weiß man es nicht so genau, und D steht für Kometen,
die man nicht mehr findet oder die zerbröselt sind. So wie ISON,
der 2013 für so großes Hallo gesorgt hatte, aber dann das Stelldich-
ein mit der Sonne nicht überlebte. Sein Mädchenname, wenn man
so will, lautete, C/2012 S1. C steht für langperiodisch, das wissen Sie
bereits, 2012 ist das Entdeckungsjahr, S heißt in der zweiten Novemberhälfte entdeckt und 1 bedeutet, er war damals der erste Komet,
der in der zweiten Novemberhälfte ausfindig gemacht wurde. Nach
seinem Zerbröseln müsste er eigentlich D/2012 S1 heißen, aber
mittlerweile interessiert sich kaum noch wer für ihn. Bedeutet das
für P67/, dass der Komet nur eine kurze Umlaufbahn um die Sonne
bevorzugt und 1967 entdeckt wurde? Ja und nein. Kurze Umlaufbahn ja, aber entdeckt wurde der Komet, da sind sich alle einig, inklusive der Entdeckerin Swetlana Iwanowna Gerassimenko, aber
erst im Jahr 1969. Macht er sich also älter, als er ist, damit er früher in
Clubs hineinkommt oder schneller die Vorteilscard Senior in Anspruch nehmen kann? Nein. Das Geheimnis liegt im Slash. C/2012,
wie bei ISON bedeutet, lange Bahn, 2012 entdeckt. P67/ heißt, dass
es sich um den 67. der bis dahin entdeckten periodischen Kometen
gehandelt hat. Mittlerweile sind es mehr, genauer 312, und es wird
anders gezählt, aber damals war 67 die nächste freie Nummer für
den Neuankömmling. So, nun wissen Sie das auch.

Wenn Sie jetzt glauben, die Namensgebung bei Kometen sei kompliziert, dann konzipieren Sie einmal eine Mission dorthin. Dann

wollen Sie danach nur noch Kometen benennen. Vor über 20 Jahren wurde mit der Planung begonnen, vor zehn Jahren ist eine Rakete von der Erde weggeflogen und hat Rosetta auf den Weg gebracht, die danach weitere zehn Jahre in der Gegend herumgekurvt ist. Das ist ganz schön lange.

Wie viele von Ihnen haben heute noch dasselbe Handy wie vor zehn Jahren, dasselbe Auto oder denselben Partner bzw. dieselbe Partnerin? Die ESA ist Rosetta treu geblieben und umgekehrt auch, aber warum war die Sonde so lange unterwegs? Ganz einfach, weil der Komet so weit weg ist von der Erde, zum Zeitpunkt des Rendezvous über 500 Millionen Kilometer and counting. Und keine existierende Rakete hätte eine so schwere Nutzlast direkt dorthin bringen können. Mit Umsteigen war es sozusagen billiger. Rosetta hat deshalb dreimal um die Erde und einmal um den Mars Schwung geholt und war dadurch fast fünfzehn Mal länger unterwegs als auf direktem Weg. Der trotzdem noch lange genug gewesen wäre. Würde man mit einem Ferrari durchgehend mit 200 km/h fahren, bräuchte man auf direktem Weg für die 500 Millionen Kilometer etwa 300 Jahre. Also sechs Generationen, die man aber unterwegs auch noch zeugen, auf die Welt bringen und aufziehen müsste, und in einem Ferrari ist es schon ab drei Personen eng. Führe man auf den Spuren Rosettas nach, wäre man mit dieser Geschwindigkeit im Ferrari über 5.000 Jahre unterwegs.

Die Sonde war aber durchs Schwungholen viel schneller, und so war es am 12.11.2014 dann so weit, die Landung konnte eingeleitet werden. Mehr aber auch nicht. Die Mitarbeiterinnen und Mitarbeiter der ESA waren darauf angewiesen, dass sie und ihre Vorgänger sich vor mehr als zehn Jahren nicht verrechnet hatten. Denn das Radiosignal braucht von der Erde zum Kometen und retour mit Lichtgeschwindigkeit fast eine Stunde. Ein Eingreifen in den Landevorgang war also nicht mehr möglich, nachdem der Lander Philae einmal ausgesetzt worden war. Und die Landung galt als extrem riskant. Man hatte davor praktisch keine Ahnung von der Beschaffenheit der Oberfläche des Landeplatzes, ob Philae eine geeignete Stelle auf der Kometenoberfläche treffen oder abprallen, versinken, umfallen, in eine Spalte oder von einem Kliff stürzen oder gar an einem Felsen zerschellen würde.

Die sichere Landung von Philae war hauptsächlich von der Schwerkraft des Kometen abhängig. Und die ist eigentlich nicht der Rede wert, denn der Komet misst nur etwa 4 x 3,5 Kilometer. Die Landeeinheit, die auf der Erde 100 kg wiegt, ist auf dem Kometen gerade einmal 1 Gramm schwer. Das ist nicht viel. Das ist, wenn Sie so wollen und um im Bild zu bleiben, zirka eine Kaffeelöffelspitze voll Tschuri. Also wirklich sehr wenig. Würde man auf dem Kometen bergsteigen und beim Klettern abstürzen, betrüge die Geschwindigkeit, die man nach einem Fall von einem Kilometer erreichen würde, nicht einmal 2 km/h. Die Landung wäre somit einigermaßen weich.

Auf eine weiche Landung hatte man auch für Philae gehofft, aber dann kam alles anders. Um die Schwerkraft bei ihren Bemühungen zu unterstützen, hatte die ESA dem Lander Harpunen mitgegeben und Gasdüsen. Die Düsen sollten ihn auf die Oberfläche drücken, die Harpunen im Kometen verankern. Ein guter Plan, aber beide Systeme haben versagt. Deshalb kam es zum Dreisprung. Nach dem ersten Bodenkontakt hat der Lander einen gewaltigen Sprung gemacht, eine Höhe von 455 Meter erreicht und hätte damit auf der Erde sogar das Empire State Building in New York überspringen können. Nach einem zweistündigen Flug ist er noch einmal einen Kilometer weit entfernt gelandet, und erst nach einem weiteren Hüpfer von etwa zwei Metern zum Stillstand auf dem Kometen gekommen. War die Landung somit gelungen oder nicht? Beides.

Denn Philae hatte zwar eine Batterie an Bord, die war aber für nur etwa 60 Stunden Betrieb ausgelegt. Dann hätten die Solarpaneele übernehmen sollen. Leider befand sich der Landeplatz im ungünstigen Schattenbereich in einer Vertiefung, umgeben von Eiswänden, und deshalb konnte nicht genug Sonnenenergie generiert werden, um weiterzuarbeiten, und der Lander hat sich schon nach knapp drei Tagen zur Ruhe begeben. Das heißt, Philae ist zehn Jahre von Rosetta mitgeschleppt worden und dann gleich in Frühpension gegangen. Spitzenkollege. Hat sein Außendienst seinen Auftraggebern auf der Erde wenigstens irgendwas gebracht? Jawohl. Ein Großteil der in diesem Zeitraum geplanten Untersuchungen ist gelungen. Und ganz zum Schluss konnte sogar noch in den Kometenboden gebohrt werden oder zumindest wurde es versucht. Dann war allerdings der Saft heraußen, und Freitag, den 14.11., hat der Lander erschöpft die Augen geschlossen, mit der vagen Ansage, eventuell später noch einmal aufzustehen und mitzuhelfen, wenn das Wetter besser wird.

Klingt eigentlich nach der ganz normalen Wochenendbeschäftigung mitteleuropäischer Männer. Erst landen, dann kurz bohren, schließlich einschlafen und erst aufwachen, wenn die Sonne wieder knallt. Und Rosetta kann inzwischen die restliche Arbeit allein machen, bis der gnädige Herr ausgeschlafen ist. Anders als bis zur Landung gedacht, handelt es sich bei Tschuri nicht um einen kompakten Felsbrocken, sondern der Komet ähnelt eher einer Hantel. Oder einer Quietschente, wie sie Kinder gerne in die Badewanne mitnehmen. Und tatsächlich besitzt der Komet eine Dichte vergleichbar mit Kork, er würde also, auch wenn er 3 Milliarden Tonnen wiegt, im Wasser schwimmen. Und ähnlich vielen Menschen in der Badewanne singt der Komet auch.

Tschuri der Sängerknabe

Singen ist vielleicht übertrieben, aber rund um die Landung hat man festgestellt, dass der Komet Geräusche von sich gibt, die ein bisschen geklungen haben wie das Knattern eines Delfins oder vergleichbar einem Tischtennisball, der sehr schnell auf der Platte springt. Natürlich haben sich auch welche gefunden, die das als Hilferufe eines im Kometen eingesperrten Aliens gedeutet haben. Die dazugehörigen Fragen lauteten somit: Was verursacht das Geräusch, und ist das bei einem Kometen so üblich? Die Antworten lauten: Ja, es dürfte bei Kometen üblich sein, und da muss ich etwas ausholen.

Das Einzige, was man zunächst gewusst hat, war, dass das Kometenständchen mit den Schwingungen des Magnetfelds aus der Umgebung von Tschuri zu tun hat. Womit hat man das gemessen? Auf der Muttersonde Rosetta war geplant, mit einem sogenannten Magnetometer das Magnetfeld rund um Tschuri zu analysieren. Das hat aber lautstark dagegen protestiert? Nein, das Magnetometer hat die Töne keinesfalls ausgelöst. Mit einem Magnetometer misst man die Stärken von Magnetfeldern. Innerhalb des Gehäuses eines solchen Magnetometers befinden sich drei Spulen mit Kupferdraht. Ein sich veränderndes Magnetfeld erzeugt in den Spulen einen Strom, den man messen kann. Man braucht drei solche Spulen, um die Stärke des Magnetfelds in alle drei Raumrichtungen zu messen. Und damit hat man den Song-Contest-Beitrag von Tschuri zwar noch nicht hören, aber messen und dann hörbar machen können. Woher kommt das Magnetfeld auf einem Kometen? In der Erde ist ein flüssiger Erdkern hauptverantwortlich. Ist der Komet auch glutflüssig innen? Nein, das Magnetfeld entsteht anders. Der Komet bekommt sein Magnetfeld indirekt. Die Sonne erzeugt ein Magnetfeld, das bis an die Grenzen des Sonnensystems reicht. Glauben

viele, wir wissen aber mittlerweile seit S. 198, es reicht bis zur Heliopause. Dort endet quasi der Zuständigkeitsbereich, denn dort
treffen das magnetische Feld der Sonne und der Sonnenwind auf
die interstellaren Gegenwinde und -felder und werden zurückge-
drängt. Aber davor hört sich das Sonnenmagnetfeld noch ein DJ-
Set von Tschuri an. Wie legt der Komet auf? Durch Magnetfelder,
die das der Sonne stören. Tschuri selbst ist nicht magnetisch und
hat daher auch kein Magnetfeld. Wenn sich der Komet allerdings
der Sonne nähert, beginnt er auszugasen. Die Wassermoleküle, die
durch die Sonnenwärme vom Kometen ausgasen und wegfliegen,
erzeugen zusätzliche Magnetfelder. Wie machen sie das?

Der Komet entgast und kreiert eine Wolke von Wasserdampf, der
teilweise ionisiert wird. Ionisieren, das kennen wir schon von Sternschnuppen und von hydrothermalen Quellen am Meeresgrund, bedeutet, dass die Elektronen eines Atoms angeregt werden. Beim
Kometen heißt das, dass ionisierte Teilchen, die Wasser-Ionen,
durch das sich bewegende Magnetfeld der Sonne mitgenommen
und abgelenkt werden. Dadurch entsteht ein elektrischer Strom,
der senkrecht zum Magnetfeld der Sonne fließt. Diese Art von
Strom erzeugt im Magnetfeld der Sonne Instabilitäten und Störungen, was zu den charakteristischen Klicklauten im Gesang von
Tschuri führt. Tschuri spielt sozusagen Stromgitarre. Das könnte
man aber nicht hören, auch wenn man sein Ohr ganz dicht an den
Kometen hielte. Denn zum einen herrscht im Weltall Vakuum, dadurch gibt es keinen Schall, und zum anderen schwingt Tschuris
Magnetfeld nur einmal in sechs Minuten. Das ist wirklich ein sehr
tiefer Ton. Damit wir ihn vernehmen können, müssen wir diese
Schwingung um den Faktor 42.000 erhöhen, dann können wir
Tschuri vernehmen. Der Komet singt aber nicht die ganze Zeit,
während er im All unterwegs ist, sondern nur zu bestimmten Zeiten.
Nur wenn er nahe genug an der Sonne fliegt, sodass es zu diesen

Ausgasungen kommen kann, sonst ist er stumm. Das heißt, er wirft die Turntables nur bei Schönwetter an? Und was legt er auf? Ein Komet ist alt, er stammt noch aus der Zeit der Entstehung des Sonnensystems vor 4,6 Milliarden Jahren, also ist mit einer Retro-Playlist zu rechnen, als Opener wahrscheinlich *House of the Rising Sun*.

→ **FACT BOX** | *Astroseismologie* ←

Nicht nur Kometen singen, sondern auch Sterne. Und ohne Vakuum gäbe es dort einen Höllenlärm. „Stars on 45" war im Jahr 1981 ein Riesenhit und weltweit Nummer 1 in den Hitparaden. Die Sonne, unser Mutterstern, ist noch nie in der Hitparade gewesen, angeblich musiziert sie auch. Welches Instrument spielt sie? Sich selbst. Die Stärke des Schalls ist von der Luftdichte abhängig. Ein Düsenflugzeug auf der Erde empfinden wir beim Start als sehr laut, in 100 Kilometern Höhe wäre der Schall eines 100 Meter entfernten Düsenflugzeugs bereits unterhalb der Hörgrenze. Wir würden es nicht mehr hören, weil es in der dünnen Luft bereits zu wenige Moleküle gibt, die den Schall transportieren. Und wie kann man dann die Sonne hören, die ist ja viel weiter weg als 100 Kilometer? Ein Stern ist im Wesentlichen eine große Kugel aus glühendem Gas, die durch die eigene Schwerkraft zusammengehalten wird. In Zentrum wird bekanntlich durch Kernfusion Materie in Energie und Wärme umgewandelt. Die Wärme bringt die Sterne zum Schwingen. Aber anders als beim Kometen Tschurjumow-Gerassimenko, bei dem Magnetfelder für die Schwingungen verantwortlich sind, schwingen beim Sonnengesang einzelne Teilchen, und dadurch entstehen Schallwellen. Ähnlich wie bei einer Glocke. Die Sterne fliegen aber weder zu Ostern nach Rom, noch haben sie einen Klöppel, mit dem die Glocke angeschlagen wird, sondern die Wärme ist der Motor hinter der Sternenmusik. Allerdings könnten wir sie nicht hören. Es wäre zwar sehr laut, bis zu 290 dB[54] wenn die Sonne von Luft umgeben wäre, allerdings im Infraschallbereich, also unter unserer Hörschwelle. So muss man die Schwingungen der Sonne beobachten und dann umrechnen. Wer macht so etwas? Das machen Astroseismologinnen und -seismologen. Seismologie heißt Erderschütterung, und so was Ähnliches gibt es auch bei Sternen. Wenn es sich dabei hauptsächlich um die Sonne dreht, dann nennt man das Helio-seismologie. Dabei untersucht man anhand von Schwingungen den Aufbau von Sternen. Die Musik, die man dabei errechnen kann, ist nur ein Nebenprodukt der Forschung. Das bedeutet, die Lautsprecher, mit denen man Sonnenmusik hören kann, heißen Teleskope. Wenn man nun die Grundschwingung der Sonne, die in einer Periode von sechs Minuten schwingt, transformiert und um den Faktor 10.000 erhöht, dann kann man das hören. Was würde man hören, Sunshine Reggae? Ein tiefes Brummen mit ein bisschen Klappern. Tanzmusik ist das noch keine, die bekommt man bei Roten Riesen, die schwingen schneller, dazu könnte man schon ganz gut abgehen.[55]

Ob der Lander Philae in der Nachtruhe die Musik des Kometen genossen hat, ist nicht überliefert. Weil er sich so lange nicht gemeldet hatte und man nicht einmal wusste, wo er eigentlich letztlich gelandet ist, war die Hoffnung nur noch gering, wieder Kontakt mit ihm aufnehmen zu können. Im Gegenteil. Seit die Sonde Rosetta sich einmal bis auf sechs Kilometer dem Kometen genähert hat auf der Suche nach Philae und durch die Ausgasungen des Kometen aber beinahe so verweht wurde, dass auch der Kontakt zur Raumsonde selber fast abgebrochen wäre, hatte man Philae eigentlich schon aufgegeben. Denn auf seinem Weg um die Sonne begann Tschuri immer stärker auszugasen, das heißt der Sonnenwind blies ihm immer stärker ins Gesicht, dadurch verlor er zunehmend an Material, das als Staubfahne von ihm wegweht. Wenn diese Staubfahne beleuchtet wird, dann sehen wir das als Kometenschweif, der bis zu 100 Millionen Kilometer Länge erreichen kann. Hinterherputzen möchte man da nicht müssen. Am Höhepunkt ließ der Komet täglich an Gas und Staub bis zu 100 Kilo pro Sekunde im Weltall liegen. Das ergibt 100.000 Tonnen pro Tag. Genau aus dem Grund wird es ihn ja eines Tages nicht mehr geben. Und durch diese starken Abwinde bestand auch die Gefahr, dass Philae weggeweht werden könnte. Denn die Schwerkraft des Kometen ist minimal, wir erinnern uns, 100 Kilo auf der Erde wiegen dort nur ein Gramm. Und wenn es unter Philae zu einem Burst, also einem größeren Gasausbruch kommt, dann hätte er schlimmstenfalls von der Oberfläche ins All geweht werden können. Der Komet hustet, und der Lander entschwebt ins All, ohne Wiederkehr.

Völlig unerwartet hat sich Philae am 13. Juni 2015 doch noch einmal zum Dienst gemeldet und die Umrundung um die Sonne pflichtschuldig kommentiert, wenn auch die Kommunikation nicht mehr ganz so lief wie erhofft. Die Bruchlandung wurde möglicherweise zum Glücksfall, und die Rosetta-Mission hat umfangreiche neue Erkenntnisse gebracht, was für welche Kometen eigentlich sind. Bis zum geplanten Happy End. Wegen großen Erfolges wurde die Mission um neun Monate verlängert. Nach der Kehre um die Sonne wird aber, wenn alles gut geht, Ende September 2016 auch Rosetta auf Tschuri landen, und gemeinsam machen sich die drei dann auf den Weg zu Jupiter und feiern Diamantene Hochzeit.

Smells like Teen Spirit

Stellt sich noch die Frage, warum machen wir Menschen so etwas? So eine Mission ist langwierig, kompliziert, teuer, und jede Sekunde kann was schiefgehen, sodass man am Ende nach vielen Jahren schlimmstenfalls sogar mit leeren Händen dasteht. Die Antwort lautet: Wir machen es, weil wir es können. Weil wir aufgrund des wissenschaftlichen Fortschritts der letzten paar Hundert Jahre dazu in der Lage sind, was fantastisch ist, keine Generation vor uns war zu solchen Explorationen imstande. Und außerdem sind wir Menschen nach wie vor sehr neugierig und wollen wissen, woher wir wirklich kommen. Für viele von uns ist das berühmte Paper, das seinerzeit als 1. Buch Mose publiziert wurde, wissenschaftlich nicht seriös. Nur ein Autor, und die Peer-Review-Kommission ist derart anonym, dass sie noch nie irgendjemand jemals gesehen oder gesprochen oder was von ihr persönlich gelesen hat.

Da ist es besser, man hält sich an Kometen, wenn man etwas über den Ursprung des Lebens auf der Erde erfahren möchte. Denn es könnte sein, dass Wasser oder andere Bausteine des Lebens auf der Erde mit Kometen zu uns gekommen sind. Hat man schon irgendwas herausfinden können über Kometen, außer warum Tschuri singt? Ja, man weiß auch, wonach er riecht. Rosetta hat Moleküle, die der Komet ausgegast hat, analysiert, und viele davon kennen wir auch auf der Erde. Gefunden wurden Schwefelwasserstoff, der

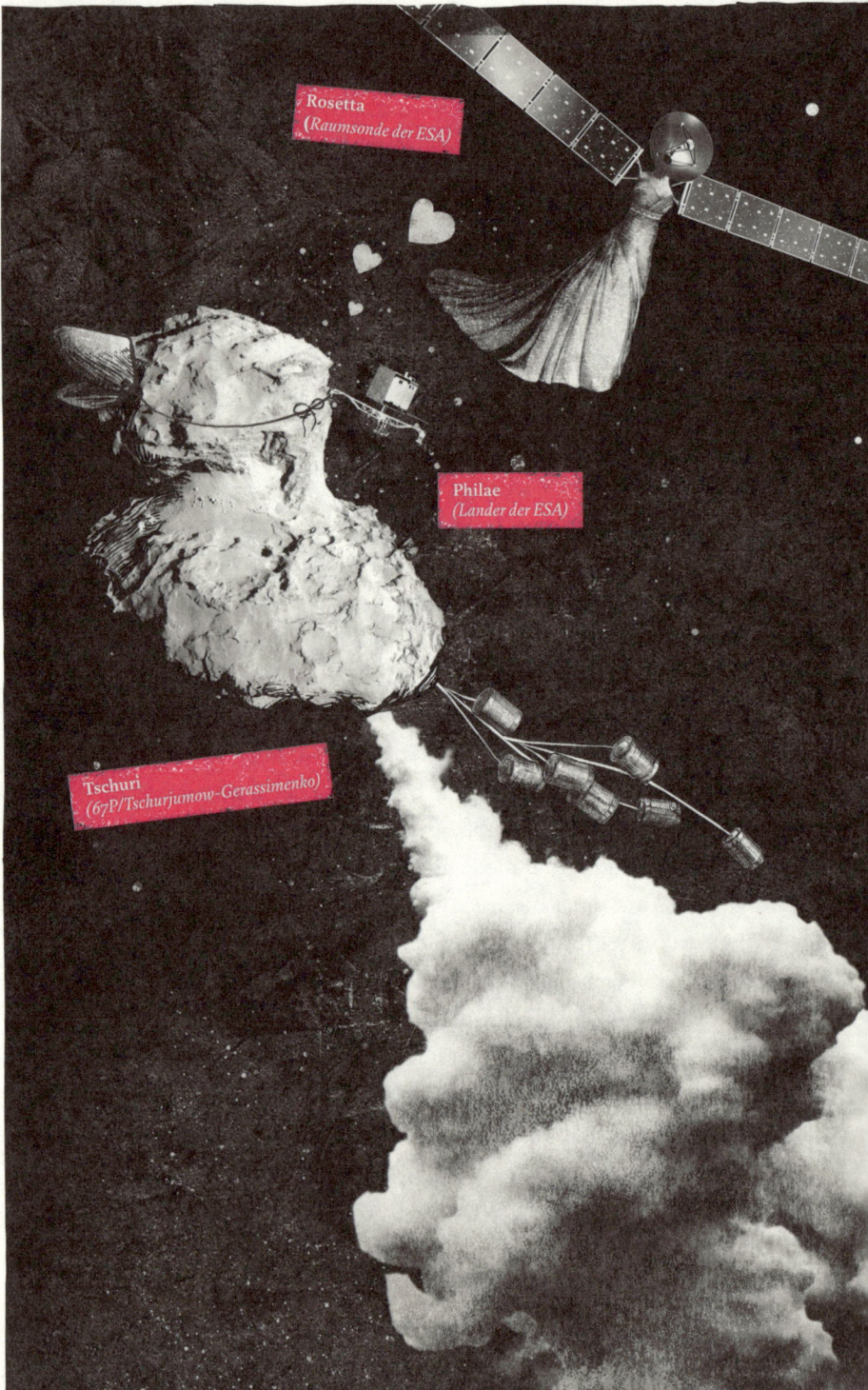

Rosetta
(Raumsonde der ESA)

Philae
(Lander der ESA)

Tschuri
(67P/Tschurjumow-Gerassimenko)

riecht bekanntlich nach faulen Eiern, Ammoniak, so duften Latrinen, Formaldehyd verbreitet einen säuerlich-beißenden Geruch, das Aroma von Cyanwasserstoff ist bittermandelartig, Schwefeldioxid riecht nach Essig. Und Methanol hat man auch gefunden, also Alkohol. Der Komet riecht somit wie ein Bubenzimmer am Morgen nach dem Abschlussabend des Schulschikurses. Eine Mischung aus Mundgeruch, Schweiß, Bierschiss und Eierschas. Wenn man sich uns Menschen so anschaut, muss man allerdings einräumen, ist das vielleicht kein schlechter Platz, um nach dem Ursprung des Lebens zu suchen.

→ *DIY Komet* ←

Kometen gibt es nicht nur im Weltall, man kann sich relativ leicht selber einen basteln. Das benötigte Material:
*) *ein bisschen Sand oder Erde*
*) *ein bisschen Ruß*
*) *Sirup (Ahornsirup, Zuckerrübensirup oder etwas in der Art)*
*) *Wodka (oder ein anderer klarer Schnaps)*
*) *Essig*
*) *Wasser*
*) *Trockeneis (in Pellets, nicht allzu groß, etwa 3 mm)*
*) *eine Schüssel mit einem runden Boden, Durchmesser etwa 20 cm*
*) *Handschuhe zum Schutz vor dem Trockeneis, das ist nicht ganz harmlos, und Schutzbrillen*

*) *Plastiksackerl – wie man sie im Supermarkt für den Abfalleimer bekommt*
*) *ein Kunststofflöffel*

Kometenrezept:
Das Sackerl mit der Öffnung nach oben in die Schüssel legen. Danach die Zutaten der Reihe nach beifügen. Einen Löffel voll Sand oder Erde, einen Löffel voll Ruß, ein Schuss Sirup, ein Schuss Wodka, ein Schuss Essig, zwei Schuss Wasser, mehrere Löffel Trockeneis.
Danach alles im Plastiksackerl etwa eine halbe Minute lang zusammenpressen, sodass es miteinander in der Schüssel gefriert. Dann das Sackerl öffnen und den nagelneuen dampfenden Kometen herausheben.

JENSEITS

You ain't seen nothing yet

Jetzt sind wir mit unserem Sonnensystem durch, aber so wie es ausschaut, war noch kein passendes Reiseziel dabei, sonst hätten Sie sich gemeldet. Das spricht für Sie, Sie suchen offenbar das Besondere. Es wird allerdings auch im Umland des Sonnensystems nicht so einfach zu finden sein. Wir wissen bereits, dass die Bebauung in unserem Sonnensystem sehr dünn ist, man muss schon Glück haben, wenn überhaupt irgendwann Land in Sicht kommt, aber im Vergleich zum restlichen Universum ist das gar nichts. Bei uns herrscht vergleichsweise ein Saustall, ein Herrgott würde als Erziehungsberechtigter zur Sonne sagen: „Räum endlich dein System auf, überall sind Sachen. Schau, wie es anderswo aussieht, da liegt nichts herum!" Und das stimmt auch. Denn was findet man, wenn man das Universum kartografiert? Hauptsächlich Nichts. Leere.

Aufgebaut ist ein handelsübliches Universum bekanntlich sehr hierarchisch. Alle Planeten außer Steppenwolfplaneten kreisen um Sterne, diese Sonnensysteme und Sterne finden sich zu Galaxien zusammen, und daraus werden Galaxienhaufen. Die Galaxie, in der sich unser Sonnensystem befindet, die Milchstraße, wohnt selber in dem Galaxienhaufen „Lokale Gruppe". Klingt nach Social Media, ist aber eben eine Ansammlung von sehr vielen Galaxien. Mit dabei sind neben der Andromeda-Galaxie noch Dutzende bekannte kleinere Galaxien, insgesamt enthält die Lokale Gruppe vermutlich bis zu 500 Galaxien und umfasst einen Raum von etwa 7 Millionen

Lichtjahren im Durchmesser. Darauf ist die Lokale Gruppe wahrscheinlich stolz, aber für ein Universum sind das Peanuts, das weiß vermutlich gar nicht, wie man das macht, sich so wenig auszudehnen. Und Galaxienhaufen sind auch noch lange nicht das Ende der Fahnenstange. Sie sind organisiert in Superhaufen. Wir sind Teil des Virgo-Superhaufens, der etwa 200 Millionen Lichtjahre auf den Kilometerzähler bringt und völlig im Superhaufen Laniakea aufgeht, der es, wie wir wissen, auf bis zu 520 Millionen Lichtjahre schafft. Soll das alles sein? Da kann wer nur lachen? Die Filamente. Die stehen bei uns Menschen nicht sehr oft im Rampenlicht, viele von Ihnen werden noch nie davon gehört haben, aber das stört doch keinen großen Geist, die Filamente wissen, wo sie stehen. In der Regel sind sie sehr lang und hoch, aber nicht sehr dick. Filamente, also eben Bänder. Eines namens „Sloan Great Wall" hat eine schwindelerregende Länge von über 1,3 Milliarden Lichtjahren! Das ist aber dann doch etwas zu groß, die Galaxienhaufen der Sloan Great Wall sind nicht gravitativ aneinander gebunden und werden sich in der Zukunft möglicherweise wieder in separate Haufen aufspalten.

Aber wer weiß. Galaxienhaufen und Superhaufen sind also miteinander verbunden über fadenartig aneinandergereihte Galaxien, sogenannte Filamente. Diese Strukturen im Universum ähneln einer Bienenwabe. Und zwischen den Filamenten befindet sich was? Nichts. Praktisch Leere. Enorm große Bereiche, in denen sich keine oder nur sehr wenige Galaxien befinden. Das sind die *Voids*, die größten Strukturen im Universum, sofern man etwas, dass aus Nichts besteht, überhaupt Struktur nennen kann. Wie groß ist so eine durchschnittliche Leere? Sie kann durchaus gut eine Milliarde Lichtjahre durchmessen, wie etwa die *Giant Void*. Wie schaut das Universum somit im großen Stil aus? Man kann es sich wie die Beleuchtung von Land und Stadt auf der Erde vorstellen. In den Leerräumen ist es finster, weil es dort praktisch keine Galaxien mit

Sternen gibt, während Galaxien durch Sterne beleuchtet werden wie eine Stadt durch Lichter und deshalb hell erscheinen.

Und jetzt kommt's: Martin Heidegger, alles andere als eine kosmologische Fachkraft, hatte überraschenderweise recht,[56] als er bereits 1929 postulierte, dass das Nichts nichte. Denn im Mai 2015 wurde bekannt, dass es ein Nichts im Universum gibt, das noch mehr Nichts ist als die anderen Nichts drumherum.[57] Astronomen haben den größten bisher bekannten Leerraum im Weltall gefunden, eine sogenannte „Super-Void", die 1,8 Milliarden Lichtjahre durchmisst und die größte bekannte Struktur im Universum darstellt. Das Nichts im Universum ist somit größer und gewaltiger als das Etwas, und diese spezielle Void war auch noch besonders kalt, noch kälter als das herkömmliche Nichts. Wenn Sie bisher gedacht haben, das Nichts macht seinem Namen alle Ehre und kann nichts, dann sind Sie nun schlauer.

Schon im Jahr 2004 hat man bei der Vermessung der Kosmischen Hintergrundstrahlung eine Gegend entdeckt, die deutlich kälter war als ihre Umgebung. Die Kosmische Hintergrundstrahlung ermöglicht es uns, in eine Zeit nur 400.000 Jahre nach dem Urknall zurückzuschauen. Das war die Zeit, in der die gesamte Materie im Weltall noch in Form von einzelnen Teilchen und Atomkernen vorlag. Es war noch viel zu heiß, als dass sich ganze Atome bilden konnten, und auch die Strahlung konnte sich nicht ausbreiten, weil sie ständig von den herumfliegenden Teilchen abgelenkt wurde. Wie die Kugel in einem Flipperautomaten, die zwischen Bumpern, Sling-Shots und Ejects hin und her geschleudert wird und so nie zu den Flipperfingern runterrollen kann. Erst nach diesen 400.000 Jahren war es kühl genug, dass sich Elektronen an Atomkerne binden und vollständige Atome entstehen konnten. Und erst seit damals war es dem Licht möglich, sich überallhin auszubreiten. Seitdem düst es durchs All, und einen Teil dieser allerersten Strahlung können wir heute noch beobachten, wenn wir im Radio nur Rauschen hören. Es handelt sich dabei zu einem kleinen Teil tatsächlich um einen Gruß aus der Frühzeit des Universums, man nennt dieses Rauschen auch Echo des Urknalls, bei dem man aber trotz des volkstümlichen Namens nicht mitklatschen kann. Aber messen können wir die Hintergrundstrahlung, und zwar im gesamten für uns beobachtbaren Universum. Wenn wir dabei kleine Unregelmäßigkeiten finden, dann stutzen wir noch nicht groß, denn es war zu erwarten, dass die Hintergrundstrahlung nicht völlig exakt gleichmäßig ist. Die ursprüngliche Materie im Universum muss von Anfang an ein klein wenig ungleichmäßig verteilt gewesen sein, denn nur aus diesen „Klumpen" konnten später die großen Strukturen wie Superhaufen entstehen. Sonst gäbe es die Erde gar nicht, wenn alles immer völlig gleichmäßig gewesen wäre. Und weil die Verteilung der Materie die Ausbreitung und Temperatur der Hintergrundstrahlung beeinflusst, findet man eben, wenn man misst, entsprechende Fluktuationen. Der „kalte Fleck", also diese riesige Void, war aber viel größer als die übrigen Variationen in der Hintergrundstrahlung. Das kann mit dem zu tun haben, was das Licht unterwegs erlebt hat.

Wie kann man sich die Abenteuer des kleinen Lichts vorstellen? Es war einmal ein Photon, das flog mit Lichtgeschwindigkeit durch eine Super-Void und traf dort, in den Tiefen des kalten dunklen Nichts, den Sachs-Wolfe-Effekt. Es fragte: „Warum bist du so kalt?" Und der Sachs-Wolfe-Effekt antwortete: „Ich selber bin nicht kalt, aber eine mögliche Erklärung für die tiefen Temperaturen." Entdeckt haben diesen Effekt die beiden Astronomen Rainer Sachs und Arthur Wolfe im Jahr 1967, und er hängt mit dem Einfluss von Gravitation auf die Energie von Lichtteilchen zusammen. Denn dort, wo sich im frühen Universum mehr Materie befand als anderswo, war natürlich auch die Gravitationskraft stärker. Und dass so etwas nicht ohne Folgen bleibt, wissen wir schon.

Kommt nun ein argloses Lichtteilchen so einer Region mit einem stärkeren Gravitationspotenzial nahe, erhält es dadurch auch ein bisschen mehr Energie. Verlässt es danach die Region wieder, verliert es auch die aufgenommene Energie. Es ist so, als würde man einen Hügel hinauflaufen: Zuerst steigt man immer höher und gewinnt dabei potenzielle Energie, die man allerdings wieder abgibt, wenn man auf der anderen Seite hinuntersteigt. So ist das bei uns auf der Erde. Im Universum verändern sich die Wanderrouten während der Trekking-Tour. Es ist nämlich nicht nur für seine Leere und seine Unendlichkeit bekannt, sondern auch für seine Expansion. Das kann niemand so gut wie das Universum. Während sich das Licht also den Hügel hinaufquält, dehnt sich das All aus, und der Hügel wird dabei ständig flacher. Der Weg „bergauf" ist für das Licht also länger als der Weg „bergab", weil der Hügel in der Zwischenzeit geschrumpft ist. Deshalb hat das Licht am Ende mehr Energie als zuvor. So funktioniert der Sachs-Wolfe-Effekt, und er funktioniert andersherum genauso. Bewegt sich das Licht durch eine Region, in der sich wesentlich weniger Materie befindet als anderswo, dann verliert es dabei Energie. Anstatt eines Hügels läuft es jetzt quasi durch ein Tal, und beim Austritt aus dem Tal gewinnt es die Energie wieder zurück. Aber eben nicht, wenn das All expandiert und das Tal dabei gestreckt und flacher wird. Dann hat das Licht danach weniger Energie als vorher und ist kühler.

Die „Super-Void" würde also gut zum „kalten Fleck" in der Hintergrundstrahlung passen, und der Sachse-Wolfe-Effekt wäre die Betriebsanleitung zum Verständnis dieser kalten Gegend. Ist es dort am allerkältesten überhaupt im Weltall? Nein, alles kann das Nichts auch wieder nicht. Am kältesten ist es … Ta-Ta! Auf der Erde. Aber noch gar nicht so lange, und auch immer nur sehr, sehr kurz.

Im Weltraum gibt es riesige Leerräume, in denen die nächsten Sterne bis zu einer Milliarde Lichtjahre entfernt sind. Es gibt dort praktisch keine Strahlung. Sie müssten die kältesten Orte im Universum sein mit einer Temperatur von +2,725 Kelvin, denn es existiert überall im Weltraum die Kosmische Hintergrundstrahlung als Nachhall des Urknalls. +2,725 Kelvin, also −270,425 °C, sollte also das absolute Minimum sein.

Aber wieder falsch! Warum? Es gibt den sogenannten Bumerangnebel, 5.000 Lichtjahre von der Erde entfernt, benannt wegen seiner Form, die seine Entdecker an dieses Gerät erinnerte. Bei diesem Nebel handelt sich um einen planetaren Nebel, der dadurch entsteht, dass ein Roter Riese Gasströme von der Oberfläche mit großer Geschwindigkeit ins All schleudert. Das ist übrigens auch das Schicksal, das unsere Sonne in etwa acht Milliarden Jahren ereilen wird, wenn sie sich zunächst zu einem Roten Riesen aufblähen wird und dann ihre äußere Gashülle mit Wucht wegbläst.

Übrig bleibt dann als Sternenleiche ein sogenannter Weißer Zwerg.

Die Gaswolke rund um den Bumerangnebel dehnt sich mit 600.000 km/h aus. Wenn ein Gas sich rasch ausdehnt, wird es automatisch auch abgekühlt. Das ist auch der Grund, warum es im Bumerangnebel noch kälter ist als sonst irgendwo im Weltraum. Es hat dort nur mehr 1 Kelvin und nicht zumindest +2,725 Kelvin wie im übrigen Weltraum. Aber der Bumerangnebel muss sich, nach Bronze für die Kosmische Strahlung, mit Silber begnügen, denn in irdischen Kältelabors kann es noch wesentlich kälter sein. Im Gran Sasso Laboratory in Italien gelang es, ein Kupfergefäß mit einem Volumen von einem Kubikmeter auf nur 6/1000 K abzukühlen. Derart niedrige Temperaturen von nur einigen Tausendstel Grad Kelvin werden bei Versuchen benötigt, den Übergang von Neutrinos zu Anti-Neutrinos zu messen. Das ist bislang noch nicht gelungen, den Kälterekord zu brechen aber immerhin schon.

Was die größte Struktur im Universum betrifft, so hat sich übrigens die gigantische, 1,8 Milliarden Lichtjahre große, eiskalte Super Void zu früh über den Sieg gefreut. Dieser Titel gebührt dem Kosmischen Netz. Braucht das Universum das Kosmische Netz beim Hochseilakt? Das ist gar kein schlechter Tipp. Man weiß allerdings nichts Genaues über dieses Netz, es ist für uns unsichtbar. Man geht aber davon aus, dass es sich beim Kosmischen Netz um ein endloses Gerüst handelt, in dem sich extrem viele Galaxien befinden. Dieses Skelett wird von der sogenannten geheimnisvollen Dunklen Materie gebildet. Das ist einerseits blöd für solche wie uns, weil sie für uns unsichtbar ist und wir keine Ahnung haben, woraus sie besteht, andererseits darf man sie nicht unterschätzen, denn sie kommt insgesamt fünf Mal so häufig vor wie normale Materie. Dadurch hat sie auch eine große Anziehungskraft, das heißt, sie zieht alle Himmelkörper mit Masse durch ihre Schwerkraft an. Das Kosmische Netz der Dunklen Materie wird erst dadurch sichtbar, dass man Galaxien mit ihren vielen Sternen betrachtet, die in die Dunkle Materie eingebettet sind. So wie es der Schriftsteller Elias Canetti mit der Luft gehalten hat, indem er meinte: „Fahnen sind sichtbar gemachter Wind."[58]

Wenn Sie sich das Kosmische Netz wie ein dreidimensionales Spinnennetz aufgebaut vorstellen, können Sie nicht viel falsch machen. In den Kreuzungspunkten dieses Netzes befinden sich Tausende von Galaxien, die durch fadenartige sogenannte Filamente verbunden sind. Wie erfolgreich war das Networking, wie groß ist das Kosmische Netz? Man geht davon aus, dass das gesamte Universum davon durchzogen ist. Es ist also groß wie das Universum selbst. Wo kommt es her? Nach aktuellen Vorstellungen hat es seine Anfänge in der kosmischen Inflation, als sich unser Universum sehr kurz nach dem Urknall in extrem kurzer Zeit extrem schnell aufgebläht hat. Seither ist das Kosmische Netz durch die Ausdehnung des Raums immer größer geworden. Mit der Zeit ist dabei auch immer mehr Dunkle Materie von den Leerräumen in die Filamente, Galaxienhaufen und Superhaufen hineingeflossen, sodass diese Strukturen mit der Zeit immer ausgeprägter und größer geworden sind, bis das Kosmische Netz seine heutige gigantische Größe erreichte. Die Dunkle Materie ist dabei quasi das Gluten des Universums, das, wie im Brot, als Kleber im kosmischen Teig für den Zusammenhalt der Masse sorgt.

Eigentümerversammlung

Auf der Erde ist Grundeigentum möglich und begehrt, Himmelskörper hingegen werden nicht auf dem Immobilienmarkt gehandelt, den Mond dürfen Sie weder kaufen noch verkaufen, auch wenn Ihnen vertrauenswürdige Angebote im Internet etwas anderes suggerieren. Das ganze Universum befindet sich allerdings angeblich schon seit immer in Familienbesitz, zumindest wenn man das Testament nicht anficht, das Alte und das Neue. Für den Besitzer und Erbauer dieser gewaltigen Anlage halten viele Menschen Gott aka Jesus Christus. Der Anspruch von Tröstungsvereinen wie der katholischen Kirche, quasi der Hausverwaltung, ist, dass ihr Schöpfer als Hausherr Himmel und Erde und alle Lebewesen erschaffen hat und somit zeichnungsberechtigt ist für alle im gesamten Universum.

Einmal im Jahr kommt er auf einen kleinen Felsplaneten in ein unbedeutendes Sonnensystem am Rande der Milchstraße zu Besuch, um zu sterben und wieder aufzuerstehen, Grund sind menschliche Instandhaltungsarbeiten. Sein Vater hat leider die ersten Menschen so hergestellt, dass sie der Erbsünde verfallen mussten, indem sie einen Apfel vom Baum der Erkenntnis gejausnet haben. An apple a day keeps the doctor away, mag sich Eva gedacht haben, gleich mit Schale essen, damit alle Nährstoffe erhalten bleiben, und flugs war der Mietvertrag gekündigt. Deshalb hat der Sohn Gottes, der er aber auch selber ist, Jahrtausende später die Sünden der Welt auf sich genommen, aber offenbar vergessen, das Kleingedruckte zu lesen, und muss das seither jedes Jahr machen. So steht es zumindest geschrieben.

Da stellt sich natürlich die Frage, gilt das nur für uns auf der Erde oder gilt auch für außerirdische Zivilisationen die Heilsgeschichte, wie wir sie kennen? Stirbt auch auf anderen Planeten in anderen Galaxien jedes Jahr zu Ostern ein Heiland für die Sünden der Welt?

Und mit wie vielen Kreuzeserhöhungen muss er rechnen? Man schätzt, dass es allein in der Milchstraße mindestens zehn Milliarden bewohnbare Planeten gibt. Das wären genauso viele potenzielle Arbeitsplätze in unserer Galaxie. Universumsweit ist die Zahl deutlich höher. Wenn überall die Erbsünde gilt, wissen wir zumindest, dass, wenn unser Gott auch für die Aliens zuständig ist, es bei ihnen auf jeden Fall Äpfel gibt. Das wäre eine Hilfe bei der Planung interplanetarer Raumfahrten, denn das bedeutet, man fände nach der Landung frisches Obst und somit genügend Flüssigkeit als kleine Aufmerksamkeit der Geschäftsleitung vor.

Einer der Ersten, der sich innerhalb der Kirche prominent mit Außerirdischen beschäftigt hat, war der Mönch Giordano Bruno. Er hat bereits im 16. Jahrhundert gemeint, es gäbe unzählige Sonnen und eine unendliche Anzahl von Planeten, die um ihre Sonnen kreisen wie unsere sieben Planeten um unsere Sonne. Und auch eine unendliche Anzahl an Lebewesen auf anderen Planeten. Sieben Planeten waren damals aber nicht die ersten sieben, wie wir sie heute von der Sonne weg zählen, sondern im Rahmen des kopernikanischen Weltbilds waren Mond und Sonne auch Planeten, die Erde aber keiner, sondern im Zentrum des Sonnensystems. Nicht nur weil er auf der Existenz anderer Außerirdischer als Jesus beharrt hat, sondern auch weil er die Gottessohnschaft Christi in Zweifel gezogen und das Jüngste Gericht aufgrund eines unendlich lange existierenden Universums für absurd gehalten hat, wurde er von der katholischen Kirche wegen Ketzerei verurteilt und schließlich im Jahr 1600 in Rom auf dem Campo di Fiore auf dem Scheiterhaufen verbrannt. Kaum 400 Jahre später hat am 12. März 2000 Papst Johannes Paul II. öffentlich bekannt, dass Verurteilung und Hinrichtung auch aus kirchlicher Sicht Unrecht waren. Wenn Sie der Meinung sind, dass die Justiz heute bei uns langsam arbeitet, können Sie sich immer noch mit den vatikanischen Berufungsbehörden

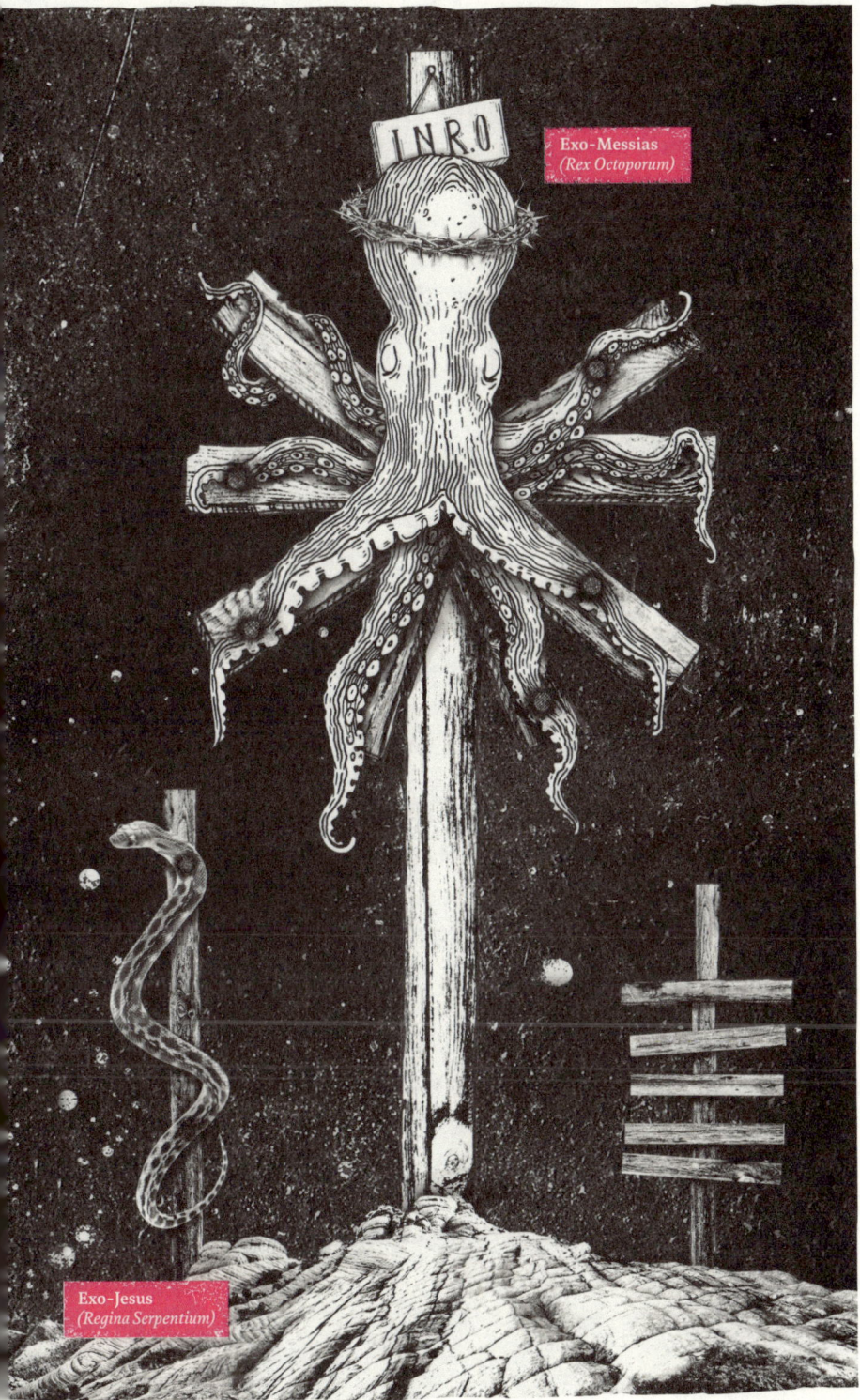

Exo-Messias
(Rex Octoporum)

I.N.R.O.

Exo-Jesus
(Regina Serpentium)

trösten. Venusmuscheln können über 400 Jahre alt werden, von denen hat sich im Jahr 2000 vielleicht noch die eine oder andere an Giordano Bruno erinnern können und den anderen zugemurmelt: „Habe ich es euch doch gesagt, wir erleben das noch."

Was steht eigentlich in der Bibel über Außerirdische? So gut wie nichts. Die sogenannte Heilige Schrift schweigt darüber, dort ist fast ausschließlich vom Verhältnis von Gott zu Menschen die Rede: Das christliche Weltbild ist geozentrisch, im Mittelpunkt steht der Christenmensch, die Erde ist das Zentrum des Universums. Wir wissen allerdings bereits, dass man eher von zehn Milliarden bewohnbaren Planeten in der Milchstraße ausgehen sollte statt von einem. Wenn nun aber nur ein einziger Jesus nur zu uns Menschen auf die Erde gekommen ist, um uns die Frohe Botschaft zu bringen und uns zu erlösen, dann kann sich diese Heilsbotschaft nur von der Erde aus ausbreiten, um andere Zivilisationen zu erreichen, die durch Raum und Zeit von uns getrennt sind, um auch diese zu erlösen. Wie weit kann sie bisher gekommen sein? Das kann man leicht ausrechnen. Im Universum gilt laut der Allgemeinen Relativitätstheorie Lichtgeschwindigkeit als Höchstgeschwindigkeit. Wenn der Heiland vor rund 2.000 Jahren uns Menschen auf der Erde erlöst hat, dann kann diese Frohbotschaft heute also maximal rund 2.000 Lichtjahre von uns weg sein. Das ist nicht sehr weit. Die Milchstraße misst im Durchmesser 100.000, das Universum mehr als 93 Milliarden Lichtjahre. Bis da alle im Kosmos wissen, dass sie erlöst sind, das kann dauern. Und wenn die Firma Gott dann im gesamten Universum bei ihrem Logo bleiben will, dem Kreuz, dann muss sie anpassungsfähig sein an örtliche Gepflogenheiten. Denn es kann durchaus vorkommen, dass sich auf anderen Planeten ganz andere Tierarten als dominante Spezies durchgesetzt haben. Was, wenn Schlangen oder Oktopoden die intelligenteste Lebensform sind, wie schauen dann die Kreuze im Klassenzimmer aus? Bei der

Schlange spart man Material, da reicht ein senkrechter Balken für die Kreuzigung, aber wenn sich Oktopoden an die Spitze der Nahrungskette gesetzt haben, dann muss man sich für die 11. Station beim Kreuzweg „Jesus wird ans Kreuz genagelt" etwas mehr Zeit nehmen.

Dass die katholische Kirche also nicht vorbereitet darauf ist, dass wir Außerirdische woanders im Universum entdecken, könnte man als pragmatischen Zugang interpretieren. Lieber den Spatz in der Hand als die Taube am Dach. Lieber die Menschen auf der Erde, von deren Existenz man sicher weiß, bewirtschaften, als auf ein größeres Steueraufkommen durch Außerirdische zu hoffen. Was aber, wenn Aliens den Weg durch Raum und Zeit zu uns auf die Erde schaffen und plötzlich auf dem Petersplatz stehen?

Der diensthabende Papst Franziskus wurde kürzlich gefragt, was er dann tun würde, seine Antwort lautete, er würde sie taufen. Vielleicht kommen sie deshalb nicht. Selbst wenn er sie mit Würde taufen würde.[59] Wahrscheinlich würden sie sich davon aber nicht abschrecken lassen. Denn man kann getrost davon ausgehen, wenn Aliens es schaffen, so weite Distanzen durchs All zu uns zu bewältigen, dass sie dann so weit entwickelt sind, so viele Probleme gelöst haben, uns so haushoch überlegen sind, dass sie vermutlich auch genug Humor besitzen, darüber zu lachen, wenn ihnen ein alter Mann in Frauenkleidern zur Begrüßung Wasser über den Kopf schüttet.

Heat

Wir Menschen halten übrigens nicht nur den Rekord für den kältesten Ort im Universum, der Titel des heißesten gebührt uns auch. Wobei es Wärme in der Physik ja eigentlich nicht gibt. Als Wärme bezeichnet man, wenn Teilchen und Atome heftig schwingen und sich sehr schnell bewegen. Bewegungsfaulheit heißt Kälte. Der Erdkern ist in diesem Sinn schon sehr warm, dort liegen die Temperaturen bei 6.000 °C, ähnlich wie auf der Oberfläche der Sonne. Im Zentrum der Sonne beträgt die Temperatur allerdings 15 Millionen °C. Im Zentrum der massereichsten Sterne, den Roten Überriesen, hat man schon Temperaturen von 3 Milliarden °C zu erwarten. Wer bietet mehr? Quark-Gluon-Plasma! Das klingt nach einer modernen Brandwundenauflage auf Topfenbasis in verschiedenen Trendfarben, ist aber der Zustand von Materie bei extrem hohen Temperaturen. Er entsteht u.a. im größten Teilchenbeschleuniger der Welt, dem LHC in Genf am CERN, durch Kollisionen von Blei-Ionen. Da können auch die 3 Milliarden °C aus dem Zentrum der Superriesensterne noch etwas lernen, denn das Plasma kommt dabei auf eine Temperatur von 5,5 Billionen °C, und das ist mehr als tausendmal heißer. Wir gratulieren dem glücklichen Gewinner sehr herzlich. Außer Konkurrenz läuft allerdings noch der Urknall himself mit. Er bringt es auf 10^{32} °C, und zwar unmittelbar nach dem Big Bang, genau bei der sogenannten Planck-Grenze 10^{-35} Sekunden danach. Eine unvorstellbar hohe Temperatur, und unendlich dicht war das Universum kurz davor auch. Ein Doppelrekord. Blöderweise können wir zumindest den zweiten nicht anerkennen, weil bei den Temperaturen und der Dichte die übliche Physik ihre Bedeutung verliert. Über den Urknall selber können wir nichts Gültiges sagen. Wenn die Inflation wirklich stattgefunden hat, dann war sie ein derart gewaltiges und gewalttätiges Ereignis, dass danach nichts mehr so war wie davor. Entsprechend hat jeder recht, der sagt, das Universum war davor, beim Urknall selber, ein riesiges unrasiertes Hello-Kitty-Wesen aus Marzipan im Dirndl, mit Hochschulabschluss und reizenden Umgangsformen. Es ist nicht sehr plausibel, aber niemand wird ihm das Gegenteil beweisen können. Der Urknall und seine Eltern sind für uns noch immer ein großes Rätsel.

Dichtigkeitstest

Weil der Big Bang den Pokal für den dichtesten Ort im Universum nicht entgegennehmen kann, rücken die Schwarzen Löcher als Sieger nach. Da können wir Menschen ausnahmsweise einmal nicht mithalten, und das ist eigentlich auch gut so, denn mit Gravitation soll man nicht sorglos hantieren. Wobei Schwarzes Loch nicht gleich Schwarzes Loch ist. Wenn ein Schwarzes Loch vor Ihrer Wohnungstüre steht und sagt: „Hallo, ich bin ein riesiges Schwarzes Loch und somit das dichteste Objekt im Universum, jeder Widerstand ist zwecklos", dann brauchen Sie das noch nicht gleich zu glauben. Und zwar aus mehreren Gründen. Um die Dichte eines Schwarzen Lochs zu bestimmen, muss man neben der Masse auch den Radius eines Schwarzen Lochs kennen. Darunter versteht man für ein Schwarzes Loch den Radius, innerhalb dessen nichts mehr aus dem Schwarzen Loch entkommen kann, nicht einmal Licht. Denn das ist die unangenehme Eigenschaft, die Schwarzen Löchern zugeschrieben wird, sie ziehen alles an, was ihnen zu nahe kommt, lassen es dann nicht mehr nach Hause gehen. Dieser Radius wird nach dem Physiker Karl Schwarzschild als Schwarzschildradius bezeichnet. Schwarzschild hatte im Jahre 1915 die exakte Lösung der Allgemeinen Relativitätstheorie für ein kugelförmiges Schwarzes Loch gefunden. Die Reaktion von Albert Einstein war diesmal, anders als beim belgischen Priester und Physiker Georges Lemaître, dessen

Physik er angesichts des Urknalls noch schrecklich fand, begeistert: Er schrieb an Schwarzschild: „Ich habe nicht erwartet, dass jemand die exakte Lösung eines Problems auf so einfache Weise formulieren könnte." Da hatte also auch der weltberühmte Zungenzeiger dazugelernt, wie man auf Ergebnisse seiner Theorie reagieren sollte, wenn sie richtig sind. Laut den Lösungen von Karl Schwarzschild ist der von ihm gefundene Radius einfach proportional zur Masse eines Schwarzen Lochs. Das Verwunderliche ist nun: Je weniger Masse ein Schwarzes Loch hat und je kleiner es daher auch ist, umso größer ist seine Dichte. Die größte Dichte in Schwarzen Löchern ist daher in den kleinsten und nicht in den größten existierenden Schwarzen Löchern im Universum zu finden. Als kleinstes bekanntes Schwarzes Loch gilt heute* XTE J1650-500. Sie sehen, Schwarze Löcher werden nicht so liebevoll benannt wie Planeten, Kometen oder Asteroiden. XTE J1650-500 klingt eher wie die Typenbezeichnung einer No-name-Universalfernsteuerung. Dieser Winzling hat einen Schwarzschildradius von 12 Kilometer und eine Masse von 3,8 Sonnenmassen. Viel weniger dürften es auch nicht sein, denn bei weniger als knapp 2 Sonnenmassen wird aus einem Stern am Ende seines Lebens kein Schwarzes Loch, sondern ein Neutronenstern. Die durchschnittliche Dichte von XTE J1650-500 beträgt etwa 1 Trillion (10^{18}) kg/m³. Das ist deutlich dichter als ein Mensch, dessen durchschnittliche Dichte 1,06 g/cm³ lautet. Für die dichteste bekannte Singularität neben dem Urknall bedeutet das, dass ein einziger Teelöffel (1 cm³) seiner Materie so viel wiegen würde wie 1000 Cheops-Pyramiden. Kann man also vom Umfang her locker als Handgepäck in den Flieger mitnehmen, aber aus Sicherheitsgründen bitte bei Start und Landung unter dem Vordersitz verstauen und nicht in den oberen Ablagen.

---

* Stand September 2015

→ FACT BOX | *Schwarze Löcher und Sterne* ←

Ein Schwarzes Loch ist ein Gebiet der Raumzeit mit so starker Gravitation, dass nichts daraus entkommen kann. Seine Grenze wird durch den sogenannten Ereignishorizont definiert: Was hineinfällt, kommt nicht mehr heraus. Im Zentrum des Schwarzen Lochs existiert eine sogenannte Singularität, das heißt eine Stelle, an der die Dichte unendlich groß wird. Das heißt aber nicht, dass die Dichte in Wirklichkeit physikalisch unendlich wird, sondern nur, dass die Relativitätstheorie an diesem Punkt scheitert und nicht mehr verwendet werden kann. Vermutlich scheitert die Relativitätstheorie hier, weil sie in diesen mikroskopischen Größenordnungen die Quanteneffekte nicht berücksichtigt. Dort müsste man eine Theorie der Quantengravitation verwenden, die Relativitäts- und Quantentheorie unter einen Hut bringt. Trotz Ansätzen wie der Stringtheorie oder der Schleifenquantengravitation und größter Anstrengungen einiger der besten Physikerinnen und Physiker ist es bis jetzt nicht gelungen, eine Theorie der Quantengravitation aufzustellen. Ähnliche Überlegungen gelten übrigens auch für den Urknall.

Schwarze Sterne

In Ermangelung einer solchen Theorie der Quantengravitation kann man trotzdem Näherungen machen, um zu analysieren, wie solche quantentheoretisch korrigierten Schwarzen Löcher aussehen könnten. Es könnte sein, dass überhaupt keine Schwarzen Löcher, sondern stattdessen nur Schwarze Sterne ins Spiel kommen. Bei einem solchen Himmelskörper könnte die Abstoßung

der Materie durch Quanteneffekte den endgültigen Sprung zu unendlicher Dichte verhindern. Es bildet sich dann ein Himmelskörper, den wir einen Schwarzen Stern nennen. Im Unterschied zum Schwarzen Loch wird im Zentrum eines Schwarzen Sterns die Dichte nicht mehr unendlich, und Materie kann auch aus dem Inneren eines Schwarzen Sterns wieder herauskommen.

Hawking-Strahlung

Die Quantentheorie bewirkt, dass selbst in einem perfekten Vakuum sich nicht Nichts befindet, sondern darin können immer wieder sogenannte virtuelle Teilchenpaare entstehen, die nach extrem kurzer Zeit aber wieder verschwinden. Ein Vakuum darf man sich also nicht als eine starre und unbewegliche Leere vorstellen, sondern wie ein sich stets veränderndes Gewusel von immer wieder neuen Teilchen, die erzeugt werden, ganz kurz existieren, um dann gleich wieder zu vergehen.

In den 1970er-Jahren folgerte Stephen Hawking, dass aus einem Schwarzen Loch doch Teilchen herauskommen können. In der Nähe des Ereignishorizonts können durch die Quantentheorie immer wieder virtuelle Teilchenpaare entstehen. Davon wird ein Teilchen vom Schwarzen Loch verschluckt, während das andere entwischt. Diese aus dem Schwarzen Loch entkommenden Teilchen nennt man Hawking-Strahlung. Das entkommende Teilchen trägt Masse mit sich, sodass die Masse des Schwarzen Lochs mit der Zeit abnimmt.

Nachweis von Schwarzen Löchern und Schwarzen Sternen

Schwarze Löcher können nur indirekt nachgewiesen werden. Entweder über die Bewegung anderer Sterne, man kann beispielsweise Sterne im Zentrum der Milchstraße anschauen. Die bewegen sich wie Planeten drum herum. Aus der Umlaufgeschwindigkeit kann man mit den Keplerschen Gesetzen die Masse des Objekts berechnen, das sie umlaufen, und aus der Größe der Umlaufbahn seinen maximalen Durchmesser. So kriegt man die Dichte – und erkennt, dass es nur ein Schwarzes Loch sein kann. Oder durch die entstehende Strahlung bei der Einverleibung von Materie ins Schwarze Loch. Sobald sich Sterne, Staub und Gas einem Schwarzen Loch nähern, werden sie vom Schwarzen Loch angesaugt und erhitzen sich durch Reibung auf dem Weg zum Schwarzen Loch auf einige Millionen °C. Die dabei entstehende Röntgenstrahlung kann man beobachten und so indirekt auf ein Schwarzes Loch schließen. Es könnte aber auch ein Schwarzer Stern sein, weil in der gesamten Nachbarschaft ein Schwarzer Stern ähnlich einem Schwarzen Loch ist.

Die Hawking-Strahlung von Schwarzen Löchern konnte man bis jetzt noch nicht beobachten. Auch Schwarze Sterne würden eine Strahlung aussenden, die der Hawking-Strahlung ähnlich ist. Während aber die Hawking-Strahlung bei Schwarzen Löchern nur vom Ereignishorizont kommt, kann die Strahlung bei Schwarzen Sternen auch von inneren Gebieten stammen, weil ja von überall aus dem Schwarzen Stern Strahlung entkommen kann.

Im Zentrum unserer Galaxie, der Milchstraße, befindet sich, wie in jeder Galaxie, ein massereiches Schwarzes Loch. Mit den Vorzeigeexemplaren seiner Art kann es allerdings bei Weitem nicht mithalten. Und wenn man 12,8 Milliarden Lichtjahre weit schaut, dann findet man den Spitzenreiter. Seit Februar 2015 gilt SDSS J010013.02+280225.8, kurz J0100+2802, als größtes bekanntes Schwarzes Loch. Ein wahres Monster seiner Art.[60] Auch was den Namen betrifft. Bis es sich den endlich gemerkt hat, ist es vielleicht schon nicht mehr Erster. Es handelt sich dabei übrigens um einen Quasar. Was ist das nun wieder? So nennt man die Kombination aus einem massereichen Schwarzen Loch inklusive einer leuchtenden Scheibe in einer aktiven Galaxie. Wenn eine Galaxie schon älter und ruhiger geworden ist, so wie unsere Milchstraße, dann sendet sie aus ihrem Zentrum nicht mehr ganz so rabiat Strahlen aus wie eine aktive Galaxie. Deshalb nennt man das Schwarze Loch im Zentrum unserer Galaxie nur Schwarzes Loch und nicht Quasar. Im vorliegenden Fall von J0100+2802 hat man aber eine Leuchtkraft von 420 Billionen Sonnen entdeckt. Das dazugehörige Schwarze Monsterloch hat gigantische 12 Milliarden Sonnenmassen zu bieten. Die Größe dieses Schwarzen Lochs wäre vergleichbar mit dem doppelten Sonnensystem. Im Zentrum unserer Galaxie befindet sich mit vier Millionen Sonnenmassen eigentlich auch kein winziges Schwarzes Loch, aber im Vergleich zum neuen Rekordhalter ist das um den Faktor 3000 weniger.

Was zeichnet für diese gigantische Leuchtkraft verantwortlich? Ungebremste Fresssucht. Die gigantische Leuchtkraft des Schwarzes Monsterlochs entsteht, wenn dieses das Gas, den Staub und die Sterne seiner Umgebung verschluckt. Die Materie nähert sich dem Schwarzen Loch dabei in spiralförmigen Strudeln immer näher, bis sie auf Nimmerwiedersehen endgültig vom Schwarzen Loch verschluckt wird. Beim Absturz werden unfassbare Energiemengen erzeugt und abgestrahlt. So kommt man auf die Leuchtkraft von 420 Billionen Sonnen.

Und jetzt kommt's: Das in Leuchtkraft und Masse unübertroffene Schwarze Monster hat nur eine durchschnittliche Dichte von 2 kg/m³, was etwa tausend Mal geringer ist als die Dichte von Luft auf der Erde. Das heißt, wenn Ihnen die enorme Helligkeit nichts ausmacht, dann könnten Sie J0100+2802 wie einen mit Helium befüllten Luftballon am Schnürchen fliegend neben sich spazieren führen. Das ginge natürlich trotzdem nicht, weil sich ja Schwarze Löcher alles, was ihnen zu nahe kommt, einverleiben, egal wie dicht sie sind. Was würde passieren, wenn man J0100+2802 zu nahe kommt, gibt es diesbezüglich Unterschiede zwischen großen und kleinen Schwarzen Löchern? Ja, die gibt es. Wenn ein Mensch in ein Schwarzes Loch hineinfiele, würde er immer dünner und länger werden. Denn wenn er aufrecht ins Schwarze Loch fallen würde, wäre die Schwerkraft viel stärker an den Füßen als am Kopf. Zum Schluss würde man dann ähnlich wie eine Spaghetti aussehen. Diese sogenannten Gezeitenkräfte sind aber nur für kleinere Schwarze Löcher groß genug, um eine Spaghettifizierung herbeizuführen. Schon für Schwarze Löcher größer als 10 Millionen Sonnenmassen wären sie aber wesentlich geringer als die Anziehungskraft auf der Erde. Für Schwarze Monsterlöcher mit einigen Millionen oder sogar Milliarden Sonnenmassen würden wir ins Schwarze Loch fallen, ohne dass wir überhaupt etwas merken. Nur herauskommen könnten wir aus dem Schwarzen Loch nie mehr. Es würde praktisch keine Zeit vergehen und wäre vermutlich sehr, sehr ruhig. Das gilt aber nur, wenn man die Relativitätstheorie bemüht. In der Quantenphysik sähe die Sache ganz anders aus. Dort soll der Ereignishorizont einer Feuerwand gleichen, einem Bereich mit extrem hoher Energie. Ein Mensch, der dort passieren möchte, würde in der Sekunde verbrennen. Suchen Sie sich aus, was Ihnen lieber ist, entscheiden müssen Sie sich, beides geht nicht, denn keine von beiden Theorien taugt, um ein Schwarzes Loch wirklich zu beschreiben, und solange es nicht gelungen ist, beide Theorien zu einer namens Quantengravitation zu vereinen, haben Sie die Auswahl. Gemütlich wird es aber in keinem Fall. Deshalb ist das Schwarze Loch im Zentrum der Milchstraße auch kein empfehlenswertes Reiseziel. Obwohl es dort sehr gut riecht.

Kosmischer Cocktail

Der Name Milchstraße klingt in unseren Ohren vertraut, nach einer guten Mutter, die ihre Sonnensysteme an der Brust nährt, nach einer Heimatgalaxie, zu der man immer kommen kann, wenn einen der Schuh drückt. Dabei ist das Gegenteil der Fall, und zahllose Zwerggalaxien können davon wahrscheinlich ein Lied singen. Denn die Milchstraße war nicht einfach da und hat ein paar Hundert Milliarden Sternen Zusammenhalt geboten, auch sie ist einmal entstanden und mit der Zeit gewachsen. Wachsen bei einer Galaxie wie der Milchstraße bedeutet aber, andere kleinere Galaxien einfach zu verschlucken. Mit der Schwerkraft werden sie angelockt, und wenn sie unvorsichtigerweise zu nahe kommen, dann werden sie einverleibt. Wie eine Fliege von einer Venusfalle. Das Perfide daran ist, dass die Zwerggalaxien, die sich vielleicht in Sicherheit wähnen und nur aus der Ferne die Zunge zeigen und rufen möchten: „Fang mich doch, alter Koch!", nicht damit rechnen, dass die Milchstraße viel früher beginnt, als es den Anschein hat. Wie wenn man im Dunkeln mit dem Auto auf einer Passstraße fährt und das Ortsgebiet einer Gemeinde schon viel eher beginnt als beim Begrüßungsschild des Tourismusverbands und bevor man die ersten Lichter der Häuser sieht. Denn die Milchstraße ist umgeben von einem mächtigen Halo. Halo bedeutet Lichthof und beschreibt einen einigermaßen kugelförmigen Bereich rund um eine Galaxie, in dem sich alte Sterne befinden und Kugelsternhaufen, interstellare Gaswolken und, erraten, jede Menge Dunkle Materie. Die soll nach geltenden Theorien als Erste da gewesen sein und sich mit der Zeit angesammelt und breitgemacht haben. Da, wo Tauben sind, bekanntlich Tauben zufliegen, kam nach dem ersten kleinen Halo aus Dunkler Materie ein zweiter dazu, dann ein dritter und so weiter, bis eine kleine, aber noch unsichtbare Galaxie aus vielen Dunkelmaterie-Halos geboren war. Man nennt das hierarchische Strukturbildung, klein anfangen und immer größer werden, bis man in der Gegend, wo man wohnt, was zu sagen hat. Damit die Größe der neuen Galaxie für alle sichtbar wurde, ist schließlich auch sichtbare Materie angelockt und so weit verdichtet worden, dass daraus Sterne entstehen konnten, die endlich zu leuchten begonnen haben. Und

deshalb können wir die Milchstraße heute sehen. Den Halo, der
noch wesentlich weiter reicht, aber nicht. Das wurde auch übermü-
tigen Zwerggalaxien zum Verhängnis, die von der Milchstraße eine
nach der anderen erst zerrissen und dann verspeist wurden. Wie
viele es bislang waren, weiß man nicht, aber wenige waren es nicht.
Vielleicht haben sich die arglosen Zwerggalaxien durch den köstlichen Duft anlocken lassen, den man in der Nähe des Zentrums der
Milchstraße riechen kann.

Woher strömt der Duft, wenn es im Weltall überall fast nichts
gibt außer Nichts und dazwischen Vakuum? Leere schmeckt ja bekanntlich nach nichts, denn die Trägersubstanzen für Gerüche und
Geschmäcker sind Moleküle, und wo es praktisch keine Moleküle
gibt, gibt es auch keinen Geschmack. Und im Zentrum herrscht ein
Schwarzes Loch, das alles einsaugt, wo soll es da Duftmoleküle geben? Im Zentrum selber, da haben Sie recht, wird man nicht viel
riechen, und wenn, dann riecht es dort eher verbrannt, weil so viel
Materie beim Verschwinden ins Schwarze Loch verglüht. Aber
etwas weiter weg, im Umkreis des Zentrums, zwischen den Sternen
gibt es auch ausgedehnte Gas- und Staubwolken. Und darin kom-
plexe organische Moleküle, die duften und schmecken. Eines der
komplexesten Moleküle, die man bisher in der Nähe des Zentrums
der Milchstraße gefunden hat, ist Ethylformiat. Wonach schmeckt
oder riecht es? Ethylformiat steckt unter anderem in Erdbeeren
und hat den typischen Geruch von Arrak- und Rum-Aroma. Das
weiß man von Gerüchen, die es auf der Erde gibt. Aber woher weiß
man, dass es beim Zentrum der Milchstraße so riecht? Ethylformiat
sendet eine ganz charakteristische Radiostrahlung aus. Und die
kann man mit den riesigen Radioteleskopen auf der Erde beobachten.
Jedes Molekül hat seine ganz eigene Radiostrahlung in ganz bestimmten Wellenlängen, das ist unverwechselbar wie ein Finger-
abdruck. Und dann kann man auf der Erde im Radio hören, wie

was riecht? Hören nicht, aber man kann die Strahlung messen und dadurch dieses Molekül nachweisen. Gibt es eine genauere Ortsangabe, wo man hinschauen muss, um dieses Molekül zu messen, oder reicht einfach Richtung Zentrum? Diese Geruchs- und Geschmacksmoleküle finden sich in der Gas- und Staubwolke Sagittarius B2. Und Ethylformiat ist nicht das einzige Molekül, das man dort entdeckt hat. Es riecht nicht nur nach Rum, es gibt dort auch Alkohol. Und zwar Ethylalkohol, also Schnaps. Und zwar gigantische Mengen. Ein galaktischer Ballermann sozusagen. Man findet dort Alkohol in der Größenordnung von Billionen Billionen (10^{24}) Litern. Das bedeutet: Würden alle Menschen auf der Erde stündlich ein Stamperl davon trinken, kämen wir etwa 100 Millionen Jahre damit aus. Wie weit ist Sagittarius B2 von uns entfernt? Rund 26.000 Lichtjahre. Für einen Betriebsausflug dorthin müsste man also den ganzen Jahresurlaub auf einmal nehmen.

Aber es würde sich lohnen, denn mischte man alle Zutaten zusammen, Rum-Aroma, Erdbeergeschmack und Schnaps, dann hat man die wesentlichen Zutaten für einen köstlichen Cocktail namens „Strawberry Daiquiri". Sternhagelvoll ist offenbar ein kosmologischer Terminus Technicus.

Woher kommt die Fähigkeit zu schmecken, also die Fähigkeit einer gustatorischen Wahrnehmung?

Während Aromastoffe über Riechzellen in der Nase wahrgenommen werden, liegt der Geschmack auf der Zunge, die somit eines der wichtigsten Organe der Geschmacksempfindung ist. Der Mensch ist in der Lage, zwischen sechs verschiedenen Grundgeschmacksrichtungen zu unterscheiden: bitter, umami, fett, süß, sauer und salzig.

Entgegen der leider oft weitverbreiteten Annahme, dass man z.B. auf der Zungenspitze nur süß und am Zungengrund nur bitter schmeckt – also nur ganz bestimmte Bereiche auf der Zunge für die Wahrnehmung von einzelnen Geschmacksrichtungen verantwortlich sind –, konnte mittlerweile gezeigt werden, dass die unterschiedlichen Geschmacksrichtungen auf der ganzen Zunge gleich gut wahrgenommen werden können. Mit einer Ausnahme, am Zungengrund können bittere Geschmacksstoffe in niedrigeren Konzentrationen im Vergleich zu den anderen Geschmacksrichtungen besser wahrgenommen werden. Wenn Sie mit der Zungenspitze vorsichtig an einer unbekannten Delikatesse kosten, dann schaut das zwar komisch aus, gilt aber als vollwertiger Test.

Auf unserer Zunge befinden sich Erhebungen, sogenannte Papillen. Wallpapillen (Papillae vallatae) sind v-förmig angeordnet am Zungengrund – der Linea terminalis –, Blätterpapillen (Papillae foliatae) liegen an beiden Seiten des hinteren Zungenrandes, und Pilzpapillen (Papillae fungiformes) sind auf der ganzen Oberfläche und speziell im vorderen Bereich der Zunge zu finden. Fadenpapillen (Papillae filiformes) bedecken neben den Pilzpapillen die gesamte Zungenoberfläche vor der Linea terminalis, sind verhornt und Grund für die Rauheit der Zunge. Für die Geschmacksbildung sind sie allerdings nicht von Bedeutung. Ihre mechanischen Eigenschaften dienen dem Erfassen von Nahrung. Das, was bei Kühen so imposant aussieht, wenn sie mit ihrer rauen, langen Zunge Grasbüschel abreißen und ins Maul befördern, können wir auch, aber bei Weitem nicht so gut. So gut dabei schnaufen wie die Kühe auch nicht, dafür sind sie im Greifen schlechter. Jede Wallpapille enthält bis zu 100 Geschmacksknospen, Blätterpapillen bis zu 50, und Pilzpapillen dürfen mit nur drei bis vier Geschmacksknospen zwar mitspielen und gelten vor dem Gesetzgeber auch als Papillen, haben aber eigentlich nicht viel mitzureden. Außer nach dem Genuss von Milch, danach werfen sie sich in die Brust und sind gut zu sehen.

Während Neugeborene insgesamt bis zu 10 000 dieser Geschmacksknospen besitzen, verringert sich diese Zahl bei älteren Menschen drastisch. Kein Wunder also, dass mit zunehmendem Alter die Fähigkeit der gustatorischen Wahrnehmung sinkt. Möglicherweise ist so zu erklären, dass Kinder Speisen auch dann verschmähen, wenn ihre Eltern diese vor ihren Augen verzehren und mit Mmmmh! und Aaaah! deren Wohlgeschmack beweisen wollen.

Die Geschmacksknospe ist aber noch nicht die kleinste Einheit im Reich der Zunge, sie enthält ihrerseits wieder bis zu 100 Geschmackssinneszellen, sogenannte sekundäre Sinneszellen. Das bedeutet, dass entstandene Signale durch Abgabe von Neurotransmittern an die anliegenden Nervenzellen weitergeleitet und zum zentralen Nervensystem übermittelt werden. Denn der Geschmack, den wir auf der Zunge wahrnehmen, entsteht natürlich, wie die meisten Sinneseindrücke, erst im Gehirn. Eine Zunge allein macht noch keinen Feinschmecker. Wer spricht mit wem?

Wall- und Blätterpapillen kommunizieren mit dem 9. Hirnnerv (Nervus glossopharyngeus), Pilzpapillen mit der Chorda tympani und die restlichen Sinneszellen werden bei Nervus vagus und dem Nervus trigeminus vorstellig.

Molekularbiologisch läuft die Geschmackswahrnehmung bei den Geschmacksrichtungen bitter, umami, fett und süß über Rezeptormoleküle an der Oberfläche der Zellmembranen ab, während die Geschmacksempfindungen sauer und salzig durch Ionen oder ionische Gruppen gesteuert werden. Es ist gut, dass wir beides können, aber welchen evolutionären Sinn macht es, zwischen unterschiedlichen Geschmacksrichtungen unterscheiden zu können?

Eine wissenschaftliche Studie konnte zeigen, dass Neugeborene bereits kurz nach der Geburt eine Vorliebe für süßen Geschmack besitzen. Diese Vorliebe scheint insofern leicht erklärbar zu sein, als Muttermilch durch den Milchzucker (Laktose) die Geschmacksrichtung süß aufweist. Es konnte des Weiteren gezeigt werden, dass „süß", z.B. im Vergleich zu „bitter", als attraktivere Nahrungsquelle wahrgenommen wird, und süß schmeckende Lebensmittel oft mit einem höheren Nährwert assoziiert werden. Die Geschmackswahrnehmung bei den Geschmacksrichtungen süß, bitter, umami und fett läuft metabotrop. Das bedeutet, dass Rezeptormoleküle an der Geschmackswahrnehmung beteiligt sind. Sie sitzen auf der Oberfläche der Zellmembran. Rezeptoren sind Proteine und binden geschmacksaktive Stoffe. Durch die Bindung werden eine Reihe von Botenstoffen frei, die ihrerseits eine Ausschüttung von Neurotransmittern auslösen. Durch Potenzialschwankungen in der Nervenmembran entsteht ein Signal, das an das Gehirn weitergeleitet wird. Proteine spielen eine entscheidende Rolle bei nahezu allen Vorgängen in der Zelle, zumal sie eine breite Palette an Funktionen abdecken. Auch beim Schmecken sind sie unersetzbar.

Die G-Protein-gekoppelten Rezeptoren der Geschmacksrichtung „süß" werden durch Gene der TAS1R-Genfamilie kodiert, wobei bei der Bindung von süßen Molekülen eine extrazelluläre Domäne involviert ist, die auch „Venusfliegenfalle" genannt wird. Als Domäne bezeichnet man eine Einheit innerhalb eines Proteins mit einer definierten Struktur, und TAS1R steht für taste receptor, type 1. Bereits eine kleine Veränderung in der Struktur des Signalmoleküls kann aber den Geschmacksreiz der Geschmackswahrnehmung „süß" entscheidend beeinflussen. Da kann sich dann die Superfamilie anstrengen, wie sie möchte. Das lässt sich am Beispiel des Einfachzuckers Fructose gut zeigen. Die Fructose kann als Fructopyranose und als Fructofuranose vorliegen, wobei Fructopyranose, im Handel als Fruchtzucker erhältlich, süß schmeckt, Fructofuranose wird als neutral wahrgenommen. Die Rezeptormoleküle der Geschmackssinneszellen sind G-Protein-gekoppelte Rezeptoren, welche in die Klassen alpha, beta und gamma unterteilt sind. Es gibt 15 alpha-G, fünf beta-G und elf gamma-G-Protein Gene. Die Familie der G-Protein-gekoppelten Rezeptoren umfasst über tausend verschiedene Mitglieder und gilt sogar als Superfamilie. Jeder Geschmackseindruck, praktisch jede Sinneswahrnehmung, ist quasi ein riesiges Verwandtentreffen.

Die oben erwähnte Studie hat aber auch gezeigt, dass Neugeborene bei der Aufnahme von bitterer Flüssigkeit ihr Gesicht verzogen haben, ein Phänomen, das viele Eltern kennen. Es wird angenommen, dass Säuglingen diese Abneigung – wie übrigens auch jene gegen sauer – als evolutionäre Schutzmaßnahme gegen giftige und verdorbene Lebensmittel diente. Dazu würde auch passen, dass die Wahrnehmungsschwelle für bittere Substanzen im Vergleich zu anderen Geschmacksrichtungen am niedrigsten ist, somit gesundheitsschädliche Substanzen schon in geringen Konzentrationen erkannt werden konnten.

In der Forschung spielt bei bahnbrechenden Entdeckungen manchmal aber auch der Zufall eine entscheidende Rolle. Anfang der 30er-Jahre verschüttete nämlich der Chemiker Arthur Fox bei Versuchen Pulver der Substanz PTC (Phenylthiocarbamid), worauf sich sein Kollege über den extrem bitteren Geschmack dieser Substanz beschwerte. Fox wusste nicht, wie ihm geschah, da er das Pulver bislang als geschmacksneutral wahrgenommen hatte. Was beide zu dieser Zeit noch nicht wussten, waren zwei wichtige Faktoren: erstens dass Phenylthiocarbamid sehr giftig ist und von einer Kostprobe daher dringend abgeraten hätte werden müssen, und zweitens, dass die Fähigkeit, PTC zu schmecken, genetisch bedingt ist.

Das verantwortliche Gen ist ein Mitglied der TAS2R-Genfamilie und kodiert für einen G-Protein-gekoppelten Rezeptor, der als TAS2R38 bezeichnet wird. Interessanterweise kommt das Gen in sieben verschiedenen genetischen Varianten vor, wobei zwei davon für die Hauptausprägungen Schmecker („taster") und Nicht-Schmecker („nontaster") verantwortlich sind. Jetzt stellt sich natürlich eine wichtige Frage. Wenn die Wahrnehmung von bitteren Substanzen uns vor giftigen und gesundheitsschädlichen Stoffen warnen soll, welchen Sinn macht dann die Ausprägung des Nicht-Schmeckens?

Eine mögliche Erklärung wäre, dass jenes Allel, das für die Ausprägung des „nontasters" verantwortlich ist, vielleicht für die Erkennung eines weiteren Bitterstoffes zuständig ist, der noch nicht identifiziert wurde. Allele, falls Sie sich gefragt haben, sind Gene, die an identischen Stellen auf den homologen Chromosomen vorkommen und die Information zur Herstellung des gleichen, aber nicht unbedingt identischen Proteins tragen. Wie man sehr gut am Beispiel der unterschiedlichen Varianten des TAS2R38 Rezeptorproteins sieht. Ein homologes Chromosom ist eines, das mit einem anderen Chromosom, was die Gestalt betrifft und die Abfolge der Gene, übereinstimmt, in einer Zelle etwa eines von der Mutter und eines vom Vater, die aber eben nicht zwingend idente Dingen bewirken. Insgesamt wurden mittlerweile über 25 Gene identifiziert, die die genetische Grundlage für Bitterstoff-Rezeptoren bilden. Es lohnt sich auch der Blick auf unsere erste Hauptnahrungsquelle: die Muttermilch, die übrigens neben süß auch die Grundgeschmacksrichtungen fett und umami aufweist.

Geschmacksrezeptoren für fett sind insofern sinnvoll, weil Fett nicht nur als Geschmacksträger fungiert, in dem sich fettlösliche Aromen und Geschmacksstoffe einlagern, sondern auch als wichtiger Energielieferant dient. Und es ist auch aus physiologischer Sicht von Bedeutung, da im Fett fettlösliche Vitamine und hydrophobe Aminosäuren angereichert werden können, die für den Metabolismus des Menschen wichtig sind. Alles gute Gründe für den Menschen, Fett schmecken zu können.

Die Entdeckung der Geschmacksrichtung umami wird dem japanischen Professor Kikunae Ikeda zugeschrieben, es steht für „herzhaft" und wird durch Glutaminsäure bzw. das Salz der Glutaminsäure, das Glutamat, verursacht. Glutaminsäure ist eine natürlich vorkommende Aminosäure und liegt in nahezu allen proteinreichen Nahrungsmitteln vor. Um aber von den Rezeptoren der Geschmacksrichtung umami wahrgenommen zu werden, muss Glutaminsäure aus der Proteinkette gelöst werden, wie z.B. beim Kochen durch Proteinentfaltung mit Hitze. Daher schmecken auch getrocknete Tomaten intensiver als rohe. Die in den Früchten enthaltene Säure und die leichte Hitzebehandlung beim Trocknen setzen nämlich die in den Tomaten enthaltene Glutaminsäure frei, und diese kann somit von den Geschmacksrezeptoren gebunden werden. Interessanterweise wird die Geschmacksrichtung umami von

Rezeptoren wahrgenommen, die, wie die Geschmacksrichtung süß, von der Genfamilie TAS1R kodiert werden.

Der industrielle Einsatz von Glutamat als Geschmacksverstärker – es verstärkt in Kombination mit Salz den Geschmack einer Speise – ist bei vielen umstritten und sicher schon Gegenstand unzähliger hitziger Tischgespräche gewesen, bei denen aber vermutlich auch Impfen pro und contra nicht fehlen durfte oder Expertisen über die Schädlichkeit von Barcodes aufgebläht sind wie eine Rose von Jericho bei Hochwasser. Ins Gerede kam Glutamat wegen des sogenannten „Chinarestaurant-Syndroms", das seit Ende der 60er-Jahre des vergangenen Jahrhunderts Karriere gemacht hat. Betroffene behaupteten nach dem Verzehr von glutamathaltigen Speisen in Chinarestaurants, unter anderem unter Kopfschmerzen, Schläfendruck, Nackensteifheit und Taubheitsgefühl im Mund zu leiden. Untersuchungen haben allerdings ergeben, dass es sich bei diesem „Syndrom" bestenfalls um Einbildung aufgrund einer modernen Sage handelt, schlimmstenfalls spielen dabei auch xenophobe Ressentiments eine Rolle, in Doppelblindstudien konnte jedenfalls kein Zusammenhang zwischen den Behauptungen und der Wirkung von Glutamat festgestellt werden.[61][62] Außer man spritzt sich täglich Unmengen davon – etwa 300 g – direkt ins Blut. Da würden aber viele Substanzen nicht bekömmlich sein. In Wirklichkeit produziert der Körper Glutamat selbst in großen Mengen, es spielt als Neurotransmitter, also als Botenstoff, eine tragende Rolle im Zusammenhang mit Lernen und Gedächtnis.[63] In Parmesan kommt Glutamat eben-

falls in erheblichen Dosen vor, wie eigentlich in allen eiweißhältigen Nahrungsmitteln, die für uns wichtig sind. Glutamat ist ein Signal dieser Nahrungsmittel an den Körper: „Ich bin lecker, ich bin voller wertvoller Proteine, iss mich" – nicht ohne Grund enthält auch Muttermilch Glutamat, und zwar bis zu zehnmal mehr als Kuhmilch.[64]

Auch wenn wir im Laufe unseres Lebens durch unser soziales und kulturelles Umfeld Vorlieben – und Abneigungen – für gewisse Geschmacksrichtungen entwickeln, so kann davon ausgegangen werden, dass unser Geschmack vor allem durch unsere Gene geprägt wird. Und die haben gegen Glutamat in der Regel nichts einzuwenden.

Rezept Erdsuppe
Zutaten:
1 kleine Zwiebel
Suppengrün nach Belieben: 1 Karotte, Stück Sellerie, Stück Petersilienwurzel …
300 ml Wasser
30 g Erde
Salz, Pfeffer
evtl. Crème fraîche oder Schlag

Zubereitung:
- *Erde mit Wasser mischen*
- *Zwiebel kleinwürfelig schneiden und in etwas Öl anrösten*
- *Karotte, Sellerie und Petersilienwurzel ebenfalls klein schneiden und zur Zwiebel hinzufügen*
- *Gemüse gut andünsten und mit Erdwasser ablöschen*
- *Mit Salz und Pfeffer würzen und kochen, bis das Gemüse weich ist*
- *Entweder die Suppe „klar" servieren oder mit einem Pürierstab mixen und mit etwas Crème fraîche oder Schlag verfeinern*

Sie haben Ihr Ziel erreicht

Auch wenn es nach einem erstklassig-dekadenten Vergnügen klingt, auf einen Strawberry Daiquiri ins Zentrum der Milchstraße zu düsen: Wir werden dort nie hinkommen. Nicht einmal in die Nähe. Von der Erde aus gesehen ist fast alles im Universum unglaublich weit entfernt. Und als lohnende Ziele kämen nur Planeten und eventuell Monde infrage, die in der habitablen, also bewohnbaren Zone ihren Stern umkreisen. In unserem Sonnensystem gibt es solche Himmelskörper nicht, und das nächste Sonnensystem ist Alpha Centauri, das im Jahr 2012 sogar einen Planeten entdeckt bekommen hat. Wie

weit ist das weg von uns? Alpha Centauri ist gut 4,3 Lichtjahre entfernt. Das ist zwar kosmologisch vor der Haustüre, aber in einem
Menschenleben nicht zu schaffen. Wiewohl die Reise sich allein
wegen des Sonnenuntergangs gelohnt hätte, von dem es dort sogar
drei geben kann.

Unser Nachbar Alpha Centauri ist ganz anders als unser eigenes
Sonnensystem. Er handelt sich um ein Doppelsternsystem, bestehend aus den beiden Sonnen Alpha Centauri A und Alpha Centauri
B, die einander umkreisen. Alpha Centauri A ist ungefähr so groß
und heiß wie unsere eigene Sonne, Alpha Centauri B ein wenig
kleiner und kühler. Es ist möglich, dass sogar eine dritte kleine Sonne
namens Proxima Centauri, die sogar etwa 60 Lichttage näher zu
uns liegt, auch noch dazugehört. Aber das ist nicht sicher geklärt.
Was es auf dem besagten Planeten dort bestimmt nicht geben kann,
ist außerirdisches Leben. Denn er befindet sich sehr nahe an seiner
Sonne, der Abstand beträgt nur 4 Prozent des Abstands der Erde
von unserer Sonne, und die Oberflächentemperatur beträgt etwa
1.200 °C. Auch wenn drei Sonnenuntergänge locken, das ist zu heiß.

Wie schaut der Himmel aus für einen Planeten, der um eine der
beiden Sonnen Alpha Centauri A oder B kreist? Am Taghimmel
könnte ein Beobachter neben der helleren „Erstsonne" auch eine
„Zweitsonne" am Himmel sehen, wobei die Zweitsonne wesentlich
lichtschwächer ist, weil sie weiter entfernt ist als die Erstsonne. Ein
Beobachter hat dann den Eindruck, dass sich im Laufe eines Jahres
zunächst die Erst- und Zweitsonne eng beieinander am Taghimmel befinden. In der Nacht ist dann keine der beiden Sonnen zu
sehen. Die Nacht wird dann im nächsten halben Jahr immer kürzer,
weil zumindest eine der beiden Sonnen am Himmel steht. Ein hal-
bes Jahr später gibt es dann gar keine Nacht mehr, weil die halbe
Zeit die Erstsonne und dann die Zweitsonne scheint. Nach einem
weiteren halben Jahr ist dann der Zyklus beendet. Wenn nur die

wesentlich schwächere Zweitsonne scheint, entspricht das aber eher der Dämmerung auf der Erde, wobei der Himmel dann nicht wie bei uns in der Nacht pechschwarz, sondern eher dunkelblau ist. Das gilt alles nur hypothetisch, denn es ist alles andere als sicher, dass es diesen Planeten überhaupt gibt. Wie kann ein Planet, den man erst entdeckt hat, einfach wieder verschwinden? Wenn alles passt, dann geht das ganz leicht.

→ **FACT BOX** | *Erdähnliche Planeten in Doppelsternsystemen* ←

Zuerst müssen wir klären, ob es überhaupt Planeten bei Doppelsternen geben kann. Die Antwort darauf ist einfach zu geben: Ja, es gibt sie! Wir haben schon viele solcher Planeten entdeckt. Immerhin ist die Mehrheit der Sterne nicht allein unterwegs, sondern in Doppel- oder Mehrfachsternsystemen organisiert. Unsere Sonne als Einzelstern ist in dieser Hinsicht eine Ausnahme. Es wäre schade, wenn Planeten nur Einzelsterne umkreisen könnten – denn dann wären die meisten Sterne gezwungenermaßen ohne Planet.

Aber natürlich macht die Anwesenheit von mehr als einem Stern die Bewegung von potenziellen Planeten ein wenig kompliziert. Jeder Himmelskörper beeinflusst jeden anderen Himmelskörper durch seine Gravitationskraft, und die Stärke des Einflusses hängt von der Masse der Objekte und ihrem Abstand ab. In unserem Sonnensystem ist die Sonne bei Weitem der massereichste Körper, und sie dominiert daher auch die Bewegung aller Planeten. Die Störungen, die die Planeten untereinander aufeinander ausüben, kann man fürs Erste vernachlässigen (obwohl sie bei genauerer Betrach- *tung natürlich eine wichtige Rolle spielen!). Bei einem Einzelstern kann man einen Planeten im Prinzip irgendwo platzieren, und er wird diesen Stern umkreisen (er darf aber logischerweise nicht zu nah am Stern sein und auch nicht so weit weg, dass er nicht mehr gravitativ an ihn gebunden ist). Bei zwei Sternen ist es komplizierter. Hier sind nicht mehr alle möglichen Umlaufbahnen für Planeten auch tatsächlich stabil.*

Man kann zwischen zwei grundlegenden Arten der Bewegung unterscheiden: Entweder der Planet kreist außen um beide Sterne herum, oder er bewegt sich nur um einen der beiden. Der erste Fall wird P-Typ genannt. Der Planet umkreist beide Sterne, und aus seiner Sicht macht es keinen Unterschied, ob da nun ein oder zwei (oder noch mehr) Sterne sind. Auf seiner Außenbahn spürt er nur die kombinierte Gravitationskraft aller Sterne in der Mitte. Ob die jetzt von einem oder zwei Sternen ausgeübt wird, ist egal. Erst wenn der Planet den beiden Sternen im Zentrum des Systems zu nahe rückt, wird es kritisch. Dann lässt sich der gravitative Einfluss nicht mehr kombiniert betrachten. Je nachdem, wo sich Planet und Sterne gerade befinden, werden die Störungen mal stärker und mal schwächer sein, und am Ende wird die Planetenbahn instabil.

Er wird aus dem System geworfen oder kollidiert mit einem der Sterne (wenn sich in diesen Regionen überhaupt Planeten bilden können).

Die Lage beruhigt sich erst wieder, wenn der Planet einem der beiden Sterne nahe genug ist. Jetzt wird seine Bewegung von diesem einen Stern dominiert, und die Störungen, die vom anderen, entfernten Stern ausgeübt werden, sind gering. Diese Art der stabilen Bewegung wird S-Typ genannt. Es ist ein wenig knifflig zu berechnen, wo die Stabilitätsgrenzen liegen, und es gibt keine allgemeingültigen Formeln dafür, weil es hier immer um die Bewegung von

drei Himmelskörpern geht und dieses Problem, wie wir von den Trojanern wissen, mathematisch unlösbar ist. Aber mit Computersimulationen lassen sich die stabilen Regionen recht leicht finden. Man kann es vielleicht so zusammenfassen: Planeten können sich überall dort in einem Doppelsternsystem problemlos bewegen, wo sie nur die Gravitationskraft eines einzelnen Objekts spüren. Entweder weil beide Sterne aus Sicht des Planeten annähernd gleich weit weg sind und sie so wirken wie ein einzelner, massereicherer Stern (P-Typ), oder weil ein Stern dem Planeten sehr nah und der andere weit weg ist, sodass wieder nur die Gravitationskraft eines einzelnen Sterns die Bewegung bestimmt.

Man kann berechnen, wie hoch unsere Überlebenschancen wären, wenn wir auf gut Glück im Universum ausgesetzt würden. Irgendwo zufällig ausgesetzt, würden wir praktisch in allen Fällen im Vakuum des Weltraums landen. Das liegt daran, dass das Universum extrem leer ist und Sterne, Planeten und andere kleinere Himmelskörper im Weltraum äußerst selten zu finden sind. Die extrem lebensfeindlichen Bedingungen des Weltraums wie Vakuum, radioaktive Strahlung und große Kälte erlauben dort praktisch kein Leben. In den meisten Fällen würden fast alle Lebewesen nach kurzer Zeit umkommen. Und wir sowieso.

Die zweitgrößte Wahrscheinlichkeit bei einer solchen Überlebenslotterie wäre, dass wir uns im Inneren eines Sterns wiederfinden. Herzlich willkommen bei Temperaturen von Tausenden bis Milliarden °C. In der Regel wäre unsere Überlebenszeit dort zu kurz, als dass sich eine Brandblase auch nur überlegen könnte, ob sie sich überhaupt bilden soll. Die Chance, dass wir uns auf oder in einem

Planeten wiederfänden, liegt schon deutlich abgeschlagen an dritter Stelle. Aber selbst dort wären die allermeisten Landeplätze für uns tödlich. Große Planeten bestehen aus Wasserstoff- und Heliumgas, das für Leben absolut ungeeignet ist. Oder man landet im Inneren eines festen oder flüssigen Planeten, wo man zwischen Gesteins- oder Lavamassen eingequetscht wäre.

Höchstens auf sogenannten bewohnbaren Planeten kann Leben existieren. Diese Planeten müssen aber gesteinsartig sein und dürfen an ihrer Oberfläche weder zu heiß noch zu kalt sein. Das heißt, sie dürfen von ihrer Sonne weder zu weit entfernt noch ihr zu nahe sein, sodass Temperaturen herrschen, bei denen Wasser flüssig ist. Man nimmt neuerdings an, dass solche bewohnbaren Planten immerhin etwa 10–20 Prozent aller Planeten ausmachen könnten. Aber selbst auf einem solchen Planeten kann es Leben nur in der Biosphäre nahe der Planetenoberfläche und nicht im Planeteninneren geben. Die Biosphäre besteht aus den Ozeanen, den Landmassen und der Lufthülle. Auf der Erde beträgt die durchschnittliche Dicke der Biosphäre 23 Kilometer. Um sich das Ausmaß der bewohnbaren Gebiete im Universum vorstellen zu können, schrumpfen wir das Volumen des Universums auf eine Kugel mit einem Radius des Abstands von der Sonne zur Erde. Dann würde das Volumen der bewohnbaren Gebiete, also der gesamten Biosphären aller Planeten im Universum, gerade mal die Größe eines einzigen Atoms einnehmen. Der bewohnbare Bereich für Leben ist also im Universum extrem klein und das Universum deshalb fast überall lebensfeindlich und tödlich. Nur wirklich ein ganz winziger Teil des Universums erlaubt auch Leben. Es ist schon verblüffend, dass sich Leben auch nur irgendwo in diesen winzigen lebensfreundlichen Bereichen des Universums einnisten konnte. Deshalb ist die Freude auch immer so groß, wenn Astronominnen und Astronomen irgendwo Exo-Planeten oder gar Supererden in habitablen Zonen entdecken. Exo-Planeten sind Planeten, die um andere Sonnen als unsere kreisen. Vor 70 Jahren dachte man noch, so etwas könne es gar nicht geben, mittlerweile haben wir bereits rund 2.000 solcher Himmelskörper entdeckt, noch einmal so viele warten darauf, dass ihre Existenz anerkannt wird. Also, die haben wir schon einmal gesehen oder das, was nach Planetennachweis ausgesehen hat, aber sicherheitshalber wartet man immer, ob sich das Phänomen nach einem Umlauf des Planeten um seine Sonne(n) wiederholt. Man muss also ein Jahr warten, wie lange das auch immer beim jeweiligen *cand.* Exo-Planeten dann ist.

Ab und zu gilt einer davon als einigermaßen erdähnlich, dann schallt der Ruf „Supererde" um die Welt, die interstellaren Raumschiffe werden ausgewintert und Reisepläne geschmiedet, um der dortigen Zivilisation unsere Aufwartung zu machen. Der Stern Gliese 581 etwa, gut 20 Lichtjahre von uns entfernt, kann sich nie sicher sein, wie viel Planeten er gerade besitzt. Zumindest, wenn er sich auf die Zählung von uns Menschen verlässt. Sechs Kinder waren es im Jahr 2007, mit Rufnamen Gliese 581e, b, c, g, d und f. Vor allem Gliese 581g und d galten seit ihrer Entdeckung im Jahre 2007 als lebensfreundliche Supererden in der habitablen Zone, 581g als Steinplanet fast als Erdzwilling, aber auch 581d hielt man für lebensfreundlich, mit Fließwasser auf der Oberfläche. d wurde Medienliebling.

Was wusste man über ihn? Herzlich wenig. Vermutet wurde aber Folgendes: Die sympathische Supererde Gliese 581d wiegt zirka zwischen sechs und sieben Erdmassen und kreist in der Nähe des malerischen roten Zwergsterns Gliese 581 innerhalb der bewohnbaren Zone.[65] Oder auch knapp außerhalb. Das heißt, heute noch Einöde, aber morgen vielleicht schon Speckgürtel. Möglicherweise gibt es dort eine Atmosphäre, flüssiges Wasser und einigermaßen gemäßigtes Klima, zumindest wenn man Temperaturen knapp über

0 °C schätzt. Leider beträgt die Oberflächenschwerkraft gut das 2,5-Fache derjenigen der Erde, was für unser Stützskelett aka Knochen und auch den Blutkreislauf eine gewisse Herausforderung darstellte. Aber auf der Erde liegen und flach atmen könnten wir vielleicht eine Zeit lang.

Und: Gliese 581d ist eben nur 20 Lichtjahre entfernt. Das ist vergleichsweise nahe. Ein Lichtteilchen, das 1996 nach dem legendären Golden Goal bei der Fußball-EM in England losgedüst wäre, um Gliese 581 d davon zu berichten, wäre demnächst dort. Für uns Menschen würde die Reise länger dauern.

→ **FACT BOX** | *Das langsamste Experiment der Welt* ←

Auf interstellare Reisen muss man genügend Zerstreuung mitnehmen, denn ohne Beschäftigung wird sonst die Zeit sehr lang. Als nachgerade ideal bietet sich ein Zeitvertreib an, der auch auf der Erde einige Beharrlichkeit verlangt, wenn man ein Erfolgserlebnis haben möchte. Die Rede ist von Pitch Drop, dem langsamsten Experiment der Welt.[66] Worum geht es dabei? Pitch als Pech schaut zwar aus wie ein Feststoff, es handelt sich dabei aber um eine superzähe Flüssigkeit, hat also äußerst große Viskosität zu bieten. Wie viskos es wirklich ist, wollte man herausfinden, als man 1927 in Australien, an der University of Queensland in Brisbane, einen Versuch begann. Das Experiment besteht aus einer simplen Apparatur mit einem Trichter, gefüllt mit Pech, einer Halterung und einem Auffangschälchen in einem abgesicherten, durchgängig beleuchteten Raum. Untersucht werden sollte, wie ein Pechtropfen abbricht. Das Spektakuläre dabei: Wenn es passiert, dauert es nur den Bruchteil einer Sekunde, es passiert aber nur alle acht bis vierzehn Jahre.

Das Experiment hat eine kuriose und eine tragisch-komische Seite. Die ersten acht Tropfen zwischen 1927 und dem Jahr 2000 hat niemand beim Fallen gesehen. Oder eigentlich beim Abbrechen, weil das ist es, was man herausfinden wollte: Wie bricht Pech? Pech ist so zäh, dass die Schwerkraft nur sehr, sehr langsam einen Tropfen aus dem Trichter zieht. Pech ist etwa zwei Millionen Mal zäher als Honig.

Der Physikprofessor John Mainstone von der University of Queensland beobachtete das Experiment über 50 Jahre lang. Er hatte aber im wahrsten Sinne des Wortes gleich zwei Mal Pech. Tage- und nächtelang saß er im Jahre 1988 vor dem Trichter mit dem Pech, um den Tropfen fallen zu sehen. Als es dann so weit war, war der Professor gerade vor die Tür gegangen, um sich eine Erfrischung zu holen. Daraufhin wurde eine Filmkamera installiert. Im Jahre 2000, während Mainstone in England war,

248

tropfte es erneut. Die Kamera war zwar eingeschaltet, aber defekt. Nach über 50 Jahren des Wartens und Hoffens starb Professor Mainstone am 23. August 2013, ohne dass er in all der Zeit jemals live oder im Film einen Pechtropfen in seinem Experiment fallen sah[67] Stattdessen kamen ihm irische Physiker zuvor, wo seit 1944 am

Trinity College in Dublin dasselbe Experiment betrieben wurde. Dort gelang am 11. Juli 2013 um 17 Uhr eine Filmaufnahme, die hatte auch Professor Mainstone noch gesehen und empfand es als quälend, dass sein Tropfen sich von jemand anderem ablichten hat lassen.

So wie es momentan aussieht, könnten wir uns den Weg aber ganz sparen, denn Gliese 581d gibt es vielleicht gar nicht.[68] Oder vielleicht doch.[69] Wenn Sie von Wien nach Berlin fahren, dann können Sie sich einigermaßen drauf verlassen, dass Berlin, wenn Sie dort ankommen möchten, auch noch genau dort steht, wo Sie es erwarten. Bei Exo-Planeten ist das nicht immer so. Von den 2007 behaupteten sechs Planeten im Sonnensystem Gliese 581 gibt es vermutlich nur drei. Die anderen waren Messfehler. g und f sicher, d möglicherweise.

Was aber, wenn wir gleich dorthin aufgebrochen wären, weil wir auf Gliese 581d Außerirdische vermutet hätten, vielleicht sogar solche, die mit uns verwandt sein könnten, weil der Ursprung ihres Lebens möglicherweise auch der unsere war? Und dann kommen wir dort an zum Verwandtenbesuch, frisch geduscht und im schönen Anzug, hupen bei der Toreinfahrt schon laut, aber es macht nicht nur niemand auf, sondern der gesamte Planet fehlt? Da kann man sich die Stimmung im Raumschiff vorstellen, die Kinder quengeln, die Eltern beschimpfen sich gegenseitig, und auf dem Heimflug wird kein Wort geredet. Vielleicht wäre es aber auch besser so. Verwandtenbesuche im Weltall laufen eventuell auch nicht anders ab als auf der Erde.

Beim ersten Mal noch großes Hallo, aber dann, jede Weihnachten ein paar Lichtjahre zu den Verwandten fliegen, immer dieselben Geschichten anhören müssen, dieselben Kekse, irgendwann gibt es Streit, und dann jedes Mal wieder ein paar Lichtjahre nach Hause durch die Dunkelheit und hoffen, dass das Raumschiff beim Wiedereintritt in die Atmosphäre nicht zerbricht.

Aber noch wären wir zu einem Ausflug ohnedies gar nicht in der Lage. Und wir haben auch noch nirgends das geringste Anzeichen von Leben gefunden. Vielleicht liegt es daran, dass wir aber einfach nicht richtig schauen, wenn wir nach Leben suchen. Vielleicht sollten wir bei anderen Planeten nicht nach Anzeichen von Leben suchen, sondern nach Untoten.

→ *Survival-Tipp: Wie schützt man sich vor Zombies* ←

Zombies sind undankbare Verhandlungspartner. Sie hören nicht zu, gehen nie auf Kompromissvorschläge ein und halten sich an keinerlei Abmachungen. Außerdem riechen sie schlecht. Was soll man also tun, wenn Zombies kommen? Wie schützt man sich da aus wissenschaftlicher Sicht gesehen am besten? Anti-Zombie-Medikamente zu entwickeln steht in der Regel nicht weit oben auf der Liste von Pharmaunternehmen, also ist im Umgang mit Untoten vorbeugen besser als heilen. Besser gar nicht erst von einem Zombie infiziert werden.

In den Schulungsvideos verschanzen sich die Menschen meistens in irgendwelchen Bunkern oder Reservaten, um dann mit möglichst großem Aufwand gegen die Untoten zu kämpfen.

Aber die Zombies sind beharrlich, und früher oder später hat man keine Chance mehr und wird gebissen oder gar verzehrt. Idealerweise probiert man also, den Zombies möglichst von Anfang an aus dem Weg zu gehen. Wo geht man am besten hin?

Um vor Zombies sicher sein zu können, muss man herausfinden, wie und wie schnell sie sich über die Welt ausbreiten. Das ist ver-

gleichbar mit der Frage, wie sich reale Krankheiten ausbreiten. Der „Krankheitserreger" ist in diesem Fall eben nur ein wenig größer, aggressiver und grusliger als ein typischer Schnupfenvirus.

Und dümmer. Das ist ein Vorteil. Ebola zum Beispiel konnte sich deswegen von Afrika aus über die ganze Welt verbreiten, weil viele infizierte Menschen mit Flugzeugen in andere Länder geflogen sind und dort andere angesteckt haben. Ein Zombie würde aber vermutlich erhebliche Schwierigkeiten haben, durch die Sicherheitskontrollen am Flughafen zu kommen. Allein das Kleingeld aus der Hosentasche zu nesteln oder den Gürtel aus den Schlaufen zu ziehen, brächte ihn an seine motorischen Grenzen. Ob er die Frage nach mitgebrachten Flüssigkeiten zufriedenstellend beantworten kann, muss auch dahingestellt bleiben.

Eine Zombie-Epidemie verbreitet sich also eher fußläufig, also mit der Geschwindigkeit, mit der Zombies gehen können. Beziehungsweise schlurfen. Man kann dafür ungefähr einen Kilometer pro Stunde annehmen, also nicht sehr viel. Außerdem muss man berücksichtigen, wie effektiv

Untote beim Infizieren von Menschen sind bzw. Menschen darin, Zombies zu töten. Eine ausführliche Analyse zur Verfügung stehender Daten[70] hat ergeben, dass Zombies leicht im Vorteil sind: Sie sind 1,25 Mal so effektiv, die Menschen zu zombifizieren, als Menschen beim endgültigen Entleiben der Untoten.

Wie schnell sich eine Zombie-Epidemie ausbreitet, hängt jetzt vor allem von der Bevölkerungsdichte ab. Wo sie hoch ist, können Zombies auch sehr effektiv ihr Werk verrichten. Im Gegensatz zu normalen Krankheitserregern suchen sie sich ihre Opfer direkt, und je mehr davon leicht und nah verfügbar sind, desto besser für sie.

Simulationen, die Physiker mit entsprechenden Computermodellen durchgeführt haben, zeigen auch genau dieses Verhalten. Die USA hätten schon eine Woche nach dem Ausbruch der Zombie-Plage den Großteil der Bevölkerung verloren, aber rein geografisch wären weite Teile des Landes noch völlig zombiefrei. Es dauerte bis zu vier Wochen, bevor sich die schlurfenden Untoten überallhin ausgebreitet haben. Fast überallhin, denn einige sehr abgelegene Gebiete haben sie auch Monate später noch nicht erreicht.

Der sicherste Ort bei einer Zombie-Apokalypse sind somit die dünn besiedelten Rocky Mountains. Das zumindest behaupten die amerikanischen Forscher. Menschen in Europa hilft das im Akutfall allerdings nicht sonderlich viel. Um zu den Rocky Mountains zu gelangen, müssten sie erst recht

sämtliche infizierte Regionen der USA durchqueren. Die österreichische Wissenschaft hat die Erforschung von Zombie-Infektionen bis jetzt leider sträflich vernachlässigt. Aber wenn man die Ergebnisse aus den USA als Vorbild nimmt, dann sollten wir auch hierzulande in den dünn besiedelten Gebieten am sichersten sein. Wien ist dafür natürlich ungeeignet, hier findet man die höchste Bevölkerungsdichte im ganzen Land. Unter dem Aspekt der Zombie-Sicherheit wäre der 5. Wiener Gemeindebezirk Margareten am schlechtesten geeignet, wenn schon Wien, dann sollte man nach Hietzing gehen, wo die Bevölkerungsdichte am geringsten ist.

Österreichweit wäre aber das malerische Bergdorf Kaisers in Tirol das Exil der Wahl, mit nur 75 Einwohnerinnen und Einwohnern auf 74,5 km^2 in 1.518 Metern Seehöhe. Wer hier lebt, hat die besten Chancen, eine Zombie-Apokalypse unbeschadet zu überstehen. (Es gibt allerdings auch Auslegungen, dass eine Epidemie vielleicht ausgerechnet von dort ihren Ausgang nehmen könnte, denn Kaisers wurde im Jahr 2002 überregional bekannt, als die Österreichische Volkspartei bei den Parlamentswahlen 100 Prozent aller gültigen Stimmen zugesprochen bekommen hat.)

In Deutschland sollte man wohl nach Schleswig-Holstein fahren und in Wiedenborstel Quartier beziehen. Drei Einwohner kommen dort auf einen km^2, das ist auch für wendige Zombies eine Schnitzeljagd auf der Suche nach Essen auf Beinen.

Night of the Living Aliens

Eine der großen Fragen, die uns Menschen schon seit Jahrtausenden umtreibt, lautet: Gibt es irgendwo draußen im Weltall noch andere Lebewesen? Mittlerweile wissen wir, dass es noch jede Menge andere Planeten gibt. Nicht nur unsere Sonne wird von Planeten umkreist, sondern auch die meisten anderen Sterne. Planeten sind genauso häufig wie die Sterne selbst, und eigentlich müsste da ja irgendwo einer dabei sein, auf dem es auch Leben gibt. Aber warum haben wir davon noch nichts mitbekommen? Wo sind die außerirdischen Besucher? Wo sind die Raumschiffe der intelligenten Aliens, die von anderen Sternen zu Besuch kommen? Warum ist da draußen im Weltall anscheinend niemand?

Wenn wir im All nach Leben suchen, dann halten wir quasi Ausschau nach rauchenden Schornsteinen, nach Schallwellen oder ob wo Licht brennt. Das heißt, wir suchen im Wesentlichen nach Biomarkern, nach Lebenszeichen. Aber das Weltall könnte voller Untoter stecken, und wenn wir nicht nach Ex-Leben suchen, werden wir die Vampire und Zombies nie entdecken. Wie kommt man ihnen doch auf die Schliche? Zombies gehören bekanntlich nicht unbedingt zu den Hygiene-Fanatikern. Das richtige Zähneputzen von Rot nach Weiß braucht man sie nicht zu lehren. Ihre Ausdünstungen kann man zwar nicht bis zu uns riechen, aber, das wissen wir schon vom Strawberry-Daiquiri aus dem Milchstraßenzentrum, Gerüche kann man sehen.

Wenn Untote und vor allem ihre Opfer langsam vor sich hin verwesen und verrotten, werden dabei jede Menge übel riechende Gase frei. Um sie zu finden, schaut man in der Atmosphäre nicht nach Gasen, die auf Leben hinweisen, sondern auf Ableben. Wie macht man das? Man untersucht das Licht, das von einem Planeten zu uns reflektiert wird. Licht ist ja nicht gleich Licht, sondern eine

Mischung aus vielen verschiedenen Farben. Manche davon können unsere Augen sehen und manche, wie Infrarot oder Ultraviolett, nicht. Wenn Licht von einem Stern jetzt auf einen Planeten trifft und dort reflektiert wird, dann strahlt es auch durch seine Atmosphäre und trifft dort auf die Atome und Moleküle, aus denen diese Atmosphäre besteht. Die lenken, weil sie nichts Besseres zu tun haben, das Licht ab. Jedes Atom blockiert nun einen kleinen und ganz bestimmten Teil des Lichts. Und dadurch sieht man, was man nicht sieht. Man kann so nachschauen, welche Farben im vom Planeten reflektierten Licht fehlen, und daraus schließen, welche Atome und Moleküle in der Atmosphäre eines Planeten vorhanden sind.

Und wenn dort alles voller Zombies ist, die ihre stinkenden Gase in die Luft ablassen, dann blockieren auch die Moleküle, aus denen diese Gase bestehen, einen ganz konkreten Teil des Lichts, und das könnten wir sehen. Welche Gase wären dort zu erwarten? Methan, Ammoniak oder Schwefelwasserstoffe.* Und solche Planeten mit so einer „Todessignatur" sollten wir dann nach Möglichkeit meiden, falls wir es einmal bis zur interplanetaren Raumfahrt schaffen sollten. Vielleicht haben wir deshalb auch noch keine intelligenten Außerirdischen bei uns begrüßen können, weil die jedes Mal bei der Zwischenlandung von Zombies aufgefressen worden sind! Weiß man, wie viele Zombie-Planeten es gibt? Nein. Aber auch bei Planeten mit Lebewesen gibt es bislang nur grobe Schätzungen. Und wenn man Filmen, TV-Serien, Büchern und Videospielen glauben darf, dann braucht es nicht viel, damit irgendwo eine Zombie-Epidemie auftritt. Das mag zwar wie eine fragwürdige Quelle aussehen, aber glauben Sie mir, es gibt viele wissenschaftliche Studien, wo die Datenlage auch nicht viel besser ist. Wenn Sie sich allein vor Augen halten, was in der Ernährungswissenschaft in den letzten Jahrzehnten

---

* Die hat man übrigens auch auf dem Kometen Tschurjumow-Gerassimenko gefunden.

alles über Kohlehydrate oder Vitamine erzählt worden ist,[71] dann ist die Ausgangssituation bei der vorliegenden Untersuchung über Zombie-Planeten vergleichsweise seriös.[72] Geht man also davon aus, dass auf nur 10 Prozent aller potenziell lebensfreundlichen Planeten in unserer Galaxie genau so etwas passiert, dann kann man abschätzen, dass allein in einem Umkreis von 326 Lichtjahren 2.500 Planeten existieren, auf denen Alien-Zombies ihr Unwesen treiben! Wer da ausruft: „Bist du umzingelt", hätte völlig recht.

Jeder Planet, egal ob von Untoten besiedelt oder von Lebewesen, hat eine ganz charakteristische Zusammensetzung der Atmosphäre. Sauerstoff gibt es auf der Erde zum Beispiel nur deswegen, weil es hier auch Leben gibt. Ohne Lebewesen wie Pflanzen, die ständig neuen Sauerstoff produzieren, gäbe es keinen Sauerstoff mehr bei uns. Dann würde dieses spezielle Gas im Laufe der Zeit durch chemische Reaktionen aus der Atmosphäre verschwinden. Pflanzen produzieren aber auch Kohlendioxid, wenn sie im Winter ihre Blätter verlieren und die dann verrotten. Und das zeigt sich auch in der Atmosphäre.

Auch Methan ist zu einem großen Teil auf die Anwesenheit von Lebewesen zurückzuführen. Und danach sucht man, wenn man sich das Licht anschaut, das von anderen Planeten reflektiert wird. Diese „Lebenssignaturen" oder „Biomarker", wie sie offiziell heißen, werden tatsächlich gesucht, und die Chancen stehen gut, dass wir sie demnächst finden können. Allerdings noch nicht mit den Teleskopen, wie sie derzeit zur Verfügung stehen. Die sind nicht gut genug, um das Licht ferner Planeten direkt sehen und untersuchen zu können. Aber neue, bessere sind bereits bestellt. Die Europäische Südsternwarte konstruiert in Chile ein extrem großes Teleskop mit einem fast 40 Meter großen Spiegel. Und wenn Sie bislang gedacht haben, in der Raumfahrt ist es ein Jammer mit den Akronymen, dann seien Sie herzlich willkommen in der Welt der Astronomie.

Der Name des nagelneuen, extrem großen Teleskops der Europäischen Südsternwarte lautet E-ELT, was so viel bedeutet wie „European Extremely Large Telescope", also „extrem großes Teleskop aus Europa". Tusch! Aber man wird mit diesem Riesenteleskop auf jeden Fall wirklich coole Beobachtungen machen können, das ist wichtiger. Auch die USA versuchen gerade auf Hawaii ein Teleskop mit einem Spiegel von 30 Metern Durchmesser zu bauen. Hier hat man sich bei der Namensgebung ebenfalls nicht lumpen lassen. TMT heißt der Racker, das steht für „Thirty Meter Telescope", also „30-Meter-Teleskop".

Wenn diese neuen Teleskope in ein paar Jahren fertig sind, kann man damit wahrscheinlich die Spuren von Leben auf anderen Planeten entdecken. Und dann werden wir wissen, ob wir eher von Lebenden umgeben sind oder doch eher von Zombies.*

→ **FACT BOX** | *Die größten Teleskope der Welt* ←

Vor 400 Jahren baute Galileo Galilei das erste Teleskop und fand heraus, dass unsere Erde nicht der Mittelpunkt des Universums ist. Einen ähnlich großen Sprung neuartiger Erkenntnisse über unser Universum erwarten Astronomen durch die Errichtung der größten Teleskope auf der Erde, wie dem „European Extremely Large Telescope (E-ELT)". Es werden die größten und schärfsten Augen sein, die jemals von Menschen sowohl von der Erde als auch vom Weltraum aus auf den Himmel gerichtet wurden. Diese Super-Telekope werden unseren Blick aufs Universum entscheidend verändern.

European Extremely Large Telescope (E-ELT)

Das von der Europäischen Südsternwarte (ESO) geplante Teleskop wird bei seiner Fertigstellung etwa im Jahre 2024 mit seinem Spiegel von 39 Meter Durchmesser das weitaus größte Teleskop auf der Erde sein. Der Durchmesser des neuen Teleskops ist rund tausend Mal größer als das des ursprünglichen Teleskops von Galileo Galilei vor 400 Jahren. Die Spiegelfläche des E-ELT ist ungefähr 15 Mal größer als die der derzeit modernsten Teleskope und kann dadurch auch um diesen Faktor mehr Licht

---

* Eine entsprechende Arbeit über extraterrestrische Zombies ist zum 1. April 2014 erschienen, war auch so gemeint, aber wissenschaftlich sauber gemacht http://arxiv.org/abs/1403.8146, Zugriff 16.7.2015.

empfangen. Der riesige Spiegel des E-ELT mit 39 Meter Durchmesser besteht nicht aus einem Stück, weil ein so großer Spiegel gar nicht hergestellt werden kann. Vielmehr ist er aus 798 Einzelsegmenten von je 1,42 m Durchmesser zusammengesetzt.

Die Baukosten werden über eine Milliarde Euro betragen und von den derzeit 16 Mitgliedsstaaten des Forschungsinstituts der Europäischen Südsternwarte (engl. ESO – European Southern Observatory) getragen – von Österreich über Großbritannien, Schweden und die Schweiz bis Deutschland. Im Juli 2014 wurde mit der Sprengung am Gipfel des Berges „Cerro Armazones" in den Anden im Norden Chiles der Bau begonnen, um Platz für dieses Teleskop zu schaffen. Der Ort wurde nicht zufällig gewählt. Es handelt sich um einen der trockensten Plätze der Welt, gelegen in 3.064 Meter Seehöhe, was ideale Sichtbedingungen garantiert.

Adaptive Optik

Auch bei den besten Teleskopen an den hervorragendsten Beobachtungsorten tritt das Problem auf, dass Turbulenzen in der Lufthülle der Erde die astronomischen Bilder verzerren. Diese Luftunruhe lässt die Sterne funkeln, was zwar Dichter anregt, für Astronomen aber ziemlich frustrierend ist, denn es lässt die Details der beobachteten Himmelskörper verschwimmen. Beobachtungen vom Weltraum aus können zwar diesen Effekt vermeiden, sind jedoch wesentlich teurer, weil die astronomischen Instrumente erst einmal dorthin gebracht werden müssen.

Um dieses Problem zu lösen, verwenden die Astronomen auf der Erde eine Technik namens adaptive Optik. Durch ausgeklügelte Verformungen der unabhängigen Spiegel können die Verzerrungen, die durch die Luftunruhe entstehen, computergesteuert in Echtzeit ausgeglichen werden. Die adaptive Optik erfordert zunächst einen Referenzstern in der Nähe des zu beobachtenden Himmelsobjekts. Eine weitere Möglichkeit ist ein vom Observatorium ausgesandter Laserstrahl, der einen künstlichen Referenzstern in 90 km Höhe an der gewünschten Stelle des Himmels projiziert. Anhand dieses Referenzsterns können die Turbulenzen durch die Lufthülle gemessen und damit die tatsächlichen Beobachtungsdaten des Himmelsobjekts kompensiert und korrigiert werden. Die nächste Generation adaptiver Optik wird insbesondere für den Einsatz am E-ELT gerade entwickelt. Jedenfalls ist die adaptive Optik ein entscheidender Faktor für dieses Teleskop. Ohne diese Technik wäre das E-ELT nur halb so viel wert und könnte nie die geplante Leistungssteigerung in der Beobachtung ferner Himmelskörper erreichen.

James Webb Space Telescope (JWST)

Das James Webb Space Telescope der amerikanischen Weltraumbehörde NASA wird bei seiner Fertigstellung im Jahre 2018 das größte Weltraumteleskop der Menschheitsgeschichte sein. Es wird Aufnahmen im Infrarotbereich machen und die des jetzt schon legendären Hubble Space Telescope erweitern und ergänzen. Es ist aber dennoch nicht ein Ersatz des Hubble Telescope, sondern ein Nachfolger, weil es andere und weitere Möglichkeiten hat. Benannt wurde das JWST zu Ehren von James Webb (1906–1992). Er war Administrator der

NASA und für das Apollo-Programm verantwortlich, das die Menschen zum Mond brachte.

Verglichen mit dem Hubble Space Telescope hat das James Webb Space Telescope einen flächenmäßig sechsmal größeren Spiegel und kann dadurch auch wesentlich mehr Licht empfangen. Das infrarote Licht hat mehrere Vorteile gegenüber dem sichtbaren Licht. Zum Beispiel sind Galaxien im frühen Universum wegen der Rotverschiebung im infraroten und nicht sichtbaren Bereich zu sehen und können daher mit optischen Teleskopen gar nicht wahrgenommen werden. Und im Infraroten kann man den existierenden Staub im Weltraum wesentlich leichter durchdringen. Insbesondere kann man auch die Staubwolken durchdringen, in denen Sterne und Planetensysteme entstehen. Die Beobachtungen im Infrarotbereich werden es auch erlauben, noch einmal weiter in das Universum hinaus und damit ferner in die Vergangenheit zurückzuschauen und die Entwicklung des frühen Universums aufzuklären.

Für alle Infrarot-Aufnahmen ist wesentlich, dass die restliche Wärmestrahlung des Infrarots von allen anderen Quellen möglichst klein ist. Im Unterschied zum Hubble-Teleskop wird sich das JWST daher nicht in einer nur 600 km von der Erde entfernten Bahn um diese bewegen, sondern 1,5 Millionen km weit von der Erde entfernt sein. Da schaltet die Wärmestrahlung der Erde wegen der großen Distanz praktisch aus. Entscheidend für die Funktion des JWST ist auch der Sonnenschirm, der die Wärmestrahlung der Sonne abblockt. Der Sonnenschirm von der Größe eines Tennisplatzes ist mehrschichtig, wobei jede folgende Schicht durch das Vakuum des Weltraums getrennt ist. Vakuum ist ja ein sehr guter Wärmeisolator, und dadurch ist diese Anordnung wesentlich besser als ein einzelner dicker Sonnenschirm. Das JWST gleicht im Weltraum einem großen Eisschrank, nur wenige Grad über dem absoluten Nullpunkt von −273 °C. Dadurch können auch die einzelnen Komponenten des JWST keine störende Wärmestrahlung aussenden, welche den Empfang der Infrarotstrahlung beeinträchtigen würden.

Beide Teleskope beobachten das Universum im sichtbaren und nahen Infrarot, wobei sich das E-ELT auf den sichtbaren Bereich konzentrieren, während das JWST hauptsächlich im Infrarotbereich tätig sein wird. Diese beiden Teleskope auf der Erde und im Weltraum werden bisher schon nachgewiesene, aber mysteriöse und noch nicht verstandene Phänomene des Universums erforschen, um wissenschaftliche Ergebnisse zu erhalten, die mit derzeitiger Technik noch nicht in Reichweite liegen. Dazu gehören die Vorgänge im frühen Universum bald nach dem Urknall. Man hofft, dabei auch weitere Erkenntnisse über die kosmische Inflation, d.h. die nur kurz andauernde, aber extrem rapide Ausdehnung des Universums kurz nach dem Urknall, zu gewinnen. Außerdem sollten die beiden astronomischen Beobachtungsinstrumente helfen, das mysteriöse Rätsel der Dunklen Materie und der Dunklen Energie zu lösen. Unser Universum besteht ja zu 27 Prozent bzw. 68 Prozent aus diesen beiden Komponenten, während die normale bekannte Materie nur 5 Prozent ausmacht.

Wir haben bis jetzt keine Ahnung, woraus die Dunkle Materie und Dunkle Energie *wirklich bestehen. Das E-ELT und das JWST werden uns der Lösung dieser Fragen möglicherweise wesentlich näher bringen. Außerdem hofft man, extrasolare Planeten direkt beobachten zu können. Bislang war man hauptsächlich auf indirekte Beweise dieser Planeten außerhalb unseres Sonnensystems angewiesen.*

Bis(s) zur Roche-Grenze

Zombies sind allerdings nicht die einzigen Gruselmonster im All, nach denen wir Ausschau halten sollten, sondern dort kauern auch Vampire und warten auf Opfer. „Na, endlich die Vampire! Wird auch Zeit, seit Anfang des Buches angeteast, habe ich schon gedacht, die tauchen überhaupt nicht mehr auf. Da muss jetzt aber ein Kracher kommen. Der Höhepunkt des Buches, auf den seit über 250 Seiten alles zuläuft. Ein Hochfest der Kulmination, alle Motive und Variationen davon explodieren in einem einzigen Peak." Mögen vielleicht manche unter Ihnen denken.

Aber, wie soll ich sagen, damit habe ich nicht gerechnet, als ich die Vampire angekündigt habe. Wenn ich dadurch Ihre Erwartungen ins Unermessliche hochgeschraubt haben sollte, dann muss ich Sie leider enttäuschen, tut mir leid. Wenn Sie glauben, es käme jetzt der Heuler von Dienst, dann bitte ich Sie, die kommenden Seiten einfach geflissentlich zu überblättern und bei den Gammablitzen weiterzumachen. Dort kommen wir nämlich nach den Zeitreisen der *Todesblase* wieder näher, und die ist eigentlich als Fluchtpunkt des Buches gedacht. Es sind nur ein paar Seiten.

Tut mir wirklich leid, dass das dramaturgisch in ein derartiges Fiasko führt, habe ich anfänglich nicht abschätzen können.

Sie brauchen die Seiten nicht einzeln vorzublättern.
Die Ausbreitung der Vampirchose wird zirka
fünf bis sechs Seiten dauern.

Ich habe für Sie nachgezählt, es sind genau vier Seiten zum Vorblättern, dann wird wieder durchgestartet mit kosmologischem Bling-Bling de luxe.

Ab jetzt noch vier Seiten.

Für alle, die das lesen,
möchte ich Folgendes ausdrücklich festgehalten
haben: Nicht dass Sie glauben, Vampire im All wären der totale
Schas, die sind schon interessant, vor allem was bleibt, wenn die Aus-
saugerei vorbei ist, aber als Flaggschiff eines Universumsbuchs ist das
Phänomen nicht fett genug. Vielleicht kann ich Sie mit einer Illustration ver-
söhnen. Ich habe inzwischen kurz mit dem formidablen Büro Alba gesprochen,
das schon unser letztes Buch „Gedankenlesen durch Schneckenstreicheln" in den
ästhetischen Olymp gehievt hat, und es ist meiner Bitte nachgekommen und hat
das Thema Vampire und Weltall als Wimmelweltbild/Suchbild/Malen nach
Zahlen über zwei Seiten ausgebreitet. Genießen Sie es und nehmen es bitte
als kleines Dankeschön, dass Sie uns nach dem langen Crescendo
trotz der Dürftigkeit der Vampir-Etüde die Treue halten.
Im (Such)bild ist auch ein Universumsuntergang
mit Todesblase versteckt. Viel Vergnügen.

Auf der Erde sind Vampire seit Jahrhunderten gern gesehene Gäste in Gruselgeschichten.

Viele Menschen fürchten sich vor ihnen, aber im Vergleich zu ihren Namensvettern im Weltall sind die irdischen eher harmlos. Die Vampire der Astronomen sind wesentlich größer und brutaler als ihre Vorbilder aus der Literatur. Ein untoter Blutsauger auf der Erde nimmt in der Regel ein paar Schlucke Blut zu sich, wenn er viel Durst hat auch einmal ein paar Liter, aber ein Weltallvampir säuft beträchtlich mehr. Und zwar 60 Billiarden Kilogramm Materie pro Sekunde! Wer zapft die wem ab? Sterne Sternen. Wenn zwei Sterne umeinander kreisen, dann kann es vorkommen, wenn die Abstände und Massen passen, dass der eine dem anderen Material wegnimmt. Ein solches Sternen-Paar findet man am Himmel etwa bei SS Leporis. Klingt wie ein Flugzeugträger, bedeutet aber Sternbild des Hasen.

Es liegt in der Nachbarschaft zu Orion, dem Himmelsjäger, und dem großen und kleinen Hund. Und die gehen auf Hasenjagd, wodurch das Sternbild von Meister Lampe seinen Namen bekommen haben könnte. Genau weiß man es aber nicht, denn die Sternbilder haben ihre Namen schon urlang, aus einer Zeit, als die Menschen Astrologie und Astronomie noch nicht getrennt haben. Heute weiß man, jene ist für den TV-Kanal, diese erlebt ihre spannendste Zeit seit Langem. Warum sind nun die beiden Sterne im Hasen so unfreundlich zueinander? Dazu muss man sagen, Güte und Missgunst sind keine astronomischen Parameter. Sogenannte Vampirsterne halten sich, wenn sie andere aussaugen, im Rahmen ihrer Möglichkeiten an die vier Grundkräfte, mehr nicht. Normalerweise ist es gar nicht so einfach, einem Stern etwas wegzunehmen. Sterne sind groß, und mit ihrer enormen Masse und der dadurch verursachten Gravitationskraft halten sie ihr Material mit aller Kraft fest. Aber wie geht es doch? Damit ein Stern ein Stern sein kann, muss er leuchten.

Die Energie dafür erzeugt er in seinem Inneren durch Kernfusion, das wissen wir schon fast so lange, wie wir auf die Vampire gewartet haben in diesem Buch. Und wenn die Wärmestrahlung dann aus dem Zentrum des Sterns nach außen dringt, drückt sie dabei gegen die Materie des Sterns. Die wehrt sich bekanntlich mit aller Schwerkraft dagegen. Die Gravitation möchte den Stern in sich zusammenfallen lassen, und der Strahlungsdruck will ihn aufblähen. In einem normalen Stern – wie unserer Sonne – halten sich diese Kräfte die Waage, und der Stern ist stabil. Aber je länger ein Stern lebt, desto heißer wird er und desto stärker sein Strahlungsdruck. Und dadurch geht ein alter Stern auf wie ein Germteig, wenn Sie so wollen. Ähnlich wie bei uns Menschen, da werden auch viele im Alter ein wenig üppiger. Wenn der Strahlungsdruck die Schwerkraft im Schwitzkasten hat, also der Stern dann weit aufgebläht ist, kann es sein, dass seine Gravitationskraft nicht mehr ausreicht, um seine äußersten Schichten festzuhalten.

Die Grenze, die diese Demarkationslinie beschreibt nennt man *(hier setzt ein großes Orchester mit verdoppeltem Schlagwerk- und Blechbläserensemble ein und spielt eine Fanfare in Fugenform, die der Bedeutung des Augenblicks mehr als gerecht wird)* ROCHE-GRENZE.

→ **FACT BOX** | *Roche-Grenze* ←

Will man wissen, wie gut ein Himmelskörper in der Lage ist, sich selbst zusammenzuhalten, dann muss man die Roche-Grenze kennen. Umkreist ein Planet einen Stern, ein Mond einen Planeten oder sonst irgendwas irgendetwas anderes, dann wirkt zwischen beiden Körpern eine Gezeitenkraft. Je näher sich zwei Himmelskörper sind, desto stärker ist die Gravitationskraft zwischen ihnen. Bei einem Mond, der einen Planeten umkreist, ist logischerweise eine Seite des Mondes dem Planeten immer näher als die andere Seite. Die Gravitationskraft des Planeten zieht also an der planetennahen Hälfte des Mondes ein bisschen stärker als an der planetenfernen, und dieser Unterschied ist für die Gezeitenkraft verantwortlich. Ist die Gezeitenkraft stärker als die Kräfte, die den Mond selbst zusammenhalten, dann bricht er auseinander. Und das passiert genau dann, wenn der Abstand zwischen Planet und Mond geringer wird, als von der Roche-Grenze (übrigens benannt nach dem französischen Astronomen Édouard Albert Roche, der sie Mitte des 19. Jahrhunderts berechnet hat) angegeben. Eine Theorie zur Entstehung der Ringe des Saturns geht zum Beispiel davon aus, dass vor langer Zeit einer seiner vielen Monde dem großen Planeten zu nahe gekommen ist. Er wurde auseinandergerissen, und die Bruchstücke bilden heute die Ringe. Beim Mars wird genau dieser Vorgang in der Zukunft passieren. Sein kleiner Mond Phobos rückt ihm ebenfalls langsam näher, und irgendwann wird sich ein Ring aus Trümmern um unseren Nachbarplaneten bilden.

Die Roche-Grenze gibt aber auch an, wie weit sich Sterne verformen können. Die sind ja keine Festkörper, sondern große Kugeln Gas. Umkreisen sich zwei Sterne in geringer Distanz, dann müssen es aber keine Kugeln mehr sein! Auch hier sorgen die Gezeitenkräfte dafür, dass eine Seite eines Sterns stärker angezogen wird als die andere. Der Stern wird deformiert und bekommt eine Form, die eher einem Wassertropfen ähnelt. Hinter der Roche-Grenze kann auch ein Stern seine Masse nicht mehr halten, sondern einen Teil davon an den anderen Stern verlieren.

Bis zur Roche-Grenze hat ein Stern sein Material also im Wesentlichen im Griff. Darüber hinaus kann es haarig werden, denn was sich zu weit vom Zentrum entfernt, das holt sich der Vampir. Das ist eben ein Stern in der Umgebung, der mit seiner Schwerkraft genau diese Materie an sich reißt. Er nimmt dieses gravitative Lockangebot gerne an und, wenn er schon da ist, Klopapier, Nudeln und Batterien auch gleich mit.

Der Materieaustausch kann nämlich beträchtliche Ausmaße annehmen. Welche Blutsauger sind nun im Sternbild des Hasen konkret am Werk? Zwei Sterne umkreisen einander, einer von beiden ist groß und kühl, der andere ist klein und heiß. Und der Kleine hat im Laufe der Zeit schon knapp die Hälfte der Masse des größeren Sterns an sich gerissen. Warum gewinnt nicht der Große? Zu gutmütig? Oder beißt der Kleine wie der Honigdachs seinen Gegnern von unten in die Hoden?

Beides nicht. Normalerweise kann ein Stern, wenn er sich am Ende seines Lebens aufbläht und eine gewisse Größe erreicht, nicht mehr alle Materie durch die Schwerkraft bei sich halten. Und die

fliegt dann ins All hinaus. Bei unserer Sonne wird, wenn ihr das als
Roter Riese passiert, niemand in der Nähe sein, der das wegge-
pustete Material aufnimmt, es verabschiedet sich einfach ohne be-
stimmtes Ziel ins All. Wenn ein zweiter, ernstzunehmender Stern
in der Nachbarschaft wohnt, dann kommt der aber zur Sperrmüll-
sammlung vorbei und liest das Material auf. So wird das normalerweise beschrieben, aber im Sternbild des Langohr läuft der Transfer
der Masse sogar noch ein bisschen spezieller ab. Der große Stern ist
zwar tatsächlich sehr weit aufgebläht, aber nicht so weit, dass er
seine Masse nicht mehr festhalten könnte. Wie kommt dann der
kleine Stern an die Masse heran?

Der große Stern erzeugt offenbar einen überraschend starken
Sternwind. Jeder Stern schickt ja nicht nur Licht ins All hinaus, son-
dern immer auch ein bisschen von seiner Atmosphäre. Auf unserer
Sonne finden zum Beispiel immer wieder große Eruptionen und
Protuberanzen statt, bei denen Material in den Weltraum geschleu-
dert wird. Quasi solarer Bröckerlhusten. Und das nascht der kleinere
Stern in der Nachbarschaft und wird dadurch groß und stark. Der
Rote Riese wird dadurch irgendwann zum Weißen Zwerg, und er
und der kleine Heißsporn werden sich dann vorerst weiter umkreisen und vermutlich von einer Scheibe aus Material umgeben sein.
Galaktisches Ringelreihen mit Ausdünstung, wenn Sie so wollen.
Irgendwann wird sich aber auch der kleinere Stern zu einem Riesen
aufblähen und dann Material verlieren. Das Material kommt also
teilweise wieder zurück. Bei uns auf der Erde in unserem Kulturkreis gilt: Geschenkt ist geschenkt, und Wiederholen ist gestohlen.
Bei Doppelsternsystemen spielt Ethik, wie wir schon gehört haben,
keine Rolle. Der Weiße Zwerg sagt nicht einmal danke, sondern es
kann sogar passieren, dass dank dieses zusätzlichen Materials
beim Weißen Zwerg noch mal Kernfusion einsetzt, obwohl der eigentlich schon erloschen war. Die Folgen sind manchmal enorm,

denn möglicherweise zerreißt es das ganze System bei einer Supernovaexplosion, wenn der wiedererblühte Weiße Zwerg nach endgültigem Erlahmen seiner Kräfte in sich zusammenbricht.

Und das war's dann für die Vampirsterne aus Hasenland. Ein ganzer schöner Aufwand, den die Vampire da treiben. Auf der Erde reichen Knoblauch, Holzpflock und ein geweihtes Kreuz zur Vernichtung von Vampiren, aber für Vampirsterne muss man schon eine Supernova dabeihaben, um sie zu zerstören. Und wenn man Pech hat, begeht einer von beiden sogar noch Fahrerflucht.

→ FACT BOX | *Heiße Unterzwerge* ←

Heißer Unterzwerg klingt nach cholerischem Abteilungsleiter, der auf der Karriereleiter nicht mehr weiterkommt, es handelt sich dabei aber um einen besonders exotischen Typ von Stern.

Er ist mit bis zu 50.000 °C sogar noch heißer als die größten Sterne im Universum, aber wesentlich kleiner und hat eine um Faktoren von 100 bis 1.000 geringere Leuchtkraft. Im Gegensatz zu Weißen Zwergen sind Heiße Unterzwerge aber nicht die Endprodukte von Einzelsternen, sondern Überbleibsel von Doppelsternen. Heiße Unterzwerge können nur in engen Doppelsternsystemen entstehen. Dort umrunden sich zunächst zwei gewöhnliche Sterne mit nur etwas unterschiedlichen Massen. Schließlich bläht sich zunächst der massereichere Stern zu einem Roten Riesen auf. Die Hülle des Roten Riesen erreicht dann auch den anderen Stern, der diese Materie gierig aufsaugt. Zurück bleibt das heiße innere Zentrum des Roten Riesen als Weißer Zwerg. Wir haben jetzt also ein Doppelsternsystem mit nach wie vor einem gewöhnlichen Stern und einem Weißen Zwerg. Schließlich bläht sich auch noch der zweite gewöhnliche Stern zu einem Roten Riesen auf. Dabei kann die entstehende Hülle mit der Zeit beide Sterne einschließen, sodass beide eine gemeinsame Hülle besitzen. Die Strahlung des Weißen Zwergs bläst aber dann diese Hülle auch fort, wodurch das heiße Zentrum des Roten Riesen ähnlich wie beim Weißen Zwerg freigelegt wird. Dieser Stern ist jedoch heißer und leuchtstärker als ein Weißer Zwerg, wird als Heißer Unterzwerg bezeichnet und kann beträchtliche Geschwindigkeiten erreichen. Die schnellste Geschwindigkeit für einen Stern, die jemals beobachtet wurde, beträgt 1.200 km/s oder 4,32 Millionen km/h.[73] Es handelt sich dabei um den Stern mit der Bezeichnung US 708. Wie konnte dieser Stern auf eine so hohe Geschwindigkeit beschleunigt werden? Man nimmt an, dass US 708 früher ein Heißer Unterzwerg in einem engen Doppelsternsystem wie oben beschrieben war, wobei der Partner des Heißen Unterzwergs US 708 ein Weißer Zwerg war.

Die beiden Sterne kamen sich im Doppel-sternsystem immer näher und bewegten sich dadurch auch immer schneller umein-ander. Ähnlich wie eine Eisläuferin bei ei-ner Pirouette, die durch das Anlegen der zunächst ausgestreckten Arme auch im-mer schneller wird. Gleichzeitig entriss der Weiße Zwerg so viel Materie aus der Hülle von US 708, dass dieser schließlich in einer Supernova vom Typ I explodierte und da-durch komplett zerstört wurde. Mit dieser Explosion fiel mit einem Schlag auch die Anziehungskraft des Weißen Zwergs weg. Der Heiße Unterzwerg behielt aber seine große Geschwindigkeit bei. Ähnlich wie bei einem Hammerwerfer, der eine Eisenkugel loslässt, die dann schnell wegfliegt. Dabei wurde US 708 durch die Supernovaexplo-sion noch einmal zusätzlich beschleunigt, was geografische Konsequenzen haben kann. Um die Milchstraße zu verlassen, muss man die vierte Kosmische Geschwin-digkeit erreichen. Diese beträgt in Bezug auf die ruhende Sonne 320 km/s. Das schafft US 780 locker und wird mit seinen 1.200 km/s vermutlich irgendwann das Hasenpanier ergreifen und sein Glück im intergalaktischen Raum versuchen.

Where is everybody?

Vampire und Zombies sind keine astronomischen Fachausdrücke, und die Wahrscheinlichkeit, dass wir jemals einen Vampirstern auch nur mit freiem Auge beobachten werden können oder auf einem Planeten landen, der von Untoten regiert wird, ist sehr gering.

Dass weder Blutsauger noch wandelnde Leichen das All bevölkern, darüber wundert sich kaum jemand, dass wir aber sonst auch keine Brieffreunde im Kosmos finden, das ist angesichts der gigantischen Anzahl an Himmelskörpern, die es im Universum gibt, schon erstaun-lich. Darüber hat sich als einer der Ersten prominent der Physiker Enrico Fermi Gedanken gemacht. Das nach ihm benannte Parado-xon hat es zu Weltruhm gebracht und geht der Frage nach, wo denn die Außeririschen seien, die doch längst da sein sollten, wenn es sie gibt.

Fermi hatte eine Methode erfunden und praktiziert, wie man zahlenmäßig etwas rasch im Kopf oder auf einem kleinen Zettel ab-schätzen kann, ohne eine großartige Berechnung durchzuführen. Und genau diese Methode wandte er eines Tages im Jahre 1950 bei einem Mittagessen in der Kantine des Los Alamos National Laboratory, USA, bei einer Diskussion mit Kollegen an, um abzuschätzen, das, wenn es viele andere Zivilisationen gibt, dann zumindest auch ein paar von ihnen eine wesentlich höhere Technologie entwickelt haben müssten als die Menschheit. Dann könnten sie aber auch schon längst Roboter ausgeschickt haben, die durch den Weltraum kreuzen und sich vermehren, indem sie bei Sternen Energie tanken und auf Planeten die notwendigen Rohstoffe sammeln. Auf diese Weise könnten diese Automaten unsere Galaxie innerhalb von 10 bis 100 Millionen Jahren durchstreifen. Oder die Außerirdischen hätten versucht, ihre nächste galaktische Umgebung mit sogenannten Generationen-Raumschiffen – in denen sich immer weitere Menschengenerationen vermehren, um die notwendigen langen Zeiten zur Zurücklegung der großen Distanzen zwischen Sternen und Planeten zu überbrücken – zu kolonisieren. Aber warum hat die Menschheit bis jetzt noch keine Signale oder Botschaften von solchen hoch entwickelten Zivilisationen erhalten?

Die Antwort lautet, wie so oft in der Wissenschaft: Man weiß es nicht und wird es vielleicht auch nie wissen. Aber Spekulationen gibt es zuhauf. Es könnte beispielsweise sein, dass die meisten Zivilisationen überhaupt kein Interesse daran haben, ihre Heimat zu verlassen. Die machen lieber Urlaub auf Balkonien, als das Weltall zu erkunden. Oder es gibt deshalb kaum technisch entwickelte Zivilisationen, weil sie sich in der Zeit, in der Raumfahrt für sie möglich geworden ist, mit ihrem technischen Know-how auch Kernwaffen haben bauen können, deren Verwendung sich stark zu ihren Ungunsten ausgewirkt hat. Oder die Außerirdischen betrachten die Erde mit den Menschen als eine Art Naturreservat und wollen erst einmal abwarten, wie sich die Menschen weiterentwickeln, bevor sie Kontakt aufnehmen. Wir könnten momentan noch zu aggressiv und primitiv für Anstandsbesuche sein. Manche Menschen sind

sogar der Meinung, dass wir deshalb keine Hinweise auf Außerirdische finden, weil sie uns so überlegen sind, dass sie sich locker tarnen
und so von uns unentdeckt bleiben können.

Aber es gibt auch handfestere Vermutungen aufgrund von Untersuchungen der kosmischen Umgebung. Denn dort geht es oft
ungemütlich und lebensfeindlich zu, und das Showprogramm
bestreiten in vielen Gegenden Gammablitze und Hypernovae.
Gammastrahlung ist die elektromagnetische Strahlung mit den
höchsten Energien. Sie kommt auf der Erde in Teilchenbeschleu-
nigern, Kernreaktoren oder bei Kernwaffen vor und findet Anwen-
dung bei der Energieerzeugung in Radionuklidbatterien sowie in
der Nuklearmedizin und Strahlentherapie. Da haben wir sie meistens einigermaßen im Griff.

Bei Gammablitzen im Weltraum ist die Menge an freigesetzter
Gammastrahlung allerdings gigantisch. Die energiereichsten Gammablitze schicken in ein paar Sekunden bis Minuten so viel Strahlung ins All, wie unsere Sonne während ihrer gesamten, mehrere
Milliarden Jahre dauernden Existenz erzeugt. Der stärkste je gemes-
sene Ausbruch war sogar 2,5 Millionen Mal heller als die leucht-
kräftigste Supernova, die entsteht, wenn ein Stern am Ende des
Lebens explodiert. Und Supernovae, das kennen wir schon von den
Heißen Unterzwergen, sind auch keine Zeitgenossen, die viel Spaß
verstehen. Einen Sternenrest auf die vierte Kosmische Geschwindigkeit zu beschleunigen, da muss man schon einen ordentlichen
Ärmel haben. Aber im Vergleich zu einer Hypernova ist eine Supernova vollbaby. Wenn sich so eine austobt, sollte man nicht näher als
3.000 Lichtjahre hingehen. Lange rätselten Wissenschaftlerinnen
und Wissenschaftler, welche Explosionen überhaupt in der Lage
wären, so ungeheure Energiemengen freizusetzen. Denn das kommt
ja dann noch dazu, wenn man Derartiges beobachtet und misst,
man muss sich auch erst einmal eine Vorstellung von der Ursache

machen können. Bei Gewitterblitzen waren die Menschen in früheren Zeiten auch ratlos und haben sich Blitze schleudernde Götter ausgedacht in ihrer Not, und bei Tsunamis Geschichten über von höchster Stelle gesandte Sintfluten. Wir lassen uns heute zwar nicht mehr dazu hinreißen, überirdische Sagengestalten als Erklärung einzuführen, aber wie eine Hypernova und wodurch Gammablitze entstehen, das wissen wir auch nicht genau.

Die aktuell als am wahrscheinlichsten angenommene Ursache ist der Kollaps von Sternen mit großer Masse am Ende ihres Lebens. Supernovae treten am Ende des Lebens von Sternen mit Anfangsmassen zwischen acht und 30 Sonnenmassen auf. Die Gammablitze erzeugenden Hypernovae hingegen bei Sternen bis zu 100 Sonnenmassen und mehr. Man geht davon aus, dass die frei werdende Energie eines zusammenstürzenden massereicheren Sterns wesentlich größer ist als bei durchschnittlicher Sternenmasse. Mit entsprechenden Folgen für die nähere Umgebung.

Am meisten gefährdet durch Gammablitze sind die Lufthüllen von Planeten wie der Erde. Solche Blitze können die Ozonschicht der Lufthülle angreifen und dadurch indirekt das Leben zerstören. Damit wäre die Entwicklung höherer Lebensformen wie auf unserer Erde extrem unwahrscheinlich. Nach neuen wissenschaftlichen Erkenntnissen haben nur etwa 10 Prozent aller Galaxien im Universum überhaupt eine Chance für höheres Leben.[74] Und selbst in unserer relativ lebensfreundlichen Heimatgalaxie, der Milchstraße, kommt es immer wieder zu tödlichen Schauern. Gut die Hälfte der Sterne in unserer Heimatgalaxis befindet sich in einem Bereich, in dem komplexes Leben mit 80-prozentiger Wahrscheinlichkeit einem Gammablitz zum Opfer fallen kann. Für unsere Erde kam es während ihrer fünf Milliarden Jahre langen Existenz wahrscheinlich durch einen Gammablitz aus einigen Hunderten bis Tausenden Lichtjahren Distanz zu einer solchen letalen Dosis.

Möglicherweise geht also zumindest eines der fünf großen Massensterben auf der Erde auf einen Gammablitz zurück. Einige Wissenschaftlerinnen und Wissenschaftler sind der Ansicht, dass das sogenannte ordovizische Massenaussterben vor etwa 450 Millionen Jahren, bei dem ungefähr 80 Prozent der Arten verschwanden, durch einen Gammablitz ausgelöst worden sein könnte. In der Regel finden die meisten Gammablitze zum Glück nicht in unserer Galaxie statt, denn sie sind nicht selten. Im Schnitt einer pro Tag. Mittlerweile kennt man auch schon die Vorboten, die einen Gamma Ray Burst (GRB) ankündigen. Man fand ein charakteristisches „Vorglühen" vor dem eigentlichen Ausbruch, und so konnte man auch optische Teleskope darauf richten. Es stellte sich heraus, dass ein GRB für rund 10 Sekunden ungefähr 2,5 Millionen Mal heller ist als eine Supernova. Heute unterscheidet man zwei Arten von GRB: kurze, mit einer Dauer von wenigen Sekunden – sie emittieren vor allem harte Röntgenstrahlung –, und die langen, wobei der Ausbruch bis zu 30 Minuten dauern kann. Hier wird dann weiche Röntgenstrahlung freigesetzt.

Der Burst dürfte stark gerichtet sein. Rechnet man sich die Gesamtenergie aus, welche umgesetzt wird, dann kommt man schnell auf sehr große Zahlen. Würde der Burst die Strahlung in alle Richtungen abgeben, dann kann man sich zur Zeit kein Phänomen denken, welches diese Energie zur Verfügung stellen kann. Deshalb geht man davon aus, dass ein Gammablitz wie ein zweipoliger Leuchtturm arbeitet. Es werden zwei Strahlen in die jeweils entgegengesetzte Richtung freigesetzt. Diese Strahlen sind relativ eng begrenzt. Das bedeutet aber auch, dass es im Universum noch viel mehr Gammablitze geben muss, denn von vielen Strahlen der GRB werden die Erde und die Satelliten gar nicht getroffen. Für uns Menschen wäre ein Ausbruch von Laserblitzen näher als 500 Lichtjahre zur Erde katastrophal und langfristig durch die Zerstörung der Ozonschicht wahrscheinlich tödlich. Das gilt jedoch nicht für Bakterien und andere niedrige Lebensformen. Diese können, wie wir in den letzten 20 Jahren entdeckt haben, äußerst widerstandsfähig sein und auch solche Gammablitze überleben. Für höheres Leben wäre es aber gleichbedeutend mit dem Drücken des Reset-Knopfs. Es müsste wieder von null anfangen. Das wäre eine mögliche Lösung des Fermi-Paradoxons, denn durch Gammablitze könnte technisch entwickelte außerirdische Intelligenz im Universum entscheidend reduziert werden. Es ist für höheres Leben, wie wir es darstellen, ohnedies nicht einfach, sich zu entwickeln.

Auf der Erde etwa kann man die ersten Bakterien und Blaualgen zwar schon vor fast vier Milliarden Jahren nachweisen. Danach war aber erst einmal über drei Milliarden Jahre schöpferische Pause, bis vor knapp einer Milliarde Jahre höher organisiertes Leben begonnen hat, sich seinen Weg zu bahnen. Wenn also irgendwo in den Jahren dazwischen eine Hypernova in der Nähe einen Gammastrahlen-Gruß aus der Küche geschickt hat, dann war das Höherentwickeln erst einmal vertagt.

Was wir uns bei den Gammablitzen tatsächlich abschauen könnten, wäre ihre Reisegeschwindigkeit. Denn wenn wir nach außerirdischem Leben suchen wollen, müssten wir jedenfalls unsere Ride ordentlich pimpen, denn sonst kommen wir nie auf eine sinnvolle Fahrzeit bei Galaxiendurchquerungen. Mit den Raketen, die wir momentan im Hangar stehen haben, kommen wir nicht sehr weit. Lichtgeschwindigkeit klingt cool, wäre aber eigentlich auch noch zu wenig. Am besten wäre es, einfach in der Zeit zu reisen, ein paar Jahrhunderte in die Zukunft, und schon ist man in einem anderen Sonnensystem. Die gute Nachricht: Physikalisch spricht nichts gegen Zeitreisen. Die schlechte Nachricht: Billig sind sie nicht.

Time Bandits

Strafen wegen überhöhter Geschwindigkeit können auf der Erde
mitunter saftig ausfallen, schon mehr als 30 km/h zu viel im Ortsgebiet kosten viele Hundert Euro. Das ist allerdings viel zu langsam,
wenn man im Universum was erreichen will. Dort geht es deutlich
rasanter zu. Und das muss auch so sein, denn die Distanzen sind in
der Regel gewaltig. In Film, Literatur und TV dauern Zeitreisen normalerweise nur ein paar Dutzend Sekunden, meistens sind starke
Beschleunigung und hohe Stromstärke oder Spannung mit von der
Partie, und schon wenig später ist das Ziel erreicht. Seit Albert Einstein im Rahmen seiner Arbeiten rund um die Relativitätstheorie
Raum und Zeit untrennbar miteinander verknüpft hat, wissen wir,
da besteht ein Zusammenhang, den wir auch bei einschlägigen Reise-
vorbereitungen berücksichtigen müssen. Wenn man sich etwa
schnell bewegt, dann vergeht die Zeit langsamer. Und in der Nähe
von großen Massen ebenfalls. Auf der internationalen Raumstation
ISS, die in rund 400 Kilometern Höhe mit der ersten Kosmischen
Geschwindigkeit um die Erde düst, vergeht die Zeit ein klein wenig
langsamer als auf der Erde. Das bekam der russische Kosmonaut
Sergej Krikaljow zu spüren. Er verbrachte mehr Zeit als jeder andere
Mensch im All, nämlich genau 803 Tage, 9 Stunden und 41 Minuten
an Bord der Raumstationen Mir und ISS. Das entspricht übrigens
bereits der Zeit, die man durchschnittlich für eine Reise zum Mars
benötigt. Und aufgrund dieser Aufenthalte ist er um zwei Hunderts-
telsekunden jünger als alle Menschen, die in dieser Zeit auf dem
Boden geblieben sind. Angesehen hat man ihm diese beiden Hun-
dertstel allerdings nicht. Aber auch auf der Erde gibt es Unterschiede.
Wenn man 30 Jahre bettlägerig im obersten Stockwerk des über 800
Meter hohen Burj Khalifa in Dubai verbringt, dann vergeht dort die
Zeit durch die Distanz zur Erde ein ganz kleines bisschen langsamer.

Und das summiert sich. Allerdings nicht so viel, dass Sie, wenn Sie dann nach Ihrem Tod sehr schnell ins Erdgeschoss transportiert würden, noch einmal kurz lebendig ankämen. Das geht sich auch dann nicht aus, wenn sie den Express-Aufzug nehmen. Zwei Hundertstelsekunden sind natürlich noch keine Zeitreise, für die man extra die Koffer aus dem Schrank holt, und 30 Jahre Bettlägerigkeit lehnen die meisten als To-do-list vor einer Fahrt in die Vergangenheit auch eher ab.

Aber es gibt Abhilfe. Der Wiener Physiker Kurt Gödel, ein Zeitgenosse Einsteins, hat dessen Gleichungen so gelöst, dass er damit zeigen konnte, dass im Universum Zeitschleifen möglich sind. Damit waren die Grundlagen für Zeitreisen in der Physik endgültig geschaffen. Zeitschleifen kann man sich leicht vorstellen, man fährt auf ihnen von der Gegenwart in die Zukunft oder auch die Vergangenheit und wieder retour. Die Rechnungen von Einstein und Gödel waren natürlich deutlich komplizierter. Die aber muss man zumindest beherrschen, wenn man eine Zeitmaschine nicht nur berechnen, sondern auch bauen möchte. Und genau das wollte der US-Amerikaner Ronald Mallett, und zwar aus gutem Grund.

Als Bub hat er seinen Vater Boyd Mallett förmlich vergöttert, die beiden waren ein Herz und eine Seele. Der Vater war Fernsehtechniker, hat viel mit seinem Sohn unternommen. Ihn von der U-Bahn abzuholen und seine Tasche zu tragen, während der Vater erzählt hat, galt Ronald als die beste Zeit des Tages. Das Familienleben war anstrengend, aber schön für Ronald, seine beiden Geschwister und seine Eltern. Sie waren zwar arm und lebten in der Bronx der 50er-Jahre des 20. Jahrhunderts, aber das sollte nicht mehr lange so bleiben. Die Familie plante, demnächst nach Long Island überzusiedeln, wo der Vater sich als Fernsehmechaniker selbstständig machen wollte. Leider kam es nicht dazu, denn nach einer ausgelassenen Party mit Freunden in der elterlichen Wohnung starb

Boyd Mallett unvermittelt an einem Herzinfarkt. Mit nur 33 Jahren. Ronald schreibt dazu in seiner Autobiografie *The Time Traveller*: „Time stopped for me in the middle of the night on May 22, 1955." Er war zu dem Zeitpunkt zehn Jahre alt. Mit elf fasste er einen Plan, der sein restliches Leben entscheidend prägen sollte: Er wollte eine Zeitmaschine bauen, um in die Vergangenheit zu reisen und seinen Vater zu warnen, weniger zu rauchen, weniger zu arbeiten und mehr auf sein Herz zu achten. Das Cover einer Comicausgabe von H.G. Wells' *The Time Machine* diente ihm als Vorlage. Mit Reifen, Felgen, Kabel und dergleichen mehr, die er auf Schrottplätzen organisierte, hat er ein Reisegefährt zusammengezimmert, und als es fertig war, steckte er voller Erwartung den Stecker in die Steckdose. Und es passierte: nichts. Er schloss messerscharf und völlig richtig: Wer das Universum begreifen möchte, der muss sich mit Physik auseinandersetzen, und er wurde nach einem wechselvollen Leben Professor an der University of Connecticut, mit den Spezialgebieten allgemeine Relativitätstheorie und relativistische Quantenmechanik. Und hat er es geschafft, eine Zeitmaschine zu bauen? Das nicht, aber er hat eine Lösung gefunden, wie man sie bauen und betreiben könnte.

Malletts Idee war, auf Basis der Einstein'schen Feldgleichungen Laserlicht so abzubremsen und zu einem Ring zu biegen, dass auch der Raum gekrümmt werden könnte. Mithilfe dieses Ringlasers sollten Zeitschleifen entstehen, auf denen man bequem in die Zukunft und in die Vergangenheit reisen kann. Physikalisch ist der Plan sauber, der Treibstoffverbrauch allerdings enorm. Um auch nur einen Trip auf dem Ticket des Ringlasers zu unternehmen, müsste man die gesamte Energie des Universums tanken. Mindestens. Damit könnte man in die Zukunft reisen, etwa auf eine Supererde, und bepackt mit vielen Selfies von dem fremden Planeten wieder nach Hause zurückkehren. Leider wäre aber niemand da, um die Bilder zu bewundern, weil man ja vor Aufbruch der Reise alles weggetankt hätte. Einen Umwelt-Preis für nachhaltiges Reisen gewinnt man damit nicht.

Formel für Zeitreisen

Die folgende grundlegende Formel von Ronald Mallett beschreibt, wie der Raum durch einen Ringlaser, also einen zirkulierenden Lichtstrahl, wie eine zähe Flüssigkeit mitgezogen wird. Dadurch wird die Raumzeit verdrillt, und es entstehen Zeitschleifen, durch die man von der Gegenwart in die Vergangenheit reisen kann und wieder retour..

Die Größe Ω beschreibt die Stärke der Raumveränderung. Die Gleichung enthält zwei fundamentale Naturkonstanten, die Lichtgeschwindigkeit c und die Gravitationskonstante G. Die Symbole ρ und a beschreiben die Intensität und Größe des Ringlasers.[75]

$$\Omega = \frac{8\sqrt{2}\,\rho}{ac^3}$$

Solange wir den Ringlaser noch nicht zur Serienreife gebracht haben, müssen wir, um die Distanzen in unserem Universum überschaubar zu machen, weiter an unserer Lichtgeschwindigkeit arbeiten. Besser wäre natürlich doppelte oder dreifache Lichtgeschwindigkeit, was allerdings auch gewisse Nachteile mit sich brächte.

Ich komme aus der Zukunft

Laut Relativitätstheorie können Teilchen niemals schneller als das Licht sein, und bei Lichtgeschwindigkeit wird die Energie der Teilchen sogar unendlich. Das heißt, diese Geschwindigkeit können Teilchen eigentlich gar nie erreichen, weil man dafür unendlich viel Energie aufbringen müsste. Außer Tachyonen. Tachyonen können das doch, und für sie läuft dadurch zum Beispiel die Zeit nicht wie für normale Materie von der Vergangenheit in die Zukunft, sondern umgekehrt. Das bedeutet, wenn man eine Nachricht absendet, kommt sie früher an, als sie weggeschickt wurde. Der Rückruf überholt den Anruf. Wegen der Überlichtgeschwindigkeit dreht sich die

Welt um, es ändert sich die Kausalität. Wobei man Tachyonen auch nicht alles glauben darf, was sie erzählen, denn sie wurden bis heute nur theoretisch postuliert. Belege für ihre Existenz gibt es keine, nur eine Hypothese dafür. Das gilt zumindest für die Welt der Naturwissenschaft. Die Esoterik-Szene ist da, wie so oft, schon deutlich weiter, dort gibt es in der Regel Dinge, deren Legitimation über die bloße Behauptung nicht hinausgeht, und bei Tachyonen verhält es sich nicht anders. Seit Jahren werden einschlägige Tachyonen-Therapien angeboten. Was kann man sich darunter vorstellen? Was man will. Nachdem es Tachyonen bislang nur hypothetisch gibt, ist alles, was man auf diesem Gebiet behauptet, zugleich richtig und falsch. Egal, was sie erfinden, einziges Kriterium für die Plausibilität ist die Leichtgläubigkeit der Kundschaft. Wobei das Geschäftsmodell natürlich sehr raffiniert ist, das muss man den esoterischen Schlaumeiern lassen. Und vor allem vom Standpunkt der Therapeutinnen und Therapeuten aus extrem praktisch. Die Patienten sind schon wieder gesund, bevor die Behandlung begonnen hat. Und die Therapeuten brauchen nur zu lernen, wie man Rechnungen stellt, ohne sich den Mühen einer wissenschaftlichen Ausbildung zu unterwinden. Entscheidender Nachteil: Das leicht verdiente Geld ist auch schon wieder ausgegeben, bevor es überhaupt am Konto landet. Alles kann man offenbar auch in der Esoterik nicht haben.

> **FACT BOX** | *Sitzendes Licht* ←

Überlichtgeschwindigkeit können wir Menschen zwar nicht erreichen, und Lichtgeschwindigkeit auch nicht, aber wenn der Berg nicht zum Propheten kommt, dann kommt der Prophet eben zum Berg. Wenn das Licht glaubt, es kann uns ununterbrochen um die Ohren flitzen, dann hat es sich gewaltig getäuscht. Die Lichtgeschwindigkeit beträgt 299.792.458 m/s, das sind etwa 300.000 km/s. Das gilt aber nur für die Geschwindigkeit des Lichts im Vakuum. In jeglicher Materie ist die Geschwindigkeit von Licht geringer, weil dort die Energie und damit die Geschwindigkeit des Lichts durch Atome abgebremst werden. Zum Beispiel ist sie in bodennaher Luft der

Erdoberfläche um 0,028 Prozent kleiner als im Vakuum. Beim Durchgang durch Wasser ist die Lichtgeschwindigkeit bereits um 25 Prozent, in Diamanten 42 Prozent und in bestimmten Gläsern sogar bis zu 47 Prozent kleiner als im Vakuum. Kann Licht noch weiter abgebremst werden? Selber kann es nicht gut bremsen, aber mithilfe von uns Menschen kann es auch stillzusitzen lernen. Atome können heute extrem abgekühlt werden, auf etwa nur ein paar Millionstel Grad über dem absoluten Nullpunkt mit einer Temperatur von −273,15 °C. Bei diesen extrem tiefen Temperaturen kann Licht durch die Atome in Materie extrem abgebremst werden. Richtet man einen Laserstrahl in einem Behälter mit extrem hohem Vakuum auf eine Wolke solcher abgekühlter Atome, wird der Lichtstrahl, sobald er in diese Wolke eindringt, von etwa 300.000 km/s auf 24 km/h abgebremst. Also Licht, das sonst im Vakuum in einer einzigen Sekunde etwa die Entfernung zum Mond zurücklegt, bewegt sich dann nicht viel schneller als ein Radfahrer. Mit dem Fahrrad könnte man dieses Licht sogar überholen. Aber das ist noch nicht alles. Es ist sogar möglich geworden, Licht zu stoppen und vollkommen zum Stillstand zu bringen, wenn man diese atomare Wolke entsprechend manipuliert. Licht ist dann eingefroren wie in einem Eisblock, und man kann im wahrsten Sinn des Wortes von „sitzendem Licht" sprechen, weil es sich nicht mehr bewegt. Aber Licht ohne Bewegung hat auch keine Energie mehr, d.h. das Licht verschwindet dann einfach. Wohin ist dann die Energie des Lichts hin verschwunden, wenn die Gesamtenergie ja laut dem Energieerhaltungssatz immer und überall erhalten bleiben muss? Die Energie des Lichts wird einfach vom Atom aufgenommen, d.h. das Atom wird vom Grundzustand, dem energetisch tiefsten Zustand, in einen energetisch angeregten Zustand gebracht.

Man kann diese Anregung des Atoms auch wieder rückgängig machen, indem man es veranlasst, wieder in den Grundzustand zurückzukehren. Da wird das vorher von der atomaren Wolke aufgenommene Licht später wieder ausgesandt. Man kann also solches Licht sozusagen zunächst ausschalten und später woanders wieder einschalten. Und die Information, die im ursprünglichen Licht vorhanden war, wird dann auch genauso wiederhergestellt. Dadurch kann man im Prinzip die im Licht erhaltenen Informationen auch zu anderen Orten transportieren und sogar über lange Zeiten konservieren.

Ich will nicht drängen, aber Sie sehen ja: Zum einen haben wir den Großteil des Buches schon hinter uns, ich aber noch keine Entscheidung von Ihnen. Sie kennen nun das Universum en gros und en détail, Sie wissen, welche Geschwindigkeiten Sie aufbringen müssen, um die Erde zu verlassen, und wie man eine Zeitmaschine baut. Was brauchen Sie noch? Und zum anderen ist vielleicht bereits die *Todesblase* unterwegs, die alles auslöscht, was wir kennen, und dann sinkt das Interesse an unserem Universum schlagartig. Wenn sie uns erreicht, ist es zu spät.

Wissen Sie was, solange noch Zeit ist, mache ich Ihnen einen letzten Vorschlag. Wer mit diesem Universum nicht zufrieden ist, kann ins Lager schauen, dort haben wir noch andere, vielleicht sogar unendlich viele, das kommt immer drauf an, wer gerade schaut. Und wann.

Masse und Macht

Jedes Teleskop ist eine Zeitmaschine. Wenn man in die Sterne guckt, schaut man also immer in die Vergangenheit und nie in die Zukunft. Wer das Gegenteil behauptet, erfindet etwas, was Sie sich selbst genauso gut ausdenken und dabei noch Geld sparen könnten. Man sieht aber eigentlich immer die Vergangenheit, egal worauf man seine Augen gerade richtet.

Selbst wenn man sein Gegenüber anblickt, sieht man es nie, wie es gerade ist, sondern immer nur, wie es war. Wenn man nur ein paar Meter voneinander entfernt ist, sieht man, was vor sehr kurzer Zeit war, etwa vor drei bis vier Nanosekunden. Denn das Licht, das auf das Gegenüber trifft, wird reflektiert und erreicht erst ein paar Nanosekunden später unser Auge, woraus unser Gehirn ein Bild macht. Das dauert nicht lange, aber ein wenig Zeit vergeht währenddessen doch.

Wenn Sie Ihr Gegenüber jetzt anschauen, und dann käme die *Todesblase*, die das Universum vernichtet, dann hätten Sie es zum letzten Mal gesehen, wie es einen Bruchteil einer Sekunde davor ausgesehen hat. Und das gilt für jeden Moment Ihres Lebens. Es ginge so schnell, dass wir nicht wie bei einem Tsunami sagen könnten: „Schau, Scheiße, da kommt ein Tsunami, nichts wie weg!", sondern wir wären mit einem Bild unseres Gegenübers aus der jüngsten Vergangenheit beschäftigt, während das Universum gleichzeitig mit Lichtgeschwindigkeit, also schneller, als wir denken können, untergeht. Nicht einmal Snapchat ginge sich noch aus.

Aber warum ist unser Universum eigentlich in Lebensgefahr, und woher wissen wir das? Schuld daran ist das Higgs-Teilchen. Oder vielmehr die Tatsache, dass wir es kennen. Seit dem 4. Juli 2012 ist die Bekanntschaft öffentlich, und seitdem ist nichts mehr, wie es vorher war. Das heißt, eigentlich hat sich nichts verändert, aber wir wissen seither ganz genau, warum. Seit damals steht nämlich fest, dass das Higgs-Teilchen existiert, und wenn man es mit ausreichend Energie besticht, dann zeigt es sich auch vor Publikum.

Wo hatte es sich so lange versteckt? Und wer hat es aufgestöbert? Das ist eine lange Geschichte. Peter Higgs, theoretischer Physiker aus England, hat bereits im Jahr 1964 seine wohl wichtigste Arbeit veröffentlicht. Darin beschreibt er einen Mechanismus, der heute als Higgs-Mechanismus bekannt ist. Er selber hat ihn nicht so genannt, und er ist unabhängig von Higgs auch noch von anderen Wissenschaftlern beschrieben worden. Ziemlich zeitgleich veröffentlichten François Englert und Robert Brout, beide aus Brüssel, sowie die Wissenschaftler Gerald Guralnik, Carl R. Hagen und T. W. B. Kibble vom Imperial College in London ähnliche Arbeiten. Eigentlich müsste der Higgs-Mechanismus also Englert-Brout-Higgs-Guralnik-Hagen-Kibble-Mechanismus heißen, tut er aber nicht. Fragen Sie den Kuipergürtel, ob er das gerecht findet. Was bewirkt der Higgs-Mechanismus?

Willkommen im Teilchen-Zoo

Um das zu erklären, werfen wir einen Blick auf das Standardmodell der Elementarteilchen. Davon werden Sie schon gehört haben, falls nicht, wollen wir es hier kurz vorstellen. Ein bisschen konzentrieren müssen Sie sich dabei schon, aber immerhin haben Sie damit die Grundlage, unser Universum zu beschreiben, so wie wir es heute kennen. Und das ist ja nicht nichts.

Also: Alles, was es in unserem Universum gibt, besteht aus Elementarteilchen, oder es ist dort nichts. Dann spricht man vom Vakuum. (Dort ist zwar auch nicht nichts, wie man inzwischen weiß, aber dazu kommen wir noch.) Vorerst interessieren wir uns für die Atome. Diese bestehen aus Elektronen, die sich um den Atomkern befinden, in dem man Protonen und Neutronen findet. Aber es geht noch kleiner. Wenn wir uns ein Atom als Überraschungsei vorstellen, dann stellen Neutronen und Protonen die kleineren, gelben Kunststoffeier im Inneren der Schokoladenhülle dar. Die wiederum beherbergen die eigentliche Überraschung. Im Atomkern nennt man sie Quarks. Das sind die kleinsten Elementarteilchen, die man aktuell kennt. Oder von denen man ausgeht, dass es sie gibt, denn direkt beobachtet hat man noch kein einziges.

Insgesamt gibt es im Standardmodell nur eine Handvoll Teilchen, die man grob in drei Gruppen unterteilen kann. Die erste Gruppe stellen die Quarks, von denen es sechs verschiedene Arten gibt: up, down, charm, strange, top, bottom. Die zweite Gruppe sind die Leptonen. Dabei handelt es sich um das Elektron mit seinen schwereren Brüdern, dem Myon und dem Tauon. Zu den Leptonen gehören auch noch die drei dazugehörigen Neutrinos, Elektron-Neutrino, Myon-Neutrino, Tau-Neutrino. Das klingt verwirrend, aber lassen Sie sich von den vielen Namen im Teilchen-Zoo nicht irritieren. Wenn Sie in den Tiergarten gehen, dann lesen Sie auf den Schildern vor den Gehegen ja auch manchmal die zoologischen Namen der bestaunten Wesen, ohne dass das Ihr Vergnügen schmälert. Sie müssen sich die Namen mithin nicht merken, es reicht, wenn Sie wissen, dass es im Standardmodell einige Teilchen gibt, für deren Wechselwirkungen wir uns interessieren. Denn auf die kommt es an. Ein Teilchen per se ist uninteressant, wenn es keine Eigenschaften hat. Durch die Art, wie es wechselwirkt, dieses Verb gibt es in der Physik tatsächlich, können wir es aber charakterisieren. Das Schöne ist, es gibt nur vier Wechselwirkungen.

1) Die Gravitation, auch als Schwerkraft bekannt, von der schon viel die Rede war. Die ist in der Teilchenphysik nicht wichtig. Die Gravitation ist eine schwache Kraft, die ihre Wirkung vor allem über große Distanzen entwickelt. In der Teilchenphysik sind die Abstände aber so gering, dass die Gravitation da keinen Stich macht.

2) Die elektromagnetische Wechselwirkung. Sie hat im Alltag große Bedeutung, denn sie sorgt dafür, dass Glühbirnen leuchten, Radios funktionieren, Herzen schlagen oder auch dass wir nicht durch den Tisch greifen können – außer wir zerbrechen ein paar elektromagnetische Verbindungen im Tisch. Auch ein Festkörper wie ein Tisch besteht nur aus Atomen, die sich aneinander festhalten. Solange sie das tun, nennen wir das Tisch, wenn sie es nicht mehr tun, sagen wir Späne dazu. Sowohl die Quarks als auch das Elektron und seine Brüder wechselwirken elektrisch.

3) Die starke Wechselwirkung. Die spielt in unserer Alltagserfahrung keine Rolle, aber ohne sie würde es uns alle nicht geben. Denn sie sorgt dafür, dass die Quarks zusammenbleiben, dass die Quarks im Neutron beziehungsweise im Proton aneinander haften bleiben. Sie ist die stärkste Kraft im Universum, hat aber die geringste Reichweite.

4) Die schwache Wechselwirkung sorgt dafür, dass sich – wenn alles

passt – Neutronen in Protonen oder umgekehrt umwandeln können. Dabei kann ein Elektron aus dem Kern geschleudert werden, man spricht dann von Beta-Strahlung. Sowohl die Quarks als auch die Leptonen werden von der schwachen Wechselwirkung beeinflusst.

Mit diesen vier Grundkräften kommen Sie im Alltag gut durch. Mehr brauchen Sie nicht. Wenn Ihnen wer erzählt, es gäbe noch zusätzlich Schwingungen im Kosmos, die gute und schlechte Energien transportieren und leider auch für Blockaden sorgen, die man auflösen muss, indem man etwa Kontakt zu unsichtbaren Quantenfeldern aufnimmt, am besten ganzheitlich, was jeder lernen kann, der seine inneren Konzentrationspunkte persönlich kennt, und dergleichen mehr, dann ist das aber nicht, wie es auf den ersten Blick scheint, nur kompletter Unsinn, bei dem man gar nichts lernen kann. Es gibt Ihnen im Gegenteil sehr präzise Auskunft über die Person, mit der Sie es zu tun haben, die zwar keine Ahnung von Naturwissenschaft hat, sich aber trotzdem gerne wichtig macht. Das ist mittlerweile in unseren Breiten auch eine Art Standardmodell, hat aber mit Physik nichts zu tun.

Im richtigen Standardmodell, wie wir es oben beschrieben haben, gibt es neben den Quarks und den Leptonen noch eine dritte Gruppe von Teilchen, auf die wir auch noch zu sprechen kommen müssen, die sogenannten Austauschteilchen. Die sind enorm wichtig, damit die Quarks im Atomkern zusammenbleiben. Das tun sie zwar aufgrund der starken Wechselwirkung, aber die muss sich ja irgendwie übertragen. Und dafür sind Austauschteilchen zuständig, sogenannte Gluonen. Der Name kommt vom englischen Wort Glue für Klebstoff, und damit ist gut beschrieben, was die Gluonen beruflich machen, sie kleben die Quarks zusammen. In der modernen Physik werden die Wechselwirkungen der einzelnen Teilchen über sogenannte

Austauschteilchen vermittelt. Die starke Wechselwirkung arbeitet mit den Gluonen, die elektromagnetische Wechselwirkung mit den Photonen und die schwache Wechselwirkung nützt Bosonen. Aus mathematischen Gründen müssten alle Austauschteilchen masselos sein. Fragen Sie nicht warum, es ist so. Man hat es berechnet und gemessen, warum es so ist, weiß niemand. Das klingt dogmatisch, ist aber oft die beste Antwort in der Physik, und oft auch die einzige, die richtig ist.

Photonen und Gluonen sind tatsächlich masselos, sonst könnten sich die Photonen ja nicht mit Lichtgeschwindigkeit bewegen. Das Problem sind die Austauschteilchen der schwachen Wechselwirkung. Sie haben eine Masse, sogar eine sehr große. Wo aber kommt die Masse dieser Teilchen her? Das haben sich auch Peter Higgs und seine Kollegen gefragt und das Problem mit einem mathematischen Trick gelöst, indem sie den Higgs-Mechanismus eingeführt haben. Der Popstar dieses Mechanismus ist das Higgs-Teilchen. Das ist aber nur die halbe Wahrheit. Denn der Higgs-Mechanismus beschreibt eigentlich ein Feld. So ist das in der Quantenphysik, jedes Feld hat ein Teilchen. Das elektromagnetische Feld zeigt sich als Photon, das Higgs-Feld taucht ab und zu als Higgs-Teilchen auf. Dieses Feld erstreckt sich durch das gesamte Universum. Sobald sich ein Boson bewegen will, wird es durch das Higgs-Feld abgebremst.

Wie kann man sich das vorstellen? Stellen Sie sich einen Toast vor, er gibt in diesem Versuch das Universum. Legen Sie ein paar Smarties drauf und bewegen den Toast. Die Schokodragées werden ungehindert umherrollen. Das war zu erwarten. Im Universum würde das bedeuten, sie bewegen sich mit Lichtgeschwindigkeit. Das entspricht aber nicht unseren Beobachtungen. Also bestreichen wir den Toast mit Nutella. Diese Haselnuss-Schokocreme stellt das Higgs-Feld dar, und die Smarties können sich nun nicht mehr so leicht bewegen. Sie werden durch das Feld gebremst. Diese

Bremswirkung entspricht salopp gesprochen der Masse. Nun kann man noch zeigen, dass auch Quarks und Elektronen über diesen Mechanismus einen Teil ihrer Masse erhalten, was sehr gut ist, denn hätte man diesen Mechanismus nicht nachweisen können, wäre dieses schöne Modell schlicht und einfach falsch. Und ein anderes haben wir momentan nicht.

Es ist aber gelungen, das Higgs-Feld zu vermessen, was ausgesprochen schwierig ist, denn man braucht zum Vermessen des Higgs-Feldes einen riesigen Teilchenbeschleuniger. Der wurde in Genf, in der Schweiz, am CERN gebaut und als LHC weltberühmt, weil man sich dort richtig angestellt und alle dazugehörigen Probleme gelöst hat, um das Higgs-Teilchen zu finden. Wie stellt man sich richtig an? Indem man zwei Protonen fast auf Lichtgeschwindigkeit beschleunigt, sie genau aufeinander schießt, sodass sich die Quarks dabei mit der richtigen Geschwindigkeit berühren, wodurch sich aus dem Higgs-Feld das dazugehörige Higgs-Teilchen manifestiert. Alle 25 Nanosekunden prallen dabei Protonen aufeinander, und meistens passiert nichts. Protonen sind einfach zu klein. Deshalb wurde der Teilchenbeschleuniger praktisch rund um die Uhr betrieben, was zu einer gewaltigen Anzahl an Kollisionen führte, wodurch ganz selten ein Higgs-Teilchen gefunden werden konnte. Wenn man Glück hat, dann entsteht bei einer von 10 Milliarden Kollisionen ein einziges Higgs-Teilchen und ist danach zirka 100 Yoktosekunden stabil, wenn Sie es genau wissen wollen. Das ist sehr kurz. Yokto steht für 10^{-24}, das ist ein Quatrillionstel oder, wenn Sie sich das leichter vorstellen können, ein Milliardstel eines Billiardstels. Also unvorstellbar kurz, was man sich natürlich nicht einmal ansatzweise vorstellen kann. Das hat dem Higgs-Teilchen aber alles nichts genützt, wir haben es trotzdem gefunden und vermessen, und seitdem wissen wir unter anderem, seine Masse beträgt rund 125 GeV/c². Hätten wir nur nicht gefragt.

—→ *Lichtgeschwindigkeitsmessung mit Mikrowellenherd und Schokolade* ←—

Lichtgeschwindigkeit ist heute genau definiert. Seit 1983 ist ein Meter als die Entfernung festgelegt, die Licht im 299.792.458-ten Bruchteil einer Sekunde im Vakuum zurücklegt. Die Lichtgeschwindigkeit ist dabei konstant mit 299.792.458 m/s. Falls zukünftige Methoden genauere Messungen zulassen, wird dadurch die Länge des Meters exakter bestimmt, aber die Lichtgeschwindigkeit bleibt unverändert. Mit einem Spiegel und einem Oszilloskop kann man den Wert im Labor relativ einfach und ziemlich genau nachprüfen. Wer kein Oszilloskop zu Hause hat, kann sich dem Vernehmen nach auch mit einem Mikrowellenherd und einer Tafel Schokolade behelfen. Wichtig ist, dass Sie den Drehteller entfernen und durch eine Platte, etwa aus Styropor, ersetzen, sodass die Schokolade sich nicht drehen kann.

Mikrowellen sind elektromagnetische Teilchen mit einer bestimmten Wellenlänge. Sie beträgt etwa 12,5 cm. Auch wenn man das nicht weiß, kann man trotzdem die Lichtgeschwindigkeit messen. Wie geht man vor? Nach der allgemeinen Wellengleichung.

$$\lambda \cdot f = c$$

f, also die Frequenz der Mikrowelle, steht auf dem Typenschild, in der Regel auf der Rückseite des Herdes, und beträgt weltweit 2,45 GHz.

Die Wellenlänge λ messen wir, indem wir eine Tafel Schokolade etwa 20 Sekunden bei voller Leistung erhitzen. Nicht länger, sonst wird sie flüssig. Auf der Schokolade finden sich nun verschiedene Stellen, die

weicher sind als andere, das liegt daran, dass die Mikrowellen an diesen Punkten Wellentäler aufweisen und die Schokolade erhitzen, während unter den Bergen kaum Erwärmung stattfindet. Wenn wir messen, finden wir den Wert 6 cm, das ist Lambda halbe, eine halbe Welle, also müssen wir den Wert verdoppeln, dann in die Gleichung einsetzen, und wir kommen auf:

$$c = 2.450.000.000\ s^{-1} \cdot 0{,}12\ m$$
$$= 294.000.000\ m/s$$
$$c = 299.792.458\ m/s\ (gemessen)$$

Das kommt dem definierten Wert der Lichtgeschwindigkeit im Vakuum schon sehr nahe. Natürlich gibt es bei so ungenauen Methoden Messfehler, und Vakuum haben die meisten Menschen in der Küche auch nicht. Ist das nun Hands-on-Physik at its best? Nein. Denn auch wenn man diese Anleitung in vielen Büchern und im Internet genau so findet, so ist sie doch falsch. Man kann die Lichtgeschwindigkeit nur dann so messen, wenn man sie so messen will. In Wirklichkeit kommen die Mikrowellen irgendwie in den Herd hinein, werden dauernd irgendwie reflektiert, und man bekommt dadurch alle möglichen Längen. Und nur wenn man die nimmt, die man haben will, weil man schon weiß, dass man etwa 6 cm braucht, kommt man auch auf die Lichtgeschwindigkeit. Sonst nicht.

Manchmal passt es zufällig, aber manchmal passt es auch nicht. Das können Sie dann gerne trotzdem glauben, aber Wissenschaft funktioniert anders. Ein Ergebnis muss auf der ganzen Welt reproduzierbar sein, und wenn es das nicht ist, dann ist es falsch. Auch wenn es noch so interessant erscheint, wenn das Resultat nicht haltbar ist, wird es verworfen. Immerhin dürfen Sie *zum Trost Teile der Messapparatur verzehren, und wenn Sie schnell sind, brauchen Sie nicht zu teilen.*

Stabilitätspakt

126 GeV ist nicht viel, es entspricht etwa 10^{-22} Gramm in der Makrowelt. Wenn Sie beim Fleischhauer eine Wurstsemmel bestellen mit Essiggurkerl und 10^{-22} Gramm Extrawurst, dann hätte der Metzger, wenn er mit der Semmel die Fläche des Wurstanschnittes nur einmal überstreicht, schon zu viel erwischt und müsste fragen, ob 10^{-12} Gramm auch noch okay sind. Für ein Elementarteilchen sind 10^{-22} Gramm aber viel. Das ist fast so schwer wie eine Aminosäure, und dabei handelt es sich bereits um ein komplexes Molekül! Deshalb hat es auch so lange gedauert, bis man das Higgs-Teilchen aufgestöbert hat, denn nach der Formel $E = m\,c^2$ muss man eben neben extrem hoher Geschwindigkeit auch sehr viel Energie investieren, um so ein schweres Teilchen zu entdecken. Was weiß man dadurch? Ohne das Higgs-Teilchen hätte kein Objekt im Universum Masse, und alle Teilchen würden mit Lichtgeschwindigkeit durch die Gegend fliegen. Klingt eigentlich auch nicht schlecht, dafür ist es aber nun zu spät, das Higgs-Teilchen wurde entdeckt, wir haben alle Masse. Das kommt davon, wenn man sein Glück in die Hände von Theoretikern legt. Die schlechte Nachricht: Man kann sich das Masseteilchen nicht wieder absaugen lassen. Die noch schlechtere: Weil das Higgs-Teilchen genau so schwer ist, befindet sich unser Universum an der Grenze der Stabilität.

Das ist einerseits gut, weil es dadurch wahrscheinlich überhaupt erst existiert, und das ist weniger gut, weil es dadurch auch jederzeit untergehen könnte. Das Standardmodell beschreibt neben dem Higgs-Teilchen die Eigenschaften, wie beispielsweise Massen und Kräfte aller 36 grundlegenden Teilchen des Universums, Elektronen, Quarks, Photonen etc. Und damit kann man auch die Stabilität des Universums berechnen. Und es stellt sich dabei heraus, dass unser Universum meta-stabil ist, das heißt, dass es mit einer gewissen, allerdings sehr geringen Wahrscheinlichkeit zerfallen kann in einen tiefer liegenden energetischen Zustand. Man sagt auch, dass das Universum sich derzeit in einem sogenannten „falschem Vakuum" befindet und in das tiefer liegende „echte Vakuum" des Universums zerfällt. Wenn die Masse des Higgs-Teilchens mehr als etwa 10 Prozent kleiner wäre, würde unser Universum komplett instabil sein, d.h. es würde es dann gar nicht geben. Wenn die Higgs-Masse um weniger als ein Prozent größer wäre, würde hingegen das Universum stabil sein, weil es dann keinen tiefer liegenden Energiezustand des Universums gäbe. Offensichtlich befindet sich unser Universum an der Grenze zur Stabilität, es ist fast, aber eben nicht ganz stabil.

Wo kommt das Higgs-Feld eigentlich her, was macht es so mächtig? Wie alles in unserem Universum, so ist auch das Higgs-Feld praktisch im Urknall entstanden. Ein Zehntel einer Milliardstelsekunde nach dem Big Bang kam es vermutlich zur Inflation, wodurch sich das Universum grundsätzlich veränderte. Die gesamte Raumzeit durchlief sozusagen einen Phasenübergang. Ein bisschen vergleichbar mit dem Gefrieren von Wasser, wobei sich die Struktur und Anordnung und Geschwindigkeit der Moleküle ändern. Im Rahmen der Inflation änderte sich allerdings nicht die Struktur der Materie, sondern die Materie selbst. Und dabei entstand auch das Higgs-Feld, das seither das gesamte Universum ausfüllt. Nach alldem, was wir heute wissen, hat es sich selber eingeschaltet. Es gibt bislang keinen uns bekannten Mechanismus, mit dem wir es besser erklären könnten. Genau 13,8 Milliarden Jahre später haben wir am LHC herausgefunden, wie schwer dieses Feld bzw. seine Manifestation, das Teilchen, ist. Daraus kann man berechnen, dass es nicht nur einen Energiezustand des Higgs-Feldes gibt, sondern mindestens zwei. Einer ist weniger dicht, der andere dichter, und zwar zigmilliardenfach dichter. Den würde es eigentlich lieber einnehmen. Sollen wir es lassen? Nein. Das wäre ungünstig. Sehr ungünstig sogar. Denn die Energie, die dabei frei würde, ist so enorm, dass dabei ein Feuerball entstünde, die sogenannte *Todesblase*, die mit Lichtgeschwindigkeit alles zerstört, was sich ihr in den Weg stellt.

Wie kann ein gesamtes Universum, das knapp 14 Milliarden Jahre stabil war, auf einmal seinen Energiezustand wechseln? Midlife Crisis? Quasi. Das ist möglich durch die Gesetze der Quantenmechanik. Dort gibt es das Phänomen des Tunnelns.* Das bedeutet ziemlich genau das, was es besagt, nämlich dass Teilchen jederzeit von einem Ort im Universum zu einem anderen tunneln können. Quasi durch die Wand gehen. Oder von einer Galaxie zur anderen springen. Das widerspricht, wie vieles in der Quantenmechanik, unserer Alltagserfahrung, ist aber trotzdem so, wurde zigfach überprüft und für wahr befunden. Ohne Tunneleffekt würden etwa moderne Mobiltelefone nicht funktionieren und Kommunikationssatelliten auch nicht. Wenn Sie die Existenz dieses Effekts bestreiten, weil Sie sich das nicht vorstellen können und wollen, dann sparen Sie sich damit auch gleich die Roaminggebühren.

Gern geschehen. Die Sonne würde übrigens auch nicht scheinen. Wenn das Universum aber so gerne diesen anderen Energiezustand einnehmen möchte, warum hat es das nicht längst getan? Weiß man nicht, hat aber damit zu tun, dass es bisher auf der Hut war bzw. vielmehr auf dem Hut, wenn Sie das Wortspiel gestatten. Um

---

* Eine ausführliche Beschreibung des Tunneleffekts können Sie in unserem letzten Buch *Gedankenlesen durch Schneckenstreicheln* finden, ab S. 130 im Kapitel „Ein Quantum Frosch".

zu verstehen, was unser Universum bislang stabil gehalten hat, muss man sich mit dem *Mexican Hat Potential* beschäftigen, also dem Sombrero-Potenzial.

Hut ab

Wenn Sie sich einen Sombrero vorstellen, so befindet sich in der Mitte die Hutkrone und drumherum die Krempe. Insgesamt ist alles stabil und rundherum symmetrisch, man nennt das rotationssymmetrisch. In der Mitte, auf der Hutkrone, ist das Higgs-Feld gleich null, das ist der Zustand unmittelbar nach dem Urknall. Wäre es dabei geblieben, wäre das Higgs-Feld nicht vorhanden, könnte den anderen Elementarteilchen keine Masse verleihen und unser Universum würde nur aus masselosen Teilchen bestehen. Dass das nicht so ist, das sehen wir jeden Tag. Was ist also passiert? Stellen wir uns das Higgs-Feld kurz als Kugel vor, die auf der Hutkrone liegt, in der Mitte des Sombreros. Dort ist sein Zustand instabil, die Kugel würde bei der leichtesten Störung herunterrollen und schließlich irgendwo in der Hutkrempe liegen bleiben. Das ist gleich nach dem Urknall passiert. Weil der Sombrero ja insgesamt symmetrisch ist, während das für die Kugel an einer bestimmten Stelle in der Vertiefung des Sombreros in der Krempe nicht mehr gilt, spricht man von „spontaner Symmetriebrechung". Das klingt kompliziert und ist es auch, deshalb wollen wir uns hier auf das Wesentliche beschränken und sagen, dass in unserem Universum vieles symmetrisch begonnen hat, nicht zuletzt das Universum selber, dabei ist in der Regel nicht viel passiert, und erst durch die Brechung der Symmetrie sind Dinge entstanden. Beispielsweise war nach dem Urknall genauso viel Materie wie Antimaterie vorhanden. Was machen die beiden, wenn sie sich treffen? Sie löschen sich aus, und übrig bleibt nichts als masselose Strahlung. Wenn es dabei geblieben wäre, dann wäre der Kosmos eine leere Strahlenwüste. Aber weil dann doch ein kleines bisschen mehr Materie als Antimaterie übriggeblieben ist, hat alles, was wir heute als Materie bezeichnen – Sterne, Planeten, Lebewesen –, sich entwickeln können. Warum überhaupt mehr Materie da war als Anti-Materie, das wissen wir nicht bzw. können es nur zum Teil erklären. Weil das wirklich sehr kompliziert ist, weise ich darauf hin, dass die nun folgende Fact Box wirklich nur etwas für Connaisseure ist. Ich selber bin mehrmals ausgestiegen beim Lesen, bevor ich es einmal durchgeschafft habe.

→ FACT BOX | *Symmetriebrechung* ←

Wenn unser Universum „aus dem Nichts" entstanden ist, sollte es eigentlich genauso viel Antimaterie wie Materie geben. Es gibt aber keine Hinweise auf größere Mengen Antimaterie im Universum.

Eine Erklärung dafür wäre, wenn Antimaterie nicht das exakte Spiegelbild der Materie wäre. Also wenn ein Antiteilchen anders zerfallen würde als das Teilchen, etwa eine andere Lebensdauer hätte und ein anderes Verhältnis der verschiedenen Zerfallskanäle. Die Unterschiede sind aber klein: Heute zählt man auf ein Materieteilchen (Proton oder Neutron) 10 Milliarden Photonen der Hintergrundstrahlung, die aber alle in den ersten Sekundenbruchteilen des Universums Teilchen und Antiteilchen waren und durchs Zerstrahlen erst entstanden sind.

Anders gesagt, der Unterschied zwischen Materie und Antimaterie ist gerade so groß, dass auf 5 Milliarden Antiteilchen 5 Milliarden plus ein Teilchen kommen.

Eine naheliegende experimentelle Möglichkeit wäre, die Lebensdauer von Teilchen und ihren Antiteilchen zu messen und zu schauen, ob sie sich um ein paar Tausendstel Prozent unterscheidet. Das könnte man versuchen, ein solcher winziger Unterschied wäre aber schwer auszumachen.

1964 wurden von James Christenson et al. Experimente mit neutralen Kaonen durchgeführt, mit denen die Assymetrie zwischen Materie und Antimaterie bewiesen wurde. Kaonen bzw. K-Mesonen, das wissen Sie bestimmt, sind Mesonen, die ein up- und ein down-Quark enthalten oder ein mittelschweres strange-Anti-Quark oder die jeweiligen Antiteilchen, kommt drauf an. Pionen oder π-Mesonen, mit denen wir es auch gleich zu tun bekommen, bestehen aus einem up- und einem down-Quark und sind leichter. Jetzt wissen Sie das auch.

Das Experiment sieht so aus:
Neutrale Kaonen können in zwei oder drei Pionen zerfallen. Diejenigen, die in drei Pionen zerfallen, haben eine etwa 600 Mal längere Lebensdauer als die 2-Pionigen. Das heißt, ob in zwei oder drei Pionen, entscheidet sich nicht erst im Augenblick des

Zerfalls, sondern es scheint schon bei der Entstehung des Kaons festgelegt zu sein. Es gibt also zwei Sorten neutraler Kaonen, ein langlebiges, das in drei Pionen zerfällt, und ein kurzlebiges, das in zwei zerfällt. Der Unterschied in der Lebensdauer ergibt sich einfach daraus, dass jedes zusätzliche Teilchen im Zerfall den Prozess verzögert. So wie es in der Regel länger dauert, sich von drei Menschen zu verabschieden als von zwei.

Christenson fand aber heraus, dass eines von 500 langlebigen Kaonen in zwei Pionen zerfällt, und das beweist, dass Antimaterie nicht das exakte Spiegelbild der Materie ist. Warum? Dabei spielt die sogenannte Parity eine Rolle, eine seltsame Kenngröße, die plus oder minus 1 sein kann und ähnlich wie elektrische Ladung beim Zerfall erhalten sein muss. Hat man mehrere Teilchen, so muss man die Parities miteinander multiplizieren. Pionen haben Parity −1; daher haben zwei Pionen zusammen +1,3 Pionen −1. Da die Parity beim Zerfall erhalten sein muss, hat das kurzlebige Kaon (das in zwei Pionen zerfällt) Parity +1, das langlebige −1. Um es genau zu sagen, damit Sie mir keinen Vorwurf machen können: Neutrale Kaonen können nur zu Pionen zerfallen; um die Parity −1 (Langlebigkeit) zu erhalten, muss es eine ungerade Anzahl sein. Ein Zerfall in nur ein anderes Teilchen geht nicht, weil das den Impulserhaltungssatz verletzen würde, also ist die nächste Möglichkeit: drei Pionen. Hört sich an wie Zahlenmystik, ist aber Physik. Also echte, nicht so leicht verständliche wie bislang in dem Buch. Und es geht noch bedeutend komplizierter, glauben Sie mir. Teilchen unterscheiden sich von ihren Antiteilchen dadurch, dass alle ladungsartigen Kenngrößen umgekehrt werden, also aus einer positiven Ladung wird eine negative usw. Das ist eine rein theoretische Konstruktion, normalerweise gibt es keinen physikalischen Vorgang, der diese Umwandlung auch tatsächlich durchführen würde; positive Ladung kann nicht in negative umgewandelt werden. Neutrale Kaonen haben aber nur eine solche Kenngröße, die sogenannte Strangeness, und die kann umgedreht werden. Sofort, wenn ein neutrales Kaon entsteht, stellt sich eine Art „Mischung" zwischen dem Kaon und seinem Antiteilchen (mit entgegengesetzter Strangeness) ein, und auch ein Anti-Kaon wandelt sich sofort in die Mischung um.

Das entscheidende Argument: Wenn Antimaterie das exakte Spiegelbild der Materie wäre, dann würde die Umwandlung Kaon zu Anti-Kaon genauso schnell gehen wie in die Gegenrichtung, d.h. der Mischzustand müsste exakt gleiche Anteile von Kaon und Anti-Kaon haben. Jetzt funktioniert Mischen von Elementarteilchen so ähnlich wie die Polarisation von Licht: Es gibt zwei Polarisationszustände, und durch Verdrehen des Filters bekommt man immer zwei neue Polarisationszustände (und nicht nur einen). Analog kommt man beim Mischen von Kaon und Anti-Kaon auf zwei Mischzustände, und die haben – zufällig – exakt Parity plus und minus 1, aber nur, wenn die Anteile von Kaon und Anti-Kaon exakt gleich sind.

Dass eines von 500 langlebigen Kaonen in zwei Pionen zerfällt, besagt, dass das langlebige Kaon eben nicht exakt gleiche Anteile von Kaon und Anti-Kaon enthält. Das heißt aber, dass die Übergangsraten Kaon *zu Anti-Kaon und Anti-Kaon zu Kaon sich unterscheiden, d.h. das Antiteilchen verhält sich anders als sein Teilchen.*

Man könnte aus dem Anti-Kaon-Anteil und genau gleich viel Kaon-Anteil die Mischung mit Parity –1 machen, und es würde eine winzige Menge Kaon übrig bleiben. Somit könnte man das langlebige Kaon selbst als Mischung eines Kaons mit Parity –1 und einem winzigen Anteil Parity +1 sehen. Und in genau dem Verhältnis dieser Anteile zerfällt das langlebige Kaon in drei bzw. zwei Pionen. Übrigens gibt es genauso einen Anteil kurzlebiger Kaonen, die in drei Pionen zerfallen. Nur kann man die nicht

von den früh zerfallenden langlebigen Kaonen unterscheiden. Umgekehrt geht es hingegen nicht: Das gesamte Universum müsste aus kurzlebigen Kaonen bestehen, damit nach 200 Halbwertszeiten noch eines übrig ist, und da sind wir erst bei 1/3 der Halbwertszeit des langlebigen. Also müssen alle diese späten Zerfälle mit zwei Pionen aus langlebigen Kaonen stammen.

Leider können wir damit aber, wie gesagt, nur einen Teil der Materie erklären, die wir im Universum finden, der andere Teil bleibt zwar vorhanden, aber rätselhaft, ich nehme aber an, damit trage ich bei Ihnen Eulen nach Athen.

Ich begrüße nun auch alle wieder zugestiegenen Gäste aus dem Reich der Mesonen. Kommen wir zurück zum Untergang des Universums und zum Sombrero. Wir erinnern uns, das Higgs-Feld hat sich in der Mitte des Hutes befunden, sich aber in die Krempe verfügt, durchzieht seitdem den gesamten Kosmos und verleiht allen Teilchen das, was wir Masse nennen.

Offenbar ist es mit der Gesamtsituation unzufrieden, möchte sich verändern und deutlich massereicher und somit dichter werden. Dazu muss es einen niedrigeren Energiezustand einnehmen. Wie macht es das? Wieder durch einen Phasenübergang, ähnlich wie beim Urknall. Von damals wissen wir, solche Übergänge sind gewalttätige Vorgänge, bei denen enorme Energiemengen im Spiel sind. Dass das nicht schon längst passiert ist, liegt daran, dass in der Krempe des Sombreros, um wieder auf den Hut zurückzukommen, eigentlich ein ganz guter Platz ist. Aber gesetzt den Fall, der Sombrero läge auf einem Tisch, so wäre es energetisch noch reizvoller für das Universum, wenn es auf den Boden fallen und dort liegen bleiben könnte. So wie ein Apfel, der an einem Ast hängt, irgendwann auf die Erde fällt, weil die Gravitation ihm das als besseren Energiezustand nahelegt. Am Baum hat er ein gewisses Maß an potenzieller Energie, die beim Fallen zur Erde in kinetische Energie umgewandelt wird. Dadurch kann es sein, dass der Apfel am Boden zerplatzt, weil er eben so viel Energie mithat. Bei unserem Universum wäre das ähnlich, nur dass in seinem Fall nicht die Gravitationsenergie die treibende Kraft wäre, sondern die Energiefreisetzung beim Übergang vom höheren zum niedrigeren Energiezustand des Higgs-Felds. Was hält es davon ab, auf den Boden zu fallen? Die Höhe der Krempe. Es liegt ja gemütlich in der Krempe, nachdem es vor langer Zeit von der Hutkronenspitze heruntergerollt ist, wenn Sie sich das Bild von der Kugel noch einmal vergegenwärtigen, und in der Krempe hat es nun nicht genug Schwung, um über die Krempe hinauszuspringen. Alles wäre gut, wenn es nur die Relativitätstheorie gäbe. Leider gibt in dem Fall auch die Quantenmechanik, und die erlaubt es dem Universum, dass es irgendwann, niemand weiß wann, einfach durch die Krempe durchtunnelt. Und dann wird wirklich viel Energie frei in Form einer *Todesblase*, die in der Lage ist, unser gesamtes Universum samt Inventar zu zerstören.

Freund der Blasmusik

Die Wahrscheinlichkeit, dass es zum Tunneln des Universums kommt, ist, wie wir bereits wissen, nicht besonders hoch. Irgendwann innerhalb der nächsten, Moment, ich muss auf die Uhr schauen, 10^{100} Jahre kann es dazu kommen. Wie aber würde das aussehen, und wovon nimmt diese *Todesblase* ihren Ausgang?

Dazu muss man sich das Vakuum wieder einmal genauer anschauen. Wenn Sie nicht erst vor wenigen Jahren als Wunderkind auf die Welt gekommen sind und sich sofort spielend in der Welt der Kosmologie und Hochenergiephysik zurechtgefunden haben, dann ist für Sie Vakuum gleichbedeutend mit Leere. Im Vakuum ist nichts, deshalb heißt es so, da haben sich die alten Römer schon was dabei gedacht. Aber die Rechnung ohne die Quantenfluktuation gemacht. Quantus Fluktus klingt zwar wie der Name eines römischen Senators, aber wir müssen eher davon ausgehen, dass damals noch niemand eine Vorstellung davon gehabt hat, dass ein Phänomen namens Quantenfluktuation für das Ende des Universums verantwortlich sein könnte. Und auch für den Anfang, wie wir später noch sehen werden. Oder nein, erledigen wir das gleich. Denn dabei handelt es sich um eine der größten Zumutungen der letzten Jahre für die normale Bevölkerung. Wann immer man in den letzten zwanzig Jahren eine einschlägige physikalische Fachkraft mit der Frage behelligt hat, was denn vor dem Urknall gewesen sei, bekam man zirka die Antwort: „Nichts, im Urknall ist alles entstanden, Raum und Zeit und alles, davor war nichts, es gibt kein Außen, und das ist einfach so, finden Sie sich damit ab oder glauben Sie an Gott, wenn Sie es gerne einfacher haben."

Gott ist nach wie vor keine schlaue Lösung für dieses Problem, aber der Urknall ist längst nicht mehr das, was er einmal war. Wenn Sie seinerzeit auf S. 38 Mitleid mit der Milchstraße gehabt haben, weil die in nur hundert Jahren ihren Status als gesamtes Universum eingebüßt hat und heute als Dutzendware gilt, dann können Sie Ihre gesamte Empathie nun dem Urknall widmen. Denn nach neueren Theorien war er kein Einzelkind, als das er jahrzehntelang verhätschelt wurde, sondern die Familie ist beliebig groß and counting. Auch dabei spielt die Quantenfluktuation eine tragende Rolle. Und das ist noch nicht alles! Sie ist so winzig, dass sie noch nie ein Mensch gesehen hat. Sie passiert dauernd, seit immer, und kann immense Auswirkungen haben, aber es gibt nicht einmal eine Personenbeschreibung. Immerhin versucht man inzwischen, ihr mit Beobachtungen näherzukommen.

→ **FACT BOX** | *Vakuumfluktuationen und Quantenschaum* ←

Vakuumfluktuationen sind eine der merkwürdigsten Eigenschaften unseres Universums. Während man zunächst annehmen würde, dass sich im absoluten Vakuum ja gar nichts befinden kann, ist es in Wirklichkeit nicht so. Aufgrund der Quantenphysik entstehen nämlich selbst im besten Vakuum kurzfristig und innerhalb kleinster Abstände Teilchen, wie z.B. ein Paar bestehend aus einem Teilchen und einem Antiteilchen, die dann aber auch sofort wieder verschwinden.

Eine beobachtbare Folge dieser Vakuumfluktuationen ist der sogenannte Casimir-Effekt. Darunter versteht man, dass auf zwei ganz eng beieinanderliegende parallele Metallplatten im Vakuum eine Kraft wirkt, die beide Platten zusammendrückt. Die Erklärung ist, dass zwar im Vakuum überall solche Vakuumfluktuationen entstehen. Aber zwischen den beiden Platten kann es keine Vakuumfluktuationen geben, deren Ausdehnung größer ist als der Spalt zwischen den beiden Platten. Daraus resultiert ein Druck von außen auf die Platten, weil dort zusätzliche Vakuumfluktuationen existieren, die innerhalb der beiden Platten nicht möglich sind. Das bedeutet, dass außen die Vakuumenergie größer ist als zwischen den Platten, obwohl alles im Vakuum stattfindet und keinerlei Energie in das System eingebracht wird.

Diesen Druck auf die Platten kann man auch messen, und daher weiß man auch unter anderem, dass es solche Quantenfluktuationen gibt, obwohl wir diese nicht direkt beobachten können. Die Entstehung von Teilchen-Antiteilchen-Paaren durch Vakuumfluktuationen aufgrund der Quantenphysik kann man bereits als Quantenschaum bezeichnen. Aber auf noch viel kleineren Distanzen und Zeitdauern in den Größenordnung von 10^{-36} Meter bzw. 10^{-27} Sekunden entstehen winzige Blasen, die gleich wieder zusammenfallen. Dieses Durcheinander und Gewusel von Blasen wird salopp und bildhaft als Quantenschaum bezeichnet. Tatsächlich kann man sich das Universum analog zu einem sich über das ganze Universum erstreckenden blubbernden Schaum vorstellen. Wie ein Badeschaum, bei dem ja auch immer und überall Seifenblasen entstehen und wieder zusammenfallen.

Es ist schwierig, diesen Quantenschaum experimentell nachzuweisen, weil die Blasen des Quantenschaums ja winzig klein sind und nur extrem kurzfristig existieren. Also wie die Seifenblasen in einem Badeschaum, die auch bald wieder zerplatzen. Wie dieser Quantenschaum wirklich aussieht und wie er sich verhält, ist bis jetzt auch noch nicht klar, weil hier die Quantentheorie nicht ausreicht und man die dafür notwendige Quantengravitation braucht, die Quantentheorie und Allgemeine Relativitätstheorie vereint. Bisher widersetzt sich die Quantengravitation allerdings beharrlich den Versuchen der Physiker, diese Vereinigung durchzuführen. Man weiß einfach noch nicht, was sich daher genau bei solchen winzigen Distanzen und Zeitdauern abspielt. Es gibt zwar verschiedene Modelle zur Beschreibung des Quantenschaums, man kann jedoch noch nicht sagen, welche dieser Modelle den Quantenschaum auch korrekt beschreiben und welche nicht. Nichtsdestoweniger versucht man aktuell die Existenz eines solchen Quantenschaums auch durch Beobachtungen nachzuweisen. Die schaumige Raumzeit kann auf Licht einen Einfluss haben, wenn es extrem lange Entfernungen im Vakuum des Weltraums zurücklegt. Im Speziellen können ferne Lichtquellen im Röntgen- oder Gammabereich nach der langen Passage durch den Quantenschaum des Weltraums bei uns auf der Erde unschärfer und diffuser ankommen. Tatsächlich haben Wissenschaftlerinnen und Wissenschaftler aktuell Röntgen- und Gammalicht von Milliarden Lichtjahren entfernten Quasaren untersucht. Ein Quasar ist ein Schwarzes Loch, das von einer Scheibe umgeben ist. In dieser Scheibe stürzt Materie in das Schwarze Loch und erhitzt sich dabei durch Reibung enorm. Eine solche Scheibe um ein riesiges Schwarzes Loch sendet daher äußerst starke Strahlung nicht nur im sichtbaren Licht, sondern auch im Röntgen- und Gammabereich aus. Diese Kombination von weit entfernter und gleichzeitig intensiver Röntgen- und Gammastrahlung macht die Strahlung von Quasaren zu idealen Beobachtungswerkzeugen für den Quantenschaum. Man muss

nur Veränderungen des Röntgen- und Gammalichts beim Durchgang durch den Quantenschaum während der langen Reise im Weltraum vom Quasar bis zur Erde beobachten. Das Ergebnis von solchen Beobachtungen mit Röntgen- oder Gammateleskopen von E.S. Perlman und Mitarbeitern in den USA zeigt derzeit, dass der Quantenschaum demnach weniger schaumig und feiner ist, als es einige Modelle voraussagen.[76] Auf jeden Fall zeigt diese Arbeit, dass physikalische Eigenschaften des Quantenschaums im Prinzip unseren Beobachtungen und Messungen zugänglich gemacht werden können.

Ein echtes Vakuum, in dem sich wirklich nichts befindet, kann es aufgrund unserer derzeitigen Theorien niemals und nirgendwo geben, sondern stattdessen existierte immer ein Quantenschaum. Die blubbernden Blasen in einem schon immer existierenden Quantenschaum könnten auch Mini-Universen sein, wovon manche durch die Inflation zu riesigen Universen aufgebläht werden. Nicht nur zu unserem eigenen Universum, sondern auch zu weiteren Paralleluniversen, sodass ein aus beliebig vielen Universen bestehendes „Multi-versum" entsteht.

Das Universum hat also Schaum vor dem Mund. Und aus dem Blubbern könnten unendlich viele Universen entstehen und bereits entstanden sein. Beides. Denn in der Mathematik gibt es auch zwei Unendlich nebeneinander oder drei oder sogar unendlich viele Unendlich, aber das erspare ich uns jetzt. Vielleicht ein anderes Mal.

Dehnungsübungen

Was Leben geben kann, kann es auch auslöschen. Eine *Todesblase* oder englisch *Doomsday Bubble*, die uns aktuell bedroht, könnte jederzeit und überall aus einer Quantenfluktuation entstehen, dort, wo Sie jetzt noch unser Buch oder dasselbe als E-Reader in Händen halten, könnte in wenigen Sekunden bereits eine *Todesblase* auftauchen und ihr destruktives Tagwerk beginnen. Es könnte aber auch im Nebenraum sein oder, und das wäre dann schon wieder tröstlich, der Untergang hat zwar längst begonnen, die *Todesblase* ist unaufhaltsam mit Lichtgeschwindigkeit unterwegs, aber blöderweise für sie ist sie in einem Teil des Universums entstanden, den wir nicht beobachten können, der so weit weg von uns ist, dass sich der Raum schneller ausdehnt als das Licht, und somit wird uns die *Todesblase* nie erreichen. Ätschbätsch. Es ist ein bisschen so wie beim Autoquartett, wo das Gegenüber zwar gerade die *Todesblase* mit V12-Zylinder auf der Hand hat, aber Sie besitzen den Supertrumpf Dunkle Energie, und die schlägt die *Todesblase*.

Bevor Sie aber die Freundschaftsanfrage der Dunklen Energie annehmen, bedenken Sie Folgendes: Wir haben keine Ahnung, woraus Dunkle Energie besteht. Es handelt sich dabei nur um zwei Wörter, die ein Phänomen benennen, das wir zwar beobachten können, das wir aber überhaupt nicht verstehen. Die Dunkle Energie könnte genauso gut Dunkler Hudriwudri heißen oder Dark Gibberish, dann wären wir genauso schlau. Was wir wissen, ist, dass die Dunkle Energie für die beschleunigte Ausdehnung des Universums verantwortlich ist. Seit knapp sieben Milliarden Jahren steht die Dunkle Energie dermaßen am Gas, dass, wenn sie in dem Tempo weitermacht, in ein paar Tausend Milliarden Jahren alles im Universum sich mit Überlichtgeschwindigkeit so weit ausgedehnt haben wird, dass Sie Ihre eigenen Zehen nicht mehr werden sehen können.[77] Ob da nicht der Teufel mit dem Beelzebub ausgetrieben wird. Dunkle Energie darf man übrigens nicht mit Dunkler Materie verwechseln. Ich weiß, das würden Sie niemals machen, aber anderen, die wir aber gar nicht kennen wollen, passiert das dauernd, und auf die schauen wir despektierlich hinunter. Über Dunkle Materie wissen wir auch nicht alles, aber bedeutend mehr, und vielleicht können wir mit ihrer Hilfe unser Universum stabilisieren, bevor es Opfer der *Todesblase* wird.

Hier ist alles super!

Das Standardmodell ist eine der größten Errungenschaften der gesamten Menschheit. Zu keiner Zeit der Geschichte waren wir auch nur annähernd in der Lage, unseren Kosmos so genau zu untersuchen und zu beschreiben wie aktuell unter Zuhilfenahme dieses Modells. Aber alles kann man damit auch nicht beschreiben bzw. wäre es sehr gut, wenn wir Teilchen fänden, die eine Erweiterung des Standardmodells zulassen würden. Welche Teilchen sollten das sein? Am besten supersymmetrische. Leider verläuft die Suche nach ihnen bislang im Sand.

Seit dem 5. April 2015 ist die Jagd aber von Neuem eröffnet. Nach zwei Jahren Umbaupause ist der LHC in Genf neu gestartet worden und hat schon nach wenigen Wochen mit 13 Teraelektronenvolt (TeV) doppelt so hohe Energien erreicht wie während der letzten Betriebsphase, die zur Entdeckung des Higgs-Teilchens führte. Erhofft wird nicht weniger, als dass damit ein neues Kapitel in der Physik aufgeschlagen wird, das weitere revolutionäre Entdeckungen und Erkenntnisse bringt. Unter anderem will man der Dunklen Materie auf die Spur kommen, indem man vielleicht supersymmetrische Teilchen aufspürt. Das, was wir Dunkle Materie nennen, macht etwa 27 Prozent aller Materie unseres Universums aus.

Niemand weiß, woraus sie besteht, aber aus Beobachtungen wissen wir heute schon ziemlich genau, dass es sie geben muss und wo es sie geben muss. Denn Sterne bewegen sich näherungsweise auf einigermaßen elliptischen Bahnen um das Zentrum der Galaxie. Das weiß man, das kann man beobachten. Sie machen das, weil sie durch die Gravitationsanziehung dazu gezwungen werden. Die Anziehung durch die Gravitationskraft der normalen Materie wäre allerdings viel zu gering, um die Sterne in den Außenbezirken in der Galaxie zu halten. Sie müssten eigentlich davonsausen und würden einfach durch die Fliehkraft aus der Galaxie geschleudert. Aber irgendetwas hält sie zurück, ähnlich wie bei einem Karussell, wo die Sitze mit Ketten am Zentrum befestigt sind und sich so im Kreis bewegen, ohne wegzufliegen. Und dieses Irgendetwas nennen wir Dunkle Materie. Allein ihre Bausteine sind unbekannt, unsichtbar, im gesamten Universum zu finden, wie wir seit dem Kosmischen Netz wissen, und gehen vermutlich die ganze Zeit durch uns durch, ohne dass wir etwas davon mitbekommen. Weil wir sie mit unseren Messmethoden längst hätten entdecken müssen, wenn die Dunkle Materie mit normaler Materie interagieren würde, vermutet man, dass sie aus WIMPs besteht. WIMP steht für „Weakly Interacting Massive Particles", also für schwach wechselwirkende massereiche Teilchen. Auf Deutsch würde das SWMT heißen, deshalb hat sich das englische Akronym eingebürgert.

Es handelt sich gleichzeitig um ein Wortspiel, weil Wimp im Englischen auch Schwächling bedeutet. Während Swmt auf Deutsch gar nichts heißt. Inwiefern sind WIMPs in der Physik schwach? Sie besitzen keine Ladung, also kein elektrisches oder magnetisches Feld, ihre Wechselwirkung mit Materie beschränkt sich somit auf Gravitation und die schwache Wechselwirkung. Mithin volle Lulus. Wenn sie tatsächlich existieren sollten, dann könnten WIMPs ganze Planeten vollkommen ungestört durchqueren. Das heißt, die schleichen einfach in großer Anzahl durch uns durch und hoffen, dass wir sie nicht erwischen, weil wir stärker sind? So in etwa. Und das ist ihnen bisher auch tadellos gelungen. Es könnte sein, dass WIMPs bereits beim Urknall entstanden sind, bis jetzt aber ein so unauffälliges Leben geführt haben, dass es zwar ein Täterprofil gibt, aber kein Fahndungsfoto.

Das soll sich nun am LHC ändern. Dabei will man gleich zwei Fliegen mit einer Klappe schlagen. Denn das leichteste supersymmetrische Teilchen könnte auch Bestandteil der Dunklen Materie sein. Und das wäre natürlich in vielerlei Hinsicht wünschenswert. Wir wüssten dann nämlich bereits, woraus ein Drittel unseres Universums besteht, und nicht nur von 5 Prozent – die unbekannten zwei Drittel müssten wir aber nach wie vor in der Bad Bank Dunkle Energie unterbringen –, und wir hätten mit der Supersymmetrie auch eine erstklassige Theorie, um das alles zu beschreiben.

Worum geht es jetzt eigentlich bei der Supersymmetrie? Hier kommt eine Zusammenfassung von SUSY. Stark vereinfacht gesagt, wird im Rahmen der Supersymmetrie angenommen, dass es zu jedem Elementarteilchen des Standardmodells auch noch ein supersymmetrisches anderes Partner-Teilchen gibt. Aber es herrscht nicht freie Partnerwahl, sondern die Supersymmetrie, kurz SUSY. Die verdoppelt also die Anzahl der Elementarteilchen des Standardmodells um jeweils einen „SUSY-Partner". Der schaut dann etwa genauso aus wie ein Quark, nur superer, und heißt dann Squark. SUSY-Teilchen sind in allen Eigenschaften identisch, selbe Ladung usw., aber sie haben vermutlich eine viel höhere Masse und einen anderen Spin. Spin heißt zwar Drehung, ist in dem Fall aber quantenmechanisch zu verstehen, das bedeutet, er beschreibt zwar alle Eigenschaften des mechanischen Drehimpulses, das Elementarteilchen dreht sich aber nicht. Wie viel schwerer wären die SUSY-Teilchen? Weil man in der Teilchenphysik auf dem Niveau eines

LHC gerne das Nützliche mit dem Praktischen verbindet, würde man den supersymmetrischen Teilchen gleich die gesamte Masse unterjubeln, die man braucht, um auch die Dunkle Materie zu erklären.

Im Rahmen der Supersymmetrie hätten wir also viel mehr Masse, aber das meiste davon ist unsichtbar, bis zu fünfmal so viel. Klingt nach einem Lockangebot vor dem Sommerurlaub: Schwergewichtig wie immer, aber mit SUSY-Bademoden wird das meiste unsichtbar, und alle glauben, man hätte Bikinifigur. Leider stimmt das Bild nicht ganz, weil das, was man jetzt schon sieht, bleibt auch dann sichtbar. Das heißt, wir sind eigentlich jetzt schon alle totale Wombel, mit Kleidergröße 254 und mehr, aber SUSY sorgt dafür, dass wir trotzdem noch von der Stange kaufen können. Das käme schon eher hin. Die Theorie der Supersymmetrie wird in der Physik schon seit über vierzig Jahren formuliert, es gibt viele verschiedene Varianten, und für etliche hat der LHC keine guten Neuigkeiten gebracht. Denn noch bevor die Resultate der aufgemotzten neuen Beschleunigermaschine bekannt sind, mit den ersten publizierten Ergebnissen ist wohl nicht vor 2016 zu rechnen, haben Auswertungen der bisherigen Experimente gezeigt, dass ein nicht unbeträchtlicher Teil der SUSY-Theorien bereits ausgeschlossen werden muss. Das heißt, bestimmte Bereiche, in denen SUSY-Teilchen eine ganz bestimmte Masse haben müssten, damit diese Form der Theorie stimmt, wurden bereits untersucht, und man hat nicht die Spur eines SUSY-Teilchens gefunden. Im ungünstigsten Fall kann es sogar sein, dass man mit dem neuen LHC gar nichts findet, was die Supersymmetrie bestätigt. Oder erst in einem Energiebereich, wo es nicht weiterhilft. Denn die SUSY-Theorie ist seinerzeit in der Teilchenphysik eingeführt worden, um ganz bestimmte Probleme zu lösen. Wenn nun die Teilchen, die man findet, zu schwer sind, so ist das zwar auch gut, denn es ist immer gut, wenn man mit einem

Beschleuniger neue Teilchen entdeckt, dafür ist er ja da, aber man kann mit ihnen die Probleme, für die die Supersymmetrie zuständig gewesen wäre, erst recht nicht lösen und das müsste gesamte Theoriengebäude Supersymmetrie zum Altpapier geben.*

Das wäre auch insofern sehr ungünstig, als mit der Bestätigung der Supersymmetrischen Theorie auch die *Todesblase* auf einmal allen Schrecken verloren hätte, denn dann gibt es sie nicht mehr. Gilt die Supersymmetrie, dann befindet sich unser Universum bereits im richtigen Vakuum und will dort auch nicht mehr weg.

Wäre mit dem Ende der Supersymmetrie auch die Suche nach der Dunklen Materie am Ende? Keineswegs, denn die beiden haben eigentlich nicht unbedingt etwas miteinander zu tun. Es wäre praktisch gewesen, hätte man beides in einem Aufwasch erledigen können. Gern hätte man der Supersymmetrie die gesamte Masse der Dunklen Materie zugesprochen, die man braucht. Ein bisschen vergleichbar wie ein überführter Mörder, der gleich ein paar Morde mehr auf seine Kappe nimmt, weil er ohnedies nicht mehr aus dem Gefängnis rauskommen wird, und somit ein paar seiner Bandenkollegen entlasten kann, die eigentlich verantwortlich wären. Denn es wäre zwar ein schöner, aber auch großer Zufall gewesen, wenn sich alles so possierlich gefügt hätte. Noch ist die Supersymmetrie

---

* Das war schon einmal knapp, als eine Messung, die sich später als statistische Unregelmäßigkeit entpuppte, dem Higgs-Teilchen eine Masse von 140 GeV zugeordnet hat. Damit wären etliche Modelle der Supersymmetrie mit einem Schlag erledigt gewesen. In dem sehr empfehlenswerten Film *Particle Fever* von Mark Levinson aus dem Jahr 2014 sind nach etwa einer Stunde die beiden Theoretischen Physiker Riccardo Barbieri und Savas Dimopoulos zu sehen, beide sind einigermaßen desperat, dass sie Jahrzehnte der Forschung auf den Mist werfen müssten (und somit nie den erhofften Nobelpreis bekommen würden), wenn die Supersymmetrie nicht endlich auftauchte. Barbieri beklagt, dass er dann 40 Jahre auf nichts verwendet hätte, Dimopoulos kontert mit Galgenhumor, dass es bei ihm nur 30 wären. Eine rührende Szene, die auch das ganze mögliche Elend einer wissenschaftlichen Karriere verdeutlicht. Irgendwann in seiner Laufbahn muss man sich entscheiden, woran man forscht, aber selbst wenn man so brillant darin wird wie die beiden Supersymmetrieforscher, kann es schlimmstenfalls sein, dass man sein Berufsleben lang an etwas forscht, das es gar nicht gibt.

nicht erledigt, noch kann sich alles ausgehen, aber um der Wahrheit die Ehre zu geben, muss man sagen, Supersymmetrie und Dunkle Materie gehören eigentlich nicht zusammen. Hochenergiephysik ist einfach sehr teuer und aufwendig, und weil man mehr Aufmerksamkeit erregen kann, wenn man gleich zwei große Probleme der zeitgenössischen Physik im Portfolio hat, sind die beiden junktimiert worden, weil der Teufel eben noch immer gerne auf den größten Haufen scheißt. Wenn die neuen Experimente am LHC ergeben, dass die Supersymmetrie, wie viele Physikerinnen und Physiker sie gerne gehabt hätten, nicht existiert, dann muss man sich eben etwas Neues ausdenken, das ist Teil der Wissenschaft. Und die Dunkle Materie gibt es dann trotzdem, und ihr wird man möglicherweise erst mit noch größeren Beschleunigern auf die Schliche kommen.

→ **FACT BOX** | *Einmal um die ganze Welt* ←

Der „Albtraum der Teilchenphysik"
lautet:
Vielleicht gibt es schlicht und einfach keine neuen physikalischen Phänomene, die wir mit einigermaßen praktikablen Methoden beobachten können! Vielleicht wird neue Physik erst bei oder in der Nähe der sogenannten Planck-Skala sichtbar, also genau an der Grenze zu einer neuen Physik. Vielleicht muss man die kleinstmöglich physikalisch sinnvoll definierbare Längenskala (10^{-35} Meter) betrachten, um etwas Neues zu sehen, und das bedeutet, dass man auch wirklich gigantische Energien erzeugen muss, um Aussagen über diese kleinstmöglichen Skalen zu treffen.
Kollisionen im LHC werden bei bis zu 13 TeV stattfinden. „TeV" steht für „Teraelektronenvolt". „Tera" ist die Vorsilbe für „Billion", und „Elektronenvolt" ist die Einheit, in der

Teilchenphysiker die Energie bzw. Masse ihrer Teilchen messen. Ein Elektron hat eine Ruhemasse, die einer Energie von 0,5 Megaelektronenvolt (MeV) entspricht; also eine Million Mal weniger als die Kollisionsenergie am LHC. Das bedeutet, dass am LHC auch prinzipiell Teilchen erzeugt werden können, deren Masse eine Million Mal größer als die eines Elektrons ist. Aber alle Teilchen bzw. Phänomene, die erst bei noch größeren Energien auftreten, sind für den LHC nicht zugänglich. Und vielleicht braucht es Energien in der Nähe der Planck-Skala, um neue Entdeckungen machen zu können. Das wäre dann der Bereich von „Yottaelektronenvolt (YeV)", also eine Größenordnung von Quadrillionen von Elektronenvolt. Das ist ziemlich viel, und ein Teilchenbeschleuniger, der solche Kollisionsenergien zustande bringen kann, muss so groß wie ein ganzes Sonnensystem oder sogar eine ganze Galaxie sein. Davon sind wir nicht nur aktuell weit entfernt, sondern so etwas wird wohl nie möglich sein.

Größer als der LHC geht es aber schon, und das ist auch in Planung. Ein neuer Ringbeschleuniger „Future Circular Collider" (FCC) soll viermal größer werden als der aktuelle Collider, mit 100 Kilometer Umfang und zehnmal größerer Energie. In den kommenden Jahren soll eine Studie klären, ob das technisch, wirtschaftlich und finanziell möglich ist.

Warum wartet man nicht erst einmal, was beim aufgerüsteten LHC herauskommt, vielleicht findet man ja gar nichts? Der LHC hatte bis zu seinem Bau 25 Jahre Vorlauf, also muss man die Planung für seinen Nachfolger jetzt beginnen. Die Kosten dafür sind überhaupt nicht abzuschätzen, weil man ja teilweise die Technik, die man braucht, um den FCC zu betreiben, erst er-

finden muss. Es wird sich aber mindestens um einen höheren zweistelligen Milliarden-Euro-Betrag handeln. Welche Teilchen sollen dabei herauskommen? Man hofft, welche zu finden, die eine zehnmal größere Masse besitzen als beim LHC. Und wie schnell wären die Teilchen? Die Protonen würden zwei Tausendstelsekunden für eine Umrundung benötigen, das heißt sie würden die 100 Kilometer Umfang 500 Mal/s zurücklegen. Das bedeutet so viel, wie einmal pro Sekunde um die Erde zu düsen.

Der Wunschtraum vieler Teilchenphysiker, die oft seit ihrer Kindheit fasziniert sind von der Suche nach Wissen, wie Universum entstanden ist.

Schnell, teuer und leuchtende Kinderaugen; wer hätte gedacht, dass ausgerechnet Karel Gott die Hymne der Hochenergiephysik singt: Einmal um die ganze Welt, und die Taschen voller Geld, davon hab' ich schon als kleiner Bub geträumt.

Wann immer Menschen gefragt werden, welches Phänomen sie im Kosmos besonders faszinierend finden, schneiden Schwarze Löcher gut ab. Für alle, die ihrer Faszination besonderen Ausdruck verleihen möchten, ist die *Todesblase* eine gute Nachricht, denn wenn sie uns erwischt, dann kann sich das Higgs-Feld derartig verändern, dass alles viel schwerer wird. Das kann im Extremfall dazu führen, dass aus uns Menschen jeweils ein Schwarzes Loch wird. Das heißt, nachdem die *Todesblase* mit der Erde fertig ist, bleiben mindestens siebeneinhalb Milliarden Schwarze Löcher übrig.

Was man aber vielleicht auch noch betonen muss, ist, dass die *Todesblase* unter der Annahme der Gültigkeit des einfachen Standardmodells der Teilchenphysik berechnet wurde. In einem im Vergleich zum Standardmodell erweiterten Modell muss eine solche *Todesblase* nicht auftreten, wie schon das SUSY-Modell zeigt. Unsere Theorien sind menschliche Konstrukte, die sich mit neuen Erfahrungen weiterentwickeln. Eine solche *Todesblase*, die mit dem derzeitig gültigen Standardmodell berechnet wurde, muss in zukünftigen erweiterten anderen Modellen nicht mehr auftreten. Diese erweiterten Modelle muss es aber geben, wenn wir mit der Beschreibung des Kosmos weiterkommen möchten.

Außerdem ist über die Gravitation in diesem Energiebereich alles unbekannt. Und wenn man beginnt, die mathematischen Größen Null und Unendlich in die Naturbeschreibung hineinzukopieren, dann wird ohnedies alles möglich. Bevor wir überhaupt irgendwas Verlässliches dazu sagen können, müssten wir die Gegenprobe anstellen und versuchen, den Phasenübergang rückgängig zu machen, also das Higgs-Feld aufzuschmelzen. Dabei sollte man beobachten können, wie die Higgs-Masse null wird, so wie sie es bis 0,1 Picosekunden nach dem Big Bang war. Das wäre der experimentelle Nachweis, dass das Higgs-Feld genau die ihm von uns heute zugeschriebene Rolle spielt. Wenn man etwas anderes findet, dann ist vielleicht auch die *Todesblase* Geschichte.

Wenn aber das Universum gar nicht untergehen wird in absehbarer Zeit, dann ist das Aufblähen der Sonne zu einem Roten Riesen und der damit verbundene Weltuntergang das nächste *Save the date*, dem wir uns widmen sollten. Und da gibt es eine gute Nachricht: wir können den Weltuntergang aus eigener Kraft zwar nicht verhindern, aber deutlich hinauszögern. Es ist gar nicht so schwer, wie man glaubt.

Die Sonne auf dem Weg zum Roten Riesen erhöht ihre Energieproduktion alle 110 Millionen Jahre um über 1 Prozent. Das bedeutet, in 1,1 Milliarden Jahren wird die Erde unbewohnbar, wenn sie dort bleibt, wo sie jetzt ist. Deshalb müssen wir schauen, dass wir sie woanders hinschleppen. Wie soll das gehen? Ganz einfach. Alles, was wir dazu brauchen, finden wir im Weltall. Es geht darum, sich einen 100 Kilometer großen Eisbrocken aus dem Kuipergürtel zu holen, wo es mehr als genug davon gibt. Diesen nehmen wir mit ins innere Sonnensystem und lassen ihn knapp, also ein bis zwei Erdradien, an der Erde vorbeischrammen, wobei er Bewegungsenergie auf die Erde überträgt, die dadurch ein Stück von der Sonne weg wandert. Wenn das Fine Tuning passt, sollte der Eisbrocken danach Jupiter anfliegen, und zwar so, dass er Bewegungsenergie auf Kosten von Jupiter erhält. Durch die Begegnung mit dem Gasriesen wird er wieder weit hinaus ins All geschleudert, sodass er nach 6.000 Jahren wieder zurückkommt.

Der Vernichtung durch die Rote Riesen-Sonne kann die Erde so zwar nicht entgehen, aber bis es so weit ist, könnte eine Fast-Kollision mit dem Eis-Asteroiden alle 6.000 Jahre die Erde im bewohnbaren Bereich, der ja kontinuierlich nach außen wandert, halten. Statt einer Milliarde Jahre hätte die Erde dann noch fünf bis sechs Milliarden Jahre, ehe die Sonne endgültig zum Roten Riesen wird. Wenn es so weit ist, dann ist wirklich Schluss.

Die gewonnene Zeit könnten wir nutzen, um doch noch ein bisschen mehr übers Universum herauszufinden. Ewig bleibt uns dafür nicht. Die Dunkle Energie sorgt nämlich nicht nur dafür, dass wir irgendwann unsere Zehen nicht mehr werden sehen können, schon viel früher werden zukünftige Generationen, wenn sie das Weltall untersuchen, nichts mehr sehen als Dunkelheit und Leere, weil sich alle Galaxien, die wir heute noch beobachten können, dann durch die Expansion des Raumes so weit von uns entfernt haben werden, dass ihr Licht es nicht mehr bis zu uns schafft. Die Milchstraße wird zwar jubeln, denn dann ist sie wieder das gesamte Universum, so wie sie es von früher her noch gewohnt ist. Aber ob zukünftige Generationen alten Schriften glauben werden, nämlich unseren, in denen wir das Universum so beschreiben, wie wir es heute sehen, ist eher zu bezweifeln. Viel wahrscheinlicher werden sie sich auf ihre dann nagelneuen Messinstrumente verlassen, mit denen sie aber all das, was für uns heute selbstverständlich ist, gar nicht mehr sehen können. Und auf unsere Erkenntnisse mitleidig herabblicken, so wie wir auf die Erkenntnisse vergangener Gesellschaften.

Wenn wir alle zusammenhelfen, als Menschen dieser Erde, aufhören, Kriege zu führen, und das Geld stattdessen in Forschung und Wissenschaft investieren, vielleicht schaffen wir es dann doch, die Probleme der interstellaren Raumfahrt zu lösen und uns auf den Weg zu anderen Sternen zu machen, um anderen Zivilisationen zu erzählen, was für nette, kultivierte und umgängliche Wesen wir Menschen eigentlich sind, wenn man uns lässt. Und wie gerne wir unser Wissen und u... ...unsere Menschenrechte in andere Sonne... ...sen, die nicht so sind wie wi... ...ten, wenn sie sich be... ...en Export wäre das... ...ren Völker auf...

BRUZZEL

Dank an:

Christiane Collorio
Abdula Dervisoski
Pascale Ehrenfreund
Krista Federspiel
Tim Gfrerer
Roman Hansi
Joachim Hoell
Maria Hofstätter
Gerhard Huber
Institut für Weltraumforschung Graz
Helmut Jungwirth
Christian Koth
Otto Koudelka
Helga Stan-Lotta
Wolfgang Lucha
Ronald Mallett
Monika Mayer
Christoph Nettersheim
Ruth Oppl
Gerhard Polt
Michael Resch
Martina, Lydia, Valentin Salner
Jozko Strauss
Fritz Taucher
Wilhelm Temsch
Martin Volwerk

Text- und Bildnachweise

[1] http://de.wikipedia.org/wiki/Malaysia-Airlines-Flug_370, Zugriff 29.5.2015

[2] http://scienceblogs.de/frischer-wind/2010/06/01/riesiges-karstloch-mitten-in-guatemala-city/, Zugriff 29.5.2015.

[3] Siehe auch The Physics of Superheroes, James Kakalios, Gotham Books.

[4] http://mnras.oxfordjournals.org/content/386/1/155.full, Zugriff 29.5.2015.

[5] Siehe auch Gedankenlesen durch Schneckenstreicheln, Printausgabe, S 194f.

[6] Laurence M. Krauss: A Universe from Nothing: Why There Is Something Rather than Nothing, Atria Books.

[7] https://www.nasa.gov/mission_pages/spitzer/news/spitzer-20080603-10am.html, Zugriff 28.5.2015.

[8] D. Camargo, C. Bonatto und E. Bica: Tracing the Galactic spiral structure with embedded clusters.
http://mnras.oxfordjournals.org/content/437/2/1791.abstract, Zugriff 28.5.2015

[9] http://www.spektrum.de/news/milchstrasse-kleiner-als-gedacht/1302874, Zugriff 28.5.2015.

[10] http://arxiv.org/abs/1503.00257, Zugriff 28.5.2015.

[11] http://sci.esa.int/gaia/47354-fact-sheet/ Zugriff 29.5.2015

[12] http://www.space.com/27629-virgin-galactic-spaceshiptwo-crash-full-coverage.html, Zugriff 7.6.2015.

[13] http://www.ibp.fraunhofer.de/de/Presse_und_Medien/Forschung_im_Fokus/Archiv/Schlemmen_fuer_dieForschung.html, Zugriff 8.6.2015.

[14] http://www.ncbi.nlm.nih.gov/pubmed/25775175

[15] http://kinderspiele.wikia.com/wiki/Der_Kaiser_schickt_seine_Soldaten_aus.

[16] http://de.wikipedia.org/wiki/Abendlied_%28Matthias_Claudius%29

[17] http://elliott.gwu.edu/emeritus-faculty#logsdon, http://www.startalkradio.net/show/startalk-radio-space-chronicles-part-1/, Zugriff 8.6.2015.

[18] http://www.nature.com/nature/journal/v459/n7248/full/nature08096.html, Zugriff 8.6.2015.

[19] http://scienceblogs.de/astrodicticum-simplex/2014/09/09/die-kroenungsfeier-des-kaisers-der-venus-oder-wo-kommt-das-seltsame-licht-auf-der-venus-her, Zugriff 8.6.2015.

[20] ntrs.nasa.gov/archive/nasa/casi.ntrs.nasa.gov/20030022668.pdf, Zugriff 8.6.2015.

[21] http://www.space.com/29041-alien-life-evidence-by-2025-nasa.html, Zugriff 10.6.2015.

[22] http://www.scientificamerican.com/article/alien-abduction-or-accidental-awareness/, Zugriff 27.6.2015.

[23] https://en.wikipedia.org/wiki/Alien_abduction_claimants#The_Roper_Poll,

Zugriff 16.6.2015.

[24] http://www.washingtonpost.com/blogs/monkey-cage/wp/2013/11/14/about-as-many-people-say-theyve-been-abducted-by-space-aliens-as-say-theyve-committed-voter-fraud/, Zugriff 27.6.2015.

[25] http://phenomena.nationalgeographic.com/2014/03/13/a-guide-to-lonely-planets-in-the-galaxy/, Zugriff 3.7.2015.

[26] http://journals.plos.org/plosone/article?id=10.1371/journal.pone.0067221, Zugriff 23.6.2015.

[27] Ben Moore: Da draußen, Kein & Aber.

[28] http://www2.jpl.nasa.gov/snc/zagami.html, Zugriff 11.6.2015.

[29] http://mars.jpl.nasa.gov/mgs/sci/fifthconf99/6142.pdf, Zugriff 11.6.2015.

[30] http://www.sciencemag.org/content/273/5277/924, Zugriff 11.6.2015.

[31] http://www.nature.com/ncomms/2015/150227/ncomms7372/full/ncomms7372.html#affil-auth, Zugriff 11.6.2015.

[32] http://www.ncbi.nlm.nih.gov/pmc/articles/PMC3063356/, Zugriff 27.6.2015.

[33] http://geology.gsapubs.org/content/early/2015/06/04/G36953.1.abstract, Zugriff 11.7.2015.

[34] Devil Girl from Mars, 1954, http://www.gstatic.com/tv/thumb/movieposters/48427/p48427_p_v7_aa.jpg, Zugriff 14.6.2015.

[35] War of Worlds, 1953, http://www.imdb.com/title/tt0046534/, Zugriff 14.6.2015.

[36] Invaders from Mars, 1953, http://www.imdb.com/title/tt0045917/, Zugriff 14.6.2015.

[37] Lobster Man from Mars, 1989, http://www.imdb.com/title/tt0097768/?ref_=fn_al_tt_1, Zugriff 14.6.2015.

[38] Trevor Corson, The Secret Life of Lobsters, Harper Perennial

[39] http://www.spektrum.de/news/bakterien-sind-bedeutende-regenmacher/944955, Zugriff 23.6.2015.

[40] http://www.spektrum.de/news/video-koten-sich-pinguine-den-nistplatz-frei/1343963, Zugriff 16.6.2015.

[41] http://www.physics.utah.edu/~cassiday/p1080/leco8.html, Zugriff 14.6.2015.

[42] https://de.wikipedia.org/wiki/Zeugen_Jehovas#Nicht_eingetretene_Prophezeiungen, Zugriff 16.6.2015.

[43] https://www.youtube.com/watch?v=Bhuq9rNO_FQ&list=PL-D6POcagA41oCjhft-Jon11UavDouGLAK, Zugriff 15.6.2015.

[44] http://webodysseum.com/art/116-images-of-the-voyager-golden-record/, Zugriff 15.6.2015.

[45] http://www.nature.com/news/diamond-drizzle-forecast-for-saturn-and-jupiter-1.13925#/ref-link-1, Zugriff 16.6.2015.

[46] http://journals.aps.org/prl/abstract/10.1103/PhysRevLett.99.055702, Zugriff 16.6.2015.

[47] Dagmar Röhrlich, Tiefsee: Von Schwarzen Rauchern und blinkenden Fischen, Mare.

48 http://www.spektrum.de/news/yeti-krabbe-the-hoff-traegt-endlich-einen-namen/1352585?utm_medium=newsletter&utm_source=sdw-nl&utm_campaign=sdw-nl-daily&utm_content=heute, Zugriff 27.6.2015.

49 http://www.nature.com/nature/journal/v519/n7542/full/nature14262.html, Zugriff 17.6.2015.

50 Ludovico Polastri: Le reliquie di Gesù, Frenico.

51 http://www.ardmediathek.de/radio/Mythen-Michael-K%C3%B6hlmeier-erz%C3%A4hlt-Sagen/Folge-78-Poseidon-und-Delphinos-13-12/Bayern-1/Video-Podcast?documentId=9027766&bcastId=8448472, Zugriff 18.6.2015.

52 http://www2.ess.ucla.edu/~jewitt/kb/gerard.html, Zugriff 18.6.2015.

53 http://physik.uni-graz.at/~uxh/teaching/moderne_kapitel09/np_streuung2.pdf, Zugriff 27.6.2015.

54 http://www.spaceanswers.com/deep-space/how-loud-would-stars-be-if-space-was-full-of-air/, Zugriff 23.6.2015.

55 http://asteroseismology.org, Zugriff 09.08.2015.

56 https://www.youtube.com/watch?v=3g0POfcu-JI, Zugriff 24.6.2015.

57 http://arxiv.org/abs/1405.1566, Zugriff 24.6.2015.

58 Canetti hat daraus allerdings anderes gefolgert als die Existenz eines Kosmischen Netzes. Elias Canetti, Masse und Macht, Fischer Verlag.

59 http://www.falter.at/falter/2015/02/10/darf-man-ein-kind-wuerdevoll-schlagen/ Zugriff 16.7.2015

60 http://www.nature.com/nature/journal/v518/n7540/full/nature14241.html, Zugriff 25.6.2015.

61 http://www.sciencedirect.com/science/article/pii/027869159390012N Zugriff 25.6.2015

62 http://www.sciencedirect.com/science/article/pii/0041008X71901293 Zugriff 25.6.2015

63 http://www.ncbi.nlm.nih.gov/pubmed/10736372 Zugriff 25.6.2015

64 http://www.scilogs.de/detritus/gesundheitsmythen-1-glutamat-macht-dumm/ Zugriff 25.6.2015

65 http://arxiv.org/abs/1105.1031, Zugriff 28.6.2015.

66 http://www.theninthwatch.com/, Zugriff 28.6.2015.

67 http://www.nature.com/news/world-s-slowest-moving-drop-caught-on-camera-at-last-1.13418, Zugriff 28.6.2015.

68 http://www.sciencemag.org/content/345/6195/440.abstract, Zugriff 26.6.2015.

69 http://www.sciencemag.org/content/347/6226/1080.2.full, Zugriff 26.6.2015.

70 Night of the Living Dead, http://www.imdb.com/title/tt0063350/ und Shaun of the Dead, http://www.imdb.com/title/tt0365748/?ref_=fn_al_tt_1, Zugriff 28.6.2015.

71 http://www.spektrum.de/news/vitamine-auf-dem-pruefstand/1305981, Zugriff 29.6.2015.

http://onlinelibrary.wiley.com/doi/10.1002/14651858.CD007176.pub2/abstract, Zugriff 29.6.2015.

http://www.cell.com/cell-metabolism/abstract/S1550-4131%2814%2900065-5, Zugriff 29.6.2015.

[72] http://arxiv.org/abs/1403.8146, Zugriff 28.6.2015

[73] www.spektrum.de/news/der-schnellste-stern-unserer-galaxis/1335480, Zugriff 28.6.2015

[74] http://www.spektrum.de/news/der-grund-fuer-unsere-einsamkeit/1322961, Zugriff 28.6.2015

[75] Ronald Mallett: The Time Traveller, Random House, S. 179ff.

[76] http://arxiv.org/abs/1411.7262, Zugriff 27.6.2015

[77] https://www.ted.com/talks/gian_giudice_why_our_universe_might_exist_on_a_knife_edge/transcript?language=en#t-325411, Zugriff 30.6.2015

Sach- und Personenregister